现代海底热液活动

栾锡武　著

科学出版社

北　京

内 容 简 介

本书介绍了近年来对洋中脊、板内火山以及弧后盆地现代海底热液活动的调查与发现，描述了现代海底热液活动区的分布特征，讨论了现代海底热液活动的热源和通道，给出了现代海底热液活动的成因模式。本书亦进行了热液柱的讨论，阐述了热液柱与大洋底层流对富钴结壳形成与分布的控制作用。

本书可以作为从事海洋地质调查研究专业人员的参考用书，也可以作为海洋地质、环境、资源勘查等专业本科生和研究生的教学参考书。

图书在版编目(CIP)数据

现代海底热液活动 / 栾锡武著 . —北京：科学出版社，2017. 6
ISBN 978-7-03-052450-8

Ⅰ.①现…　Ⅱ.①栾…　Ⅲ.①海底–热流–研究　Ⅳ.①P738.6

中国版本图书馆 CIP 数据核字（2017）第 068723 号

责任编辑：周　杰　刘文杰 / 责任校对：彭　涛
责任印制：张　伟 / 封面设计：黄华斌　陈　敬

科学出版社 出版
北京东黄城根北街 16 号
邮政编码：100717
http://www.sciencep.com

北京虎彩文化传播有限公司 印刷
科学出版社发行　各地新华书店经销

*

2017 年 6 月第 一 版　开本：787×1092　1/16
2019 年 1 月第二次印刷　印张：15　1/4
字数：360 000

定价：128.00 元

（如有印装质量问题，我社负责调换）

自　序

科学与技术总是共同存在于一个特定的范围内，在很多时候，我们习惯于把科学和技术连在一起，统称为"科技"。实际上二者既密不可分，又互相区别。科学是表征客观世界的知识，技术则是获取知识和应用知识的手段与方法。

尽管科学与技术相互依存、互相渗透，紧密联系，但在人类社会发展的过程中，科学与技术常常脱节。在19世纪中叶以前，科学是落后于生产和技术的，其发展是在生产需要推动下进行的。那时，科学、技术和生产之间的关系，往往是生产实际需要刺激技术的进步，再促进科学发展。它们之间的发展顺序是生产—技术—科学。生产和技术实践为科学理论的形成奠定基础。

19世纪下半叶以后，这种关系发生了微妙的变化。科学理论研究不仅走在了技术和生产的前面，还为技术和生产发展开辟了各种可能的途径，形成了科学—技术—生产的发展顺序。例如，麦克斯韦电磁场理论带动了无线电技术与相关产业的发展。

进入20世纪以后，工业生产和技术的长足发展已经超出了人们熟悉的范围。一些研究甚至一时还看不出和人们当前生活的关系。科学的任务，是要在最短的时间内，为技术和生产发展开拓出新的途径。现代科学产生了空前的先行作用，科学变成了超越一般技术进步的因素。

在过去的半个世纪，我国社会发展经历了一条特殊的发展道路，科学、技术与生产之间呈现出不同寻常的关系。20世纪80年代开始，我国实行了改革开放政策，使得国民经济实现了突飞猛进的发展。但经济的迅猛发展，并没有带来科学和技术的迅速进步。实际上，在这个时期，我国实行的科技战略方针（特别是有关海洋方面的科技战略方针）基本上可以概括为跟踪、模仿，并以跟踪为主。通过跟踪，我们获得了有关海洋的新知识。但这段时间，我们的海洋技术却没有进步。

"阿尔文"号载人潜器是目前世界上最著名的载人深海考察工具，服务于美国伍兹霍尔海洋研究所。它是在1964年6月5日下水时以伍兹霍尔海洋研究所科学家阿尔文的名字命名的。"阿尔文"号载人潜器的下水对现代海底热液活动调查研究起到了决定性的作用，同时也对整个海洋地质学发展起到了很大的促进作用。

另一个需要提及的载人潜器是日本的"深海2000"号。"深海2000"号下水服役时间要比"阿尔文"号晚 17 年，但其后续科学贡献仍可载入史册，特别是其在东海冲绳海槽的调查及其中热液喷口的发现。

受技术条件的制约，我国的海洋地质工作是从海岸带调查开始的，历经 20 多年，从无到有，并取得了不少科研成果。具有代表性的包括"第四纪冰冻成卤理论"和"陆架沙漠化理论"等。20 世纪 70 年代包括"科学一号"在内的 6 艘 625 型科学调查船下水，将我国海洋地质学研究调查领域从海岸带扩展到了大陆架。此时，东海冲绳海槽开始进入我们的视野。"深海 2000"号在冲绳海槽的一系列热液调查发现成为我国启动现代海底热液活动调查研究的主要动因。

20 世纪 80 年代初，我国科研人员通过国际交流陆续了解到国外现代海底热液活动调查研究所取得的重要成果，知晓了冲绳海槽热液喷口的存在。90 年代初在秦蕴珊院士的主导下，中国科学院海洋研究所成立了专门的现代海底热液活动研究小组。"科学一号"组织了几个航次的冲绳海槽地质调查。但当时的"科学一号"只有单波束测深、磁力和地质取样能力，航次虽然获得了大量的浮岩、海底沉积物等样品，却并不具备发现海底热液喷口的能力。所以，当时开展现代海底热液活动的主要研究手段是跟踪。

通过国际跟踪，我们的现代海底热液活动知识迅速从红海拓展到太平洋中脊，从大西洋海隆拓展到印度洋海岭，从太平洋板内火山拓展到西太平洋弧后盆地，从黑烟囱、白烟囱拓展到黄烟囱，从高温热液喷口拓展到低温热液喷口，从超速、快速扩张洋脊拓展到慢速、超慢速扩张洋脊，从海洋地质学领域拓展到海洋生物学、海洋生态学领域。通过对 400 多个现代海底热液活动区的分析，对现代海底热液活动的基本规律，包括现代海底热液喷口分布和洋脊扩张速率的关系、现代海底热液喷口分布和水深的关系、现代海底热液喷口分布和构造环境的关系等有了基本认识，同时对热液活动的热流输出、热液柱的基本形态、热液活动对洋底锰结核与富钴结壳成因的控制作用等也都有了基本认识。

2000 年，由于已经获得关于现代海底热液活动较为全面、系统的认知，后续调查工作较少能在该领域取得突破性发现。但在我国开展现代海底热液活动调查研究的驱动力依然存在，这不仅是因为当时我们对热液活动发现的零贡献，更是因为我们的海洋技术依然空白，虽然我们通过跟踪也已掌握了关于现代海底热液活动的科学认知，但却没有应用知识以及产生新知识的技术和手段。很明显，在该领域，我国的科学、技术以及生产应用脱节，科学再次表现出了其先行的特征。

2011 年，中国大洋协会在西南印度洋获得面积为 1 万 km^2 的多金属硫化物合同区，2012 年"蛟龙"号载人深潜器完成 7000m 下潜测试，2015 年交付国家深海基地管理中心正式投入使用，标志着我国现代海底热液活动调查进入科研、技术、生产并举，并从生产为主导的新阶段。

没有生产的带动，科学知识往往局限在有限的范围内。在这个时候，笔者认为有必要把有关现代海底热液活动的资料整理出版，以便服务于生产，同时也为更多的人了解这些知识提供便利。此外，出版这本书还得益于编辑的鼓励与督促。

　　本书是笔者自 20 世纪 90 年代以来在现代海底热液活动领域的工作总结，涵盖了大量国内外在海底热液活动领域的相关资料和对资料的分析、归纳总结以及所做的模式假设、模型计算等。本书分析了热液活动在全球的分布规律，并从理论上分析了热液喷口在时间上的脉动特征和在空间上的等间距分布特征，通过对岩浆破裂的研究，分析了轴旁火山和热液发育的理论基础。本书亦进行了热液柱的讨论，阐述了热液柱与大洋底层流对富钴结壳形成与分布的控制。

　　仅以本书的出版表达对秦蕴珊院士的怀念。

2017 年 2 月于青岛海洋科学与技术国家实验室

前　言

地球有一个高热的内核，是能量聚集的地方，在其通往死寂的演化过程中，不断地由内而外，以各种方式释放着这部分能量。

这是一个完全自然的过程。

人类努力通过认识这些方式和这一自然过程的每一细节来了解地球，了解我们自身的生存环境。

在这些方式中，人们认识最早的是火山喷发，因为它是那么的轰轰烈烈，有的还给人类造成了极大的危害。

20 世纪 70 年代，海底热液活动的发现为我们打开了研究地球的另一扇窗户。

不同于火山喷发的短时与猛烈，海底热液活动在持续不断地向我们提供着地球深部信息。我们在欣喜地关注这扇窗户的同时，也发现其在徐缓地，但却不停地调整着我们的生存环境，使我们感到热液活动研究成为一种需要。

现代海底热液活动是板块构造活动的重要表象，其研究内容十分丰富。例如，现代海底热液活动分布规律研究、热液成矿研究、热液活动成因机制研究、热液活动环境效应研究、极端条件下生命过程研究等都是现代海底热液活动研究的内容。上述各研究内容既相互独立、自成体系，又相互联系、相互补充。只是在不同研究时期，研究的侧重点各不相同。

在现代海底热液活动研究的初期阶段，人们关心最多的是，在茫茫海洋中到底哪里存在热液活动，即热液活动的分布问题。近年来，随着人口、资源、环境问题的提出，现代海底热液活动的研究主题开始侧向热液活动的环境效应。但也应该看到，无论是过去，还是现在，热液硫化物矿床研究似乎是一个永恒的主题。

进入 20 世纪 90 年代以来，厄尔尼诺灾害频发，使得对厄尔尼诺的研究成为海洋科学领域的一个焦点问题。

围绕这一焦点问题，全球海洋工作者开展了海洋与大气长周期变化研究、大洋表层水温长周期震荡研究、海洋暖池研究等。

目前，虽然这方面的工作取得了一些的成果，但关于厄尔尼诺成因问题却一直没有得到一个令人满意的答案。经过一系列研究，人们将现代海底热液活动和厄尔尼诺事件联系起来，开始考虑现代海底热液活动对全球气候有多大影响，现代海底热液活动会不会是厄尔尼诺事件的成因等问题。

但是，至少目前还不能完全回答这个问题。首先，直到现在我们在大洋中进行热液调查的面积仅占海底总面积很少一部分，因而热液活动区的分布、大洋中到底有多少热液活动区尚不能确定，全部海底热液活动区的总能量输出也不能确定；其次，现代海底热液活动的成因机制、热液活动的活动时间与周期仍不明晰，热量通过热液柱向海洋的输送形式也不明确。问题的回答依赖于对现代海底热液活动透彻的调查研究。

本书不奢求回答诸如现代海底热液活动是否是厄尔尼诺事件起因这样的问题，而是希望在现代海底热液活动的分布特征和与热液成因相关的轴地壳岩浆房、岩浆房过程、岩浆破裂、海底裂隙以及热液活动对海洋的热贡献等方面有所贡献，为上述重大问题研究提供可靠的基本素材。

感谢青岛海洋科学与技术国家实验室项目（2016ASKJ13，2017ASKJ02，QN-LM201708，QNLM2016ORP0206，2017ASKJ01）和行业基金项目（201511037）对本书出版的支持。

大洋锰结核、富钴结壳等成因依然是海洋地质科学领域研究的热点问题。本书提出热液柱和大洋底层流的共同作用控制了富钴结壳的成因和分布。但由于受笔者研究领域的限制，笔者对此研究并不深入，难免有不足认识，其他方面亦是如此，敬请读者不吝批评、赐教。

2017 年 2 月

目　　录

自序

前言

第1章　绪言 ··· 1

　1.1　现代海底热液活动的调查历史 ·························· 1

　1.2　现代海底热液活动调查的主要成果 ···················· 10

第2章　现代海底热液活动区的分布 ·························· 11

　2.1　东太平洋海隆 ······································· 11

　2.2　大西洋中脊 ··· 23

　2.3　印度洋中脊 ··· 28

　2.4　西太平洋边缘 ······································· 31

　2.5　板内火山上的热液活动 ······························ 40

　2.6　全球海底热液活动区汇总 ···························· 41

第3章　现代海底热液活动的分布特征 ······················ 48

　3.1　现代海底热液活动的空间分布特征 ···················· 48

　3.2　现代海底热液活动的水深分布特征 ···················· 49

　3.3　现代海底热液活动分布区的地形地貌特征 ················ 54

　3.4　现代海底热液活动分布区的构造环境 ·················· 58

　3.5　现代海底热液活动的分布和洋脊扩张速率的关系 ·········· 67

　3.6　现代海底热液活动区的地球物理特征 ·················· 79

第4章　现代海底热液活动的热源和通道 ···················· 82

　4.1　轴地壳岩浆房的存在与形态 ·························· 83

　4.2　岩浆房过程 ··· 86

　4.3　破裂传播的流体力学分析 ···························· 90

　4.4　岩浆破裂的形态研究 ································· 96

　4.5　岩浆迁移过程中的冷凝问题 ·························· 103

4.6　岩浆的侧向传播 ··· 105

4.7　扩张中心海底裂隙的特征和分布 ························ 110

4.8　弧后岩石圈的破裂与传热 ································· 116

第5章　现代海底热液活动的成因模型 ························· 136

5.1　模型一：热液活动等间距分布 ························· 136

5.2　模型二：热液喷口的自脉动 ····························· 141

5.3　模型三：短时的热液活动 ································· 143

第6章　热液柱与大洋底层流对富钴结壳的形成与分布的控制研究 ·· 145

6.1　热液柱的研究 ··· 145

6.2　大洋底层流的研究 ·· 167

6.3　大洋富钴结壳的研究现状与意义 ······················ 177

6.4　PLUME 与南极底流对富钴结壳成因的控制作用 ······ 181

第7章　结论 ··· 198

参考文献 ··· 200

附录　现代海底热液活动的观测方法 ·························· 228

|第 1 章| 绪　　言

现代海底热液活动是普遍发育于海洋中活动板块边界及板内火山活动中心的一种在岩石圈和海洋之间进行能量和物质交换的过程，其显著表象是高温热液从海底流出。这种热液流体在海洋岩石圈中的流动，一方面使地球的热传递由热传导占主导地位变为热对流占主导地位，极大地提高了热传递效率；另一方面热液活动还会伴随地球物质由内向外迁移，成为地球化学能量动态平衡中的重要一环。现代海底热液活动在时间上，或串接岩浆活动、火山活动、构造活动等地质过程，或和这些地质过程相伴生，在海洋岩石圈的演化过程中扮演着十分重要的角色。热液生物发现以后，现代海底热液活动研究从地质科学领域延伸到了生命科学领域。现代海底热液活动研究在海洋科学研究中虽然时间短，但却已占据相当重要的地位。

1.1　现代海底热液活动的调查历史

1.1.1　早期现代海底热液活动调查

现代海底热液活动最初发现于红海。1948 年，瑞典科学考察船"信天翁"（Albatross）号在红海中部 Atlantis I 深渊附近（$21°20'N$，$38°09'E$，水深 1937m）发现了高温、高盐溶液（Bruneau et al.，1953）。

20 世纪 60 年代初，人们在东太平洋海隆发现了富铁、锰、铜、铬、镍、铅等多金属的沉积软泥，且多金属沉积物分布区与高热流异常区相对应。因此，有些学者提出了多金属沉积物与高热流活动有关的观点（Arrhenius and Bonatti，1963；Skornyakova，1965）。

1963 ~ 1965 年，国际印度洋调查计划期间，"发现者"（Discovery）号考察船经过红海时，第一次记录到中层海水的声学反射现象。随后科研人员对该区水样和海底沉积物样品进行了采集，经过研究发现中层海水的声学反射现象是由含悬浮金属颗粒的热卤水阻抗不同所致，从上覆水体中沉淀下来的多金属沉积物覆盖在红海北部慢速扩张中心海底的许多地方（Swollow and Crease，1965；Miller et al.，1966；Hunt et al.，1967；Bischoff，1969）。在红海的轴部及中央盆地中所发现的热液多金属沉积软泥震动了整个地学界，从而揭开了现代海底热液活动调查研究的序幕。

现代海底热液活动调查研究在开始阶段就有一系列重要发现（表1-1）。初期，热液成矿现象是现代海底热液活动调查研究所关注的主要问题。例如，20世纪60年代初期，Bonatti和Joensuu（1966）在南太平洋海隆附近的海山上采集到了洋中脊的海底热液沉积物（铁锰结壳）；1972年，在大西洋中脊26°N的TAG热液区采集到了低温热液样品（锰氧化物结壳）（Rona，1973；Scott et al.，1974a，b；Rona et al.，1975）。

表1-1 现代海底热液活动调查研究中的几次重要发现

年份	位置	重要发现	文献
1963	红海	多金属软泥	Swallow 和 Crease，1965；Miller 等，1966；Hunt 等，1967；Bisehoff 等，1969；Degens 等，1969
1963～1966	EPR① （快速扩张洋中脊）	多金属软泥	Arrhenius 和 Bunatti，1963
1972～1973	TAG 热液区 （慢速扩张洋中脊）	低温热泉	Rona，1973；Scott 等，1974a；Rona 等，1975
1974	劳海盆 （弧后盆地）	热液硅和重晶石	Bertine 和 Keene，1975
1977	加拉帕戈斯	热液生物	Lonsdale，1977b；Corliss，1979
1978	EPR21°N	块状硫化物	Francheteau 等，1979
1979	EPR21°N	高温黑烟囱	RISE Project Group，1980
1981	Loihi 海山 （板内火山）	硫化物	Malahoff，1982
1984	"夏岛84-1" 海丘	死烟囱	Kimura 和 Kaneoka，1986
1986	"夏岛84-1" 海丘	热液小墩	Halbach 等，1989a；Kimura 等，1988
1988	伊是名海洼 （具有陆壳性质）	热液硫化物矿床	中村光一等，1990；田中武男等，1989
1991	南奄西海丘	热液烟囱	千叶仁等，1993

但随后的一些重大发现，如海底高温黑烟囱和海底热液生物的发现令世人为之震惊，大大地改变了人们头脑中已有的关于传统海洋地质学和传统生物学的认识。

———————————————

① EPR：east pasific rise，东太平洋海隆。

（1）高温黑烟囱的发现

1978 年，法国、美国和墨西哥组成的调查队使用法国"西雅娜"（Cyana）号深潜器对东太平洋 21°N 海隆进行了调查，拍摄到许多形状古怪的丘状体，并在洋中脊第一次采集到块状硫化物样品（Hekinian et al.，1980；Francheteau et al.，1979）。对样品分析发现，其矿物成分主要为闪锌矿、黄铜矿、白铁矿和黄铁矿。沉积物全岩样品中 Zn 的含量高达 29%，Cu 的含量达 6%，这是首次在洋底发现富含有色金属的块状硫化物。

一年后，法国、美国和墨西哥组成的调查队利用"阿尔文"（Alvin）号载人潜器开始了"RISE"项目的调查，在东太平洋海隆 21°N 洋底附近发现了由块状硫化物构成的黑烟囱以及 25 个正在活动的高温"黑烟囱"热液喷口。通过原位测量获得的温度高达 350 ~ 400℃，同时在平行的洋脊轴区热液喷口处采集到了 135kg 热液硫化物样品。这是科学家发现的第一个由硫化物堆积形成的"黑烟囱"，也是第一次发现"黑烟囱"喷溢黑色高温流体（Francheteau et al.，1981；RISE Project Group，1980；高爱国，1996）。

（2）海底热液生物的发现

1976 年，在加拉帕戈斯（Galápagos）扩张中心进行底层水调查时发现了水体温度异常及水体 ^{3}He 含量异常，同时在海底发现了一堆蛤壳。1977 年 2 月，"阿尔文"（Alvin）号载人潜器下潜到 Galápagos 断裂扩张中心顶部时，发现了正在活动的热液喷口，且在该热液区海底首次观察到活的生物。观察到的生物包括双壳类、管状蠕虫以及其他生物。详细的调查研究发现，热液生物群落中的初级生产者是热液口的化能自养细菌，其能量来源是热液喷出的流体提供的化学能，这些生活在热液喷口处的细菌通过氧化热液中的还原性硫化合物（如 H_2S）获得能量，并以 CO_2 和 H_2O 化合成碳水化合物的过程来代替光合作用，以此供应整个生态系统。这种不以光合作用为基础创建食物链的庞大海底热液生物群落的发现，彻底改变了人们关于地球上食物链以光合作用为基础的旧有认识（Lonsdale，1977a；Corliss，1979；Barnes et al.，1992；季敏，2004；高爱国，1996；王兴涛，2004）。

（3）从快速洋脊到慢速洋脊，从洋脊到弧后盆地，再到板内火山

随着调查活动的不断进行，人们发现，现代海底热液活动的调查研究不仅可以为板块构造理论提供重要的支持证据，同时它也是我们认识地球内部结构与组成的一个重要窗口。热液活动调查研究的科学意义在某种程度上更甚于其经济意义（吴世迎，2000），从而得到更加广泛地关注。

海底热液活动研究的主要科学问题有海底热液活动的分布规律、成因机制、环境效应及其成矿机理等。海底热液活动发育的构造环境研究不仅可以从理论上认识热液活动发育的机制，同时也可以为新的海底热液活动区的调查发现指明方向，多少年来一直是备受关注的问题之一。对该问题的认识也随着热液调查发现的深入而不断从片面走向深入。20 世纪 70 年代以前，Arrhenius 和 Bonatti（1963）认为只有在快速扩张的洋中脊才能发育热液活动。但 1974 年，Rona 和 Scott（1974）宣布在慢速扩张的大西洋中脊也发现了热液活动区，这就是著名的 TAG 热液活动区。同年，劳海盆（Lau Basin）中热液活动区的发现又将海底热液活动发育的构造背景从洋中脊扩大到了弧后盆地（Bertine and Keene，1975）。很快，人们就认识到海底热液活动是一种全球性的地质现象。现代海底热液活动的研究也不断地走向广泛和深入。从 20 世纪 80 年代开始，海底热液活动的调查研究逐渐扩展到全球各大洋构造活动带，如弧后扩张盆地以及板内火山以及海底山①等。

1985 年 7 ~ 8 月，Trocine 和 Trefry（1988）在慢速扩张的大西洋中脊 TAG 区发现正在活动的黑烟囱、块状硫化物以及喷口生物群落，并测得喷口温度为 200℃。同年 12 月，大洋钻探计划（ODP）106 航次在大西洋中脊（mid-Atlantic ridge，MAR）23°N 裂谷处又发现一处高温热液活动区。在该区的海底发现有黑色热液沉积物、墩状硫化物、硫化物烟囱和高温黑烟囱等。从黑烟囱热液喷口测得的温度高达 350℃，这是在慢扩张洋脊发现的温度最高的热液喷口。该热液活动区被命名为蛇坑（Snake Pit）热液区（Karson and Brown，1988）。1986 年，"阿尔文"号载人潜器对 Snake Pit 热液区进行了调查，证实了热液区的存在，并采集了块状硫化物、热液沉积物及流体和生物样品。

1981 年，Malahoff 等（1982）对夏威夷群岛南的 Loihi 海山研究时发现了硫化物等海底热液沉积。同年，Leinen 等（1981）首次报道了西太平洋马里亚纳海沟存在热液沉积物。

1984 年 9 月，日本海洋科技中心利用"深海 2000"（Shinkai 2000）号载人潜器对冲绳海槽中部进行了调查，在"夏岛 84-1"海丘的顶部发现了不活动的类似烟囱状构造的热液堆积物——死烟囱（Kimura and Kaneoka，1986）。1986 年 7 月，又在该处发现了活动的热液喷口，测量获得喷口温度为 42 ℃，并获得了热液沉积物样品（Halbach et al.，1989a；Kimura et al.，1988）

1988 年 6 月，日德科学家利用"太阳"（RV Sonne）号科考船在冲绳海槽中部的伊是名（Izena）海洼发现了热液硫化物样品。9 月，"深海 2000"号在伊是名海洼发现了三个黑烟囱群，其中一处烟囱喷口附近的热液流体温度为 67℃，喷口周围覆盖黑

---

① 大洋内分布大量海底山（群），其中部分被认为是古陆，所以有别于板内火山。

色的热液硫化物沉积。一处烟囱已停止活动，但地热测量结果表明其热流值仍然较高。同年，在伊平屋（Iheya）海隆北坡发现了活动的热液底栖生物群和复式丘状热液沉积体，丘体裂隙中喷出的热液流体温度高达220℃（中村光一等，1988）。

1989年6月，在冲绳海槽伊是名海洼发现正在活动的"黑烟囱"，喷口温度高达320℃。在伊平屋CLAM区也第一次发现了碳酸盐烟囱和丘体（中村光一等，1990；田中武男等，1989）。

1991年6月，在冲绳海槽南奄西海丘的调查中发现了热液烟囱，测得其喷出温度高达278℃。由此开始，三处热液活动区（"夏岛84-1"海丘、伊是名海洼和南奄西海丘）的重大发现使冲绳海槽成为了当时热液活动调查的热点地区之一（千叶仁等，1993）。

1.1.2　近期海底热液活动调查

在现代海底热液活动调查研究的开始阶段，美国、法国、德国、日本、加拿大、俄罗斯等国家先后对太平洋海隆、中大西洋洋脊、西南太平洋弧后盆地等海域进行了多次热液活动调查和取样，获得了很多重要的成果。尽管如此，迄今为止，人类过去的调查活动，仅覆盖了不到10%的全球洋脊系统，而且调查的区域主要集中于东北太平洋海隆、中大西洋中脊和西太平洋弧后盆地等区域，对印度洋、北冰洋、南极等地区的研究相对较少。

（1）印度洋洋中脊

1994～2002年，在Inter Ridge、DSDP、ODP和IODP等国际计划的大力推动下，美、日等国在超慢速扩张的西南印度洋中脊完成了包括热液活动调查在内的16个调查航次，使西南印度洋中脊成为地球上研究得最好的慢速扩张洋脊。

1997年，"Fuji"航次在西南印度洋脊东部区域的调查中，发现了6个水体化学异常区，推测该区域底部可能存在海底热液活动区（German et al.，1998）。

1998年，日本"Indoyo"航次首次利用"深海6500"（Shinkai 6500）号深潜器对印度洋洋中脊进行调查，在63°56′E、27°51′S处的Jourdanne海山发现了块状硫化物和不活动的烟囱体，证实西南印度洋脊轴部火山曾经存在热液活动区，这说明高温块状硫化物烟囱也可以存在像西南印度洋脊这样的超慢速扩张洋脊环境中（Fujimoto et al.，1999；Münch et al.，2000，2001）。

2000年，"R/V Knorr 162"航次在西南印度洋脊西部的调查中，发现了8个热液异常区。2001年，"R/V Knorr 162"航次在西南印度洋脊10°E～16°E发现了1个超基性岩控制的热液矿化点（Bach et al.，2002；Baker et al.，2004）。

近年来，我国大洋协会在印度洋进行了大量热液活动调查。

（2）北冰洋洋脊

2001年，Hannington等阐述了1997年和1999年德国利用"R/V Poseidon"号考察船（229航次和253航次）在格利姆塞岛地区进行的两个航次调查首次在格利姆塞岛地堑——一个浅水且充满沉积的地堑环境中发现高温热液喷口（温度达250℃）和大量的硬石膏沉积。格利姆塞岛喷口区位于北大西洋，是在北极圈内的第一个已知的重要热液活动区，也是海底高温环境中记录的最大规模地区之一（Hannington et al.，2001）。

2001年，在北冰洋Gakkel洋脊的第一次国际性航次的调查期间，发现了多处海底热液喷口，找到了Gakkel洋脊在"慢速扩张速率下也可以具有强烈的熔融富集"这一假设的实际证据，表明与断裂伴生的岩浆活动强烈富集可能解释了这种事先未预料高度活跃的热液活动（Michael et al.，2003）。

（3）南极地区

1987年Suess等最早报道了南极Bransfield Strait（布兰斯菲尔德海峡）弧后盆地水体化学异常，海底沉积物热液蚀变，以及海底热流异常等（Suess et al.，1987）。1995年Klinkhammer等组织航次，对南极Bransfield Strait进行专门的热液活动调查，发现了水体Mn含量、光度、温度等异常，初步圈定了热液活动区范围（Klinkhammer et al.，1995）。1997年"RV Polarstern"航次，在此前圈定的Hook脊区获得了沉积物样品。样品在甲板上测得的温度为24℃（Bohrmann et al.，1999）。1999年的NBP99-04航次，Klinkhammer等继续对Bransfield Strait盆地进行调查，在火山口中测得火山灰沉积的温度为42~49℃，并使用电视抓斗获得了硫化物烟囱碎块，根据其结构和化学成分，推测其形成时的温度为250℃（Klinkhammer et al.，2001）。

（4）马里亚纳海槽

1987年"Alvin"号载人潜器在马里亚纳海槽18.2°N，沿海槽的脊线发现Alice热液活动区（18°13′N，144°42′E；水深3600m）。热液喷口的温度高达287℃，喷口周围发育热液生态系统（Craig and Poreda，1987）。1988年和1990年德国"太阳"号对Alice热液区进行了调查（Stuben et al.，1995）。1992年和1996年，日本"深海6500"号深潜器两度重返Alice热液活动区进行热液等样品采样（Gamo et al.，1993；Fujikura et al.，1997）。1992年日本"深海6500"号深潜器对马里亚纳海槽南部ASVP区也进行了调查，在Peak B海底山的山峰发现了Forecast热液活动区（13°24′N，143°55′N；水深1470m）。日本"深海6500"号深潜器于1993年和1996年又对Forecast热液活动区进行了调查（Gamo et al.，1993；Fujikura et al.，1997）。

马里亚纳海槽南部热液活动区发现于 2003 年（Utsumi et al.，2004）。Snail 热液活动区（12°57′10″N，143°37′10″E；水深 2870m）和 Yamanaka 热液活动区（12°56′40″N，143°36′45″E；水深 2820m）位于弧后扩张轴上；Archean 热液活动区（12°56′26″N，143°37′55″E；水深 3000m）位于扩张轴东部坡脚；Pika 热液活动区（12°55′1″N，143°38.95′E；水深 2920m）则位于扩张轴以东 5km 的轴旁山丘上（Yoshikawa et al.，2012）。Pika 热液区热液喷口的温度在 110~340℃，海底发育正在活动的黑烟囱、白烟囱，也发育大量不活动的热液烟囱体。喷口周围存在大面积正在漫溢的流体区（Kakegawa et al.，2008）。

Nakamura 等于 2009 年和 2010 年分别利用"Urashima"号 AUV 和"Shinkai 6500"号载人潜器在关岛西南约 130km 的马里亚纳弧后盆地进行了声学、磁学调查，此外还进行了海底观测与取样，结果发现了一个新的热液活动区（热液喷口位置位于 12°55.30′N,143°38.89′E），其深度为 2922m，热液喷口区面积大约为 300m×300m，由黑烟囱、棕色闪光烟囱以及不活动烟囱组成，称为 Urashima 热液活动区。该热液活动区位于 Pika 热液活动区以北 300m（Nakamura et al.，2013）。

（5）西南太平洋弧后盆地

西南太平洋弧后盆地较早的海底热液活动发现应是 1974 年在劳海盆地区的热液。1991 年，PACMANUS I 考察队利用"富兰克林"（Franklin）号船在东马努斯海盆发现了热液活动和硫化物堆积体（Binns and Scott，1993）。1995 年，日法联合考察队利用"R/V Yokosuka"号考察船和"Shinkai 6500"号载人潜器对南太平洋新不列颠活动的俯冲带附近进行取样，同时研究人员在马努斯盆地扩张系统的中部和东北部洋脊的岩浆、构造和热液过程中有了许多重大发现，并首次在马努斯盆地中部取得富集 H_2S 的高浓度酸性流体（Auzende et al.，1996）。

最近我国利用"发现"号 ROV 也不同程度地开展了西南太平洋弧后盆地的热液活动调查工作（Zhang et al.，2016）。

（6）发育在地幔上的热液活动区

1994 年，俄罗斯"R/V Professor Logatchev"号调查船在大西洋进行调查，发现了 Logatchev 热液区（Batuev et al.，1994；Gebruk et al.，2000）。此处被认为是超基性的地幔岩出露海底。

2004~2005 年，德国科学基金会（DFG）的"地幔扩张轴的能量、物质和生命循环"项目先后两次采用"R/V Meteor"号考察船（M60/3 和 M64/2）到 Logatchev 热液区调查、取样，其目的是研究超基性洋壳上热液系统的发育特征及其生命过程（Schmidt et al.，2007）。

（7） 超快速扩张的热液活动区不发育生命系统

2006 年，Hey 等指出地球上扩张速度最快的海底扩张发生在 EPR 31°S ~ 32°S，两大主要热液柱区域 （31°S 和 32°S） 是在 1998 年对快速扩张脊轴调查取样期间和 1999 年 "阿尔文" 号探测期间发现的，32°S 区域比 31°S 区域存在更多的黑烟囱体和热液喷口，但热液喷口周围的生命系统并不发育 （Hey et al. ，2006）。

（8） 最深的热液活动区

2010 年，美国伍兹霍尔海洋研究所和 NASA 的科学家利用 ROV 对超慢速扩张洋脊 Mid-Cayman Rise （地球上最深的中央海脊） 海底喷口的分布和性质进行了调查。该深海热液活动区长达 110km，深度为 4500 ~ 6500m，是世界上已知最深的海底热液活动区 （German et al. ，2010）。

1.1.3　我国的海底热液活动调查

1983 年中国科学院地学部组团访问美国了解美国的地学计划、"Alvin" 号载人潜器和美国开展现代海底热液活动调查所取得的成果。1985 年赵一阳撰文在国内介绍了美国现代海底热液活动的研究概况 （赵一阳，1985）。我国海底热液活动调查研究大致经历了概念跟踪、航次搭载、样品分析、组建队伍、独立航次、申请矿区、规模调查等过程。

1988 年 7 ~ 8 月，我国科学家搭载德国 "太阳" 号第 57 航次 （简称 SO57） 对马里亚纳海槽进行了海底热液活动考察，并获得非活动的热液烟囱样品 （中低温型的硅质 "白烟囱" 和高温型的块状硫化物 "黑烟囱"）。这是我国科学家第一次参加海底热液活动的调查研究工作 （吴世迎等，1991；吴世迎，1991）。

1988 年 9 月，在由苏联科学院组织的为期 5 个月的太平洋综合调查航次中，中国科学院海洋研究所组队再次参加，并沿太平洋海隆采集了热水沉积物样品 （王兴涛，2004）。

20 世纪 80 ~ 90 年代，中国科学院海洋研究所同东京大学开展了冲绳海槽联合调查。通过国际合作，了解了日本利用 "深海 2000" 载人潜器所进行的现代海底热液活动调查。

1992 年 6 月，中国科学院海洋研究所组织了对冲绳海槽中部热液活动的调查取样，这是我国首次独立组队进行的热液活动调查。首次提出，在我国东海冲绳海槽海底沉积物中发现的汞异常指示冲绳海槽存在现代海底热液活动 （赵一阳和鄢明才，1994；赵一阳等，1994；高爱国和何丽娟，1994）。

1994 年，中国科学院海洋研究所再次组队对冲绳海槽热液活动进行专门的调查（翟世奎，1994）。

1998 年 11 月，"大洋一号"考察船 DY95—8 第五航段在马里亚纳海沟开展了大洋热液矿点试验调查，为我国海底热液活动及硫化物资源的调查研究积累了经验。

2003～2004 年，中国大洋协会 DY105—14 航次首次在东太平洋海隆区拖网并采集了部分热液硫化物样品。

自 2005 年大洋环球航次以来，我国已经持续 7 年在西南印度洋脊（SWIR）开展科学考察。

2005 年，大洋协会第 18 航次科学考察队在西南印度洋脊的 28 洋脊段（Segment 28）附近发现了极为强烈的热液浊度异常。

2007 年，中国大洋协会第 19 航次科学考察队在西南印度洋脊（49°39′E，37°47′S）发现了正在活动的热液硫化物烟囱，在活动的热液烟囱周围发现了大量热液生物。航次获得了大量照片、热液硫化物、生物和基底玄武岩样品。这是我国科学家发现并命名的第一个海底热液活动区（龙旂热液区），也是世界上首次在西南印度洋超慢速扩张段上发现热液活动区（陶春辉等，2011，2014）。该航次还在东南印度洋脊发现了新的海底热液异常区。

2008～2009 年，在"大洋一号"考察船执行第 20 航次科考任务期间，在东太平洋海隆赤道附近发现两处海底热液活动区。这是我国继 2007 年在西南印度洋首次发现新的海底热液活动区之后，第二次自主发现的新海底热液区，也是世界上首次在东太平洋海隆赤道附近发现的海底热液活动区。2008～2010 年，中国大洋调查航次又先后在西南印度洋脊发现了 7 处海底热液活动区，其中在 49°E～53°E 脊段发现了 5 处，在 63°E～64°E 脊段发现了两处（Tao et al.，2009；陶春辉等，2011）。

2009 年，中国大洋协会第 21 航次在南大西洋中脊 13°S～14°S 段发现了两个新的海底热液活动区，这是我国第一次在大西洋中脊发现海底热液活动区，也是当时发现的位于大西洋中脊最南端的两个热液活动区（陶春辉等，2011）。

2012 年，中国大洋协会第 26 航次在西北印度洋脊 3.5°N～3.8°N 的卡尔斯伯格海隆（Carlsberg Ridge）和北大西洋中脊 4°N～7°N 分别发现了海底热液活动异常区，并采集了多金属硫化物沉积样品（Tao et al.，2013）。

2014 年 2 月，"大洋一号"在西南印度洋进行了 30 航次的科学考察，在第 2 航段的考察区内发现深海热液金属硫化物矿堆（席振铢等，2016）。

1.2　现代海底热液活动调查的主要成果

　　从 1963 年美国"发现者"号考察船在红海发现热液成因的多金属软泥，到 1979 年美国"Alvin"号载人潜器在东太平洋海隆发现热液黑烟囱，科学家对现代海底热液活动区的发现逐渐从特定区域拓展到大洋中脊，又从大洋中脊拓展到弧后盆地和板内火山。直到现在，现代海底热液活动的调查研究已经历了半个多世纪。半个多世纪以来，科学家通过不懈的努力取得了令人注目的调查研究成果，如在大洋深处多种构造背景中发现的现代海底热液活动区，现代海底热液活动区发现的多金属软泥和金属硫化物，喷口周围发现的生命群落。此外，现代海底热液活动调查研究的需要还极大地促进了海洋技术，特别是深海海洋技术的发展。

　　除上述成果外，在现代海底热液活动研究领域，尚有很多值得探讨的科学问题。本书在笔者多年研究的基础上，系统总结了现代海底热液活动的分布规律、现代海底热液活动的成因机制、热液柱及其对富钴结壳形成的控制作用。

|第 2 章| 现代海底热液活动区的分布

2.1 东太平洋海隆

东太平洋海隆位于太平洋东部，两侧坡度平缓，并呈快速扩张状态（图 2-1）。海隆的西侧为太平洋板块，东侧由多个微型板块与美洲大陆挤压碰撞而形成的一系列海底高地、海脊、裂谷和转换断层等复杂的地质单元构成。

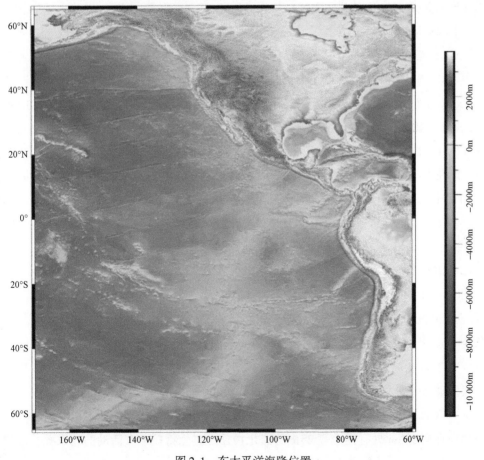

图 2-1　东太平洋海隆位置

2.1.1　东北太平洋海隆热液活动区

著名的 Sovanco、Blanco 和 Mendocino 转换断层将东北太平洋海区的洋中脊分成三部分，自北而南分别是 Explorer 脊、胡安·德富卡洋脊（Juan de Fuca ridge，JDF 脊）和 Gorda 脊。每一部分又被错断成多个次级的洋中脊扩张段。Explorer 脊分成北、南两段；JDF 脊可分成 Middle Valley、West Valley、Endeavour、Northern Symmetrical、Axial、Cleft、Vance 七段。Gorda 脊又可分为北、中、南三段。从南到北，三部分洋中脊的扩张速率基本相似，为 6~8cm/a，但其海底地形却截然不同。沿 Gorda 脊的扩张轴，有深 400~600m 的中轴谷。而沿中南部 JDF 脊的扩张中轴，则有高 300m 的高地形，而且，除沿扩张轴分布的轴海山外，地形平坦。北部的 Endeavour 和 West Valley 扩张段，地形起伏很大（Hooft and Detrick，1995）。整个东北太平洋海隆区域，热液活动区基本上沿洋中脊扩张轴分布（图 2-2）。

（1）Explorer 脊

Explorer 脊位于 Sovanco 转换断层以北（图 2-3），扩张速率为 8cm/a，脊上有宽 1km 深 100m 的中轴谷。中轴谷中，海底裂隙、地堑、地垒十分发育。1980 年，Grill 等在 Explorer 脊北段调查于 50°05′N，129°45′W 处采到热液硫化物样品（水深 3200m）（Grill et al.，1981）。Bornhold 等在此位置以西 100km 的海山上（49°40′N，131°56.2′W；水深 3260m）也发现了热液沉积（Bornhold et al.，1981）。1984 年加拿大深潜器 Piscos Ⅳ 在 Explorer 脊南段沿扩张轴的中轴谷进行了 10 次下潜，在长为 6km 的扩张轴中轴谷中发现了 18 个热液活动区（49°45′N，130°16.5′W；水深 1850m），其中 9 个是正在活动的热液活动区。热液喷口喷出流体的温度为 27~360℃（Tunnicliffe et al.，1986）。

（2）JDF 脊

图 2-4 为 JDF 脊的分布位置。

1）Middle Valley 扩张段。Middle Valley 扩张段位于 JDF 脊最北端（图 2-5），扩张段长 50km，扩张段上发育中轴谷。中轴谷的东侧有串珠状的沉积丘，向南这些沉积丘发育成宽 2km 的高地形。1993 年，"Alvin" 号载人潜器在此进行深潜调查，发现了两个热液活动区，分别为 Bent 区和 Dead Dog 区（Goodfellow and Franklin，1993）。

Bent 区有一个高 60m，宽 400m 的不活动丘（128°40′W，48°26′N；水深 2480m），该不活动丘南 300m 处有两个高 25m 的硫化物丘，硫化物丘上有活动的喷水孔，水温为 265℃，并见有大量的热液生物（Goodfellow and Franklin，1993）。

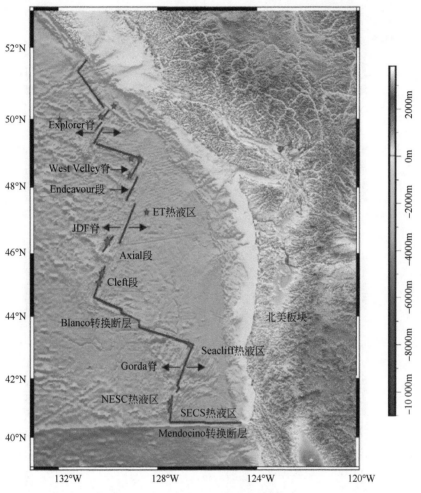

图 2-2　东北太平洋海隆热液活动区

注：五星表示热液活动区的位置

Dead Dog 区（128°42.3′W，48°28′N；水深 2440m），位于 Bent 区西北西方向 2.4km，该区范围 800m×400m，至少有 15 个喷口，喷口温度为 184～274℃（Goodfellow and Franklin，1993）。

2）West Valley 扩张段。West Valley 扩张段位于 Middle Valley 扩张段的西侧，两端被重叠扩张中心所限。1987 年和 1988 年 Scott 等对此区进行了热液活动调查，在南部扩张轴的新火山带上发现了热液活动区（48°29′N，129°02.5′W；水深 2950m）。这是一个正在活动的热液区，可见硫化物和热液烟囱（Scott et al.，1988）。

3）Endeavour 扩张段。Endeavour 扩张段呈 "S" 形，北南两端为重叠扩张中心所界定。1984 年，"Alvin" 号载人潜器在 1982 年在该段拖采到大块硫化物的地方下潜调

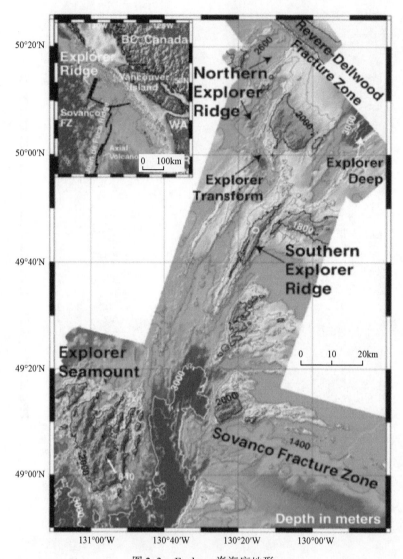

图 2-3　Explorer 脊海底地形

查。调查发现，在扩张轴中心以西的区域有海底裂隙发育，在沿中轴谷西壁延伸长
200m 的范围内（47°57.2′N，129°06.5′W；水深 2200m）都有热液活动存在。其中，
高 0.5m 的热液芽从 25m×30m×15m 的硫化物构造上长出，"Alvin"号载人潜器在黑烟
囱喷口处测到的温度为 400℃（Tivey and Delaney，1986）。

4）Northern Symmetrical 扩张段。Northern Symmetrical 扩张段是 JDF 脊最长的扩张
段，长 150km，在 46°00′N 和 47°35′N 为重叠扩张中心所界定。该扩张段南部脊峰水深
2450m，扩张轴发育宽 1.5km 的中轴谷。中轴谷两壁不对称，西壁高 100m，东壁高度

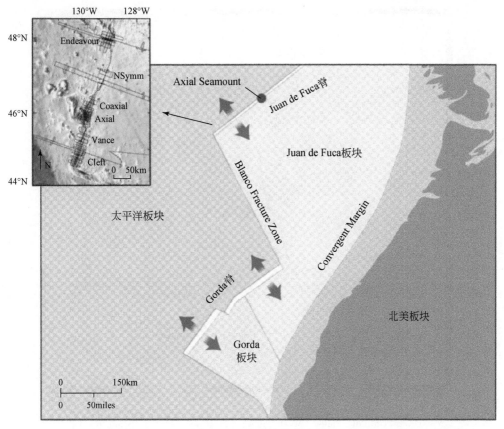

图 2-4 JDF 脊位置分布

只有 30m。向北脊峰逐渐抬升，至 46°50′N 处中轴谷消失，该处水深为 2300m。在此处扩张轴的西侧发育一座海山，此海山为新火山。海山上，熔岩流覆盖的范围达 25km² （Christeson et al.，1993）。海底照相发现的 ET 热液区（46°50′N，128°25′W；水深 2300m）即位于此海山上，为正在活动的热液烟囱区（Crane et al.，1985）。

5）Axial 扩张段。1987 年，"Alvin"号载人潜器在 Axial 段进行了几次下潜调查，在扩张轴的中轴火山上发现了一个一个方形的破火山口，长 8km，宽 5km，沿内坡有 4 个热液活动区。其中，Ashes 热液区（45°56′N，130°01′W；水深 1540m）面积为 200m×1200m，位于南坡；CASM 热液区（130°01.5′W，45°58′N）位于北坡；South 热液区（45°55′N，130°0.1′W）位于南坡，距 Ashes 热液区 1km；East 热液区（45°57′N，130°W）位于东坡。

Ashes 区又包括 7 个热液区：Inferno、Virgin、Hillock、Crack Vents、Mushroom、Hell 和 New 热液区，喷口温度为 27～326℃（Rona and Trivett，1992a）。

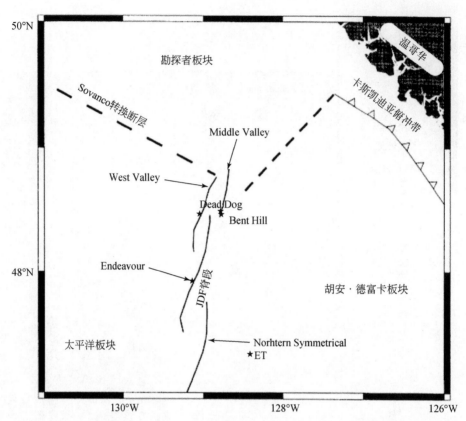

图 2-5　JDF 脊段 Middle Valley、West Valley、Endeavour、Norhern Symmetrical 扩张段

注：五星为热液活动区的位置

6）Cleft 扩张段。Cleft 扩张段又称 Southern Symmetrical 扩张段，长 55km，限于 Blanco 转换断层和 Vance 扩张段之间，扩张速率为 12cm/a（Carbotte and Macdonald，1994）。在北端 45°N 处，向西偏开 Vance 段 5km。其中轴谷宽 2~3km，深 80~120m。在 44°42′N~44°49′N 有许多断裂和火山，最大的火山锥高 60m。44°42′N 以南的扩张段，中轴谷中又发育小峡谷，小峡谷宽 100m，深 30m。1984 年、1986 年、1987 年"Alvin"号在该区进行深潜调查，在南部 Cleft 段的小峡谷的谷壁和底部发现了 3 个热液活动区。Vent 1 区（44°39.4′N，130°22′W；水深 2200m）发育 9m 多高的活动烟囱。Plame 区（44°38.6′N，130°22.3′W；水深 2200m）发育高温黑烟囱。另外，Vent 1 和 Vent 3 之间发现有大面积的不活动烟囱（Shanks and Seyfried，1987；Embley et al.，1988；US Geological Survey and Juan de Fuca Study Group，1986）。在北部 Cleft 段的小峡谷中，发现有 3 个高温热液区（44°57′N~44°59′N，130°14′W；水深 2200m）和 6 个低温热液区（44°54′N~44°57′N，130°10′W~130°17′W；水深 2200m）（Embley et al.，1994；

Embley and Chadwick，1994）。

（3） Gorda 脊

Gorda 脊介于 Mendocino 和 Blanco 转换断层之间（图 2-4），长 300km，在地形和结构上明显分为北、中、南三段。北段自 Blanco 转换断层向南延伸 120km，到 42°25′N 的脊-脊转换带，半扩张速率为 5.5cm/a，中轴谷深为 600～1400m。中段，中轴谷宽而深，扩张速率降至 1.5cm/a，在 41°35′N 被另一个非转换带截断。南段的 Escanaba 海槽长 100km，占南段南部的 2/3，中轴谷中有几百米厚的沉积，扩张速率为 2.4cm/a。1983 年、1987 年、1989 年 Rona 等使用 Sea Marc 1A、Sea Marc II 在 Gorda 脊的北段、中段进行了热液活动调查（Rona et al.，1992b）。1986 年、1987 年"Sea Cliff"号和"Alvin"号在 Escanaba 进行了深潜调查（Zierenberg et al.，1993）。该区的主要热液活动区有 Sea Cliff 区、NESCA 区和 SESCA 区。

Sea Cliff 区位于 Gorda 脊的北段，沿扩张轴地形最高的位置（42°45.3′N，126°42.5′W；水深 3100m），为活动的热液区。SESCA 区（40°45′N，127°30′W；水深 3200m）位于南部 Escanaba 海槽中，发育 3 个硫化物丘。每个硫化物丘的面积约为 100m^2。NESCA 区（41°00′N，127°30′W；水深 3200m）位于北部 Escanaba 海槽中，有多个硫化物丘，最大的中央丘面积为 600m×1200m，高 100m，其上有两处热液喷口，温度分别为 217℃ 和 108℃（Rona et al.，1992b；Zierenberg et al.，1993）。

2.1.2　东太平洋海隆热液活动区

东太平洋海隆区主要的热液活动调查是北起瓜伊马斯海盆，南至 Galápagos 海底扩张中心，扩张脊被南北向的转换断层如 Clipperton、Orozco 等（图 2-6）。

（1）瓜伊马斯海盆（Guaymas Basin）

Guaymas 盆地位于加利福尼亚湾的裂谷带中，如图 2-7 所示。盆地中有两条重叠的海槽，北槽长 50km，南槽较短，仅 30km，两者相距 25km。海槽深 100m，水深为 2020m，两侧为正断层所限。槽内平坦的沉积上有一系列的玄武岩侵入体（Koski et al.，1985）。"Sea Cliff"号在北槽中进行了深潜调查（Lonsdale and Spiess，1980a）。"Alvin"号在南槽中也进行了 9 次深潜调查（Lonsdale et al.，1985）。结果发现，在北槽的北部、中部，南槽的中部（111°24′W，27°02′N；水深 2020m）平坦的由沉积物构成的海底上有很多 10～15m 高的热液烟囱体，范围都在 100m^2，有正在活动的喷口，喷口温度为 315℃（Lonsdale et al.，1980b；Lonsdale and Becker，1985）。

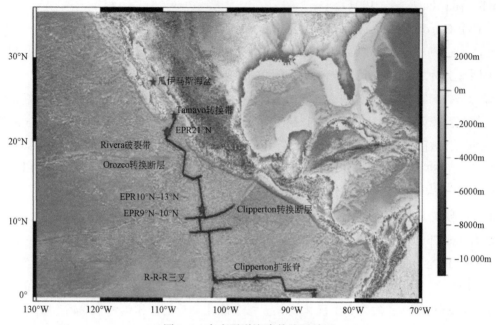

图 2-6　东太平洋海隆热液活动区

注：五星为热液活动区的位置

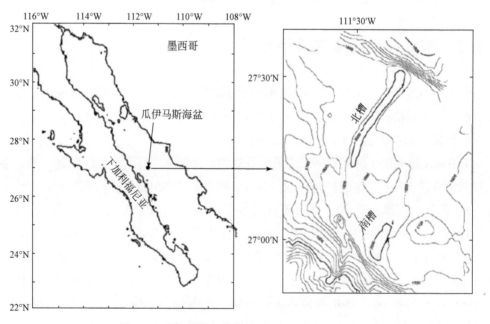

图 2-7　瓜伊马斯海盆位置（Dick et al.，2009）

（2）Tamayo 转换带

Tamayo 转换带位于加利福尼亚湾最南端，是太平洋板块和北美板块走滑接触的部分（图 2-8）。此处东太平洋海隆扩张轴向北逐渐被错断，转换带长 80km，宽 30km，走向 120°。"Cyana"号在此进行了 4 次深潜调查，"Alvin"号在此进行了 8 次深潜调查。结果在东太平洋海隆扩张轴最北端（22°55′N，108°04′W；水深 3200m）发现了低温的热液活动区（Gallo et al.，1984）。

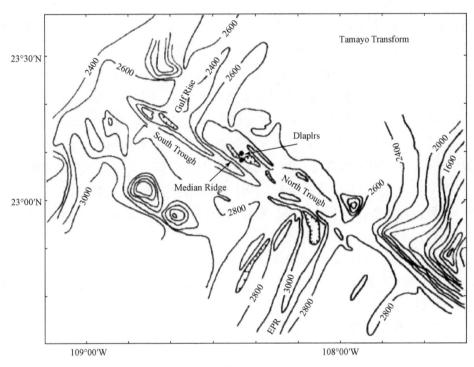

图 2-8　Tamayo 转换带位置（Gallo et al.，1984）

（3）EPR 21°N 扩张脊

EPR 21°N 扩张脊位于加利福尼亚湾以外，Rivera 转换断层以北，扩张速率为 5.9cm/a（Carbotte and Macdonald，1994）。早在 1978 年"Cyana"号就曾在 21°N 附近进行热液活动调查。1979 年、1981 年、1985 年"Alvin"号在该区进行了 3 个航次的热液活动调查（Woodruff and Shanks，1988）。在该区发现的主要热液活动区有 NGS、OBS、SW 和 HG 热液活动区。其中 NGS、SW 和 HG 热液区位于中轴谷新鲜的熔岩流上，而 OBS 位于较老的熔岩流上。NGS 热液区（20°50.4′N，109°05.7′W；水深 2620m），有两个活动喷口，水温为 350℃。OBS 热液区（20°50.3′N，109°06′W；水深 2620m）只有一个活动喷口，水温为 350℃，但其硫化物面积最大。SW 热液区（20°49.8′N，

109°06.4′W；水深 2620m)，有 4 个活动喷口和几个不活动喷口，还有大面积的漫溢低温热液区。HG 热液区（20°47.2′N，109°10.2′W；水深 2620m,）有一个小的硫化物丘，丘上有几个热液喷口，温度为 351℃。此外，在洋中脊外侧的海山上，分布着一些低温热液喷溢区，如红山热液区。这是一个偏轴海底火山，位于洋中脊扩张轴以西 18km，热液区（20°48.2′N，109°22.7′W；水深 2000m）位于此火山的破火山口中（Lonsdale et al.，1982）。

（4）EPR 13°N ~ 10°N

EPR 13°N ~ 10°N 位于 Orozco（15°N）和 Clipperton（10°N）转换断层之间，主要的热液区位于 12°50′N，11°15′N 和 10°57′N。

EPR 13°N 区，介于两个重叠扩张中心之间（12°37′N 和 12°54′N），长 35km，扩张脊的脊轴宽 1 ~ 1.5km，高 200m，中轴谷宽 200 ~ 600m，深 20 ~ 50m。中轴谷底部平坦，平均深度 2630m，底部裂隙发育，宽度都在 1 ~ 15m。从 1981 年开始，"Cyana" 号和 "Nautile" 号在该区进行了 100 多次深潜调查，在中轴谷和偏轴海山上发现了 100 多个热液活动区。每个热液区直径一般在 10 ~ 15m，相间 100 ~ 200m，其中活动黑烟囱温度为 320℃，喷出的黑色流体高达 40m，估计流速在 0.5 ~ 2m/s。烟囱生长速率大致为 8cm/a。发现的最大硫化物丘高 70m，直径为 200m（Hekinian et al.，1983；Gente et al.，1986；Fouquet et al.，1996）。

EPR 10°N 区位于 Clipperton 转换断层以北 70km。此处扩张脊的脊轴宽 1.8km，高 180m。脊轴上发育中轴谷。中轴谷宽 95m，底部有很多小裂隙。1984 年 seabeam 测量和 Augus 海底照相系统在 10°56′N，103°41′W 发现了几个热液活动区。随后，"Alvin" 号又对其进行了深潜调查（McConachy et al.，1986；Bowers et al.，1988）。已发现的热液区（10°55.57′N，103°40.6′W；水深 2520 ~ 2525m）面积为 65m×45m，低温喷口温度为 9 ~ 47℃，高温喷口温度为 347℃。

在 11°15′N，103°46′N 也已发现了热液区。

（5）EPR 9°N ~ 10°N

EPR 9°N ~ 10°N 位于 Clipperton 转换断层以南，扩张速率为 11cm/a，水深为 2500 ~ 2600m。ARGO 成像系统（Haymon et al.，1991）对该区 83km 长的洋中脊扩张轴进行了详细的热液活动区填图。"Alvin" 号在 1991 年、1992 年、1993 年、1994 年（3 月）、1994 年（10 月）对此处的热液活动进行了 5 个航次的追踪观测。发现的热液区有上百个，其中，高温活动热液区 45 个，都限于洋中脊扩张轴火山上的火山口内边缘，最高温度达 403℃（Oosting and von Damm，1996）。

（6）Galápagos

Galápagos 海底扩张中心是 EPR 扩张脊的一个东西向的分支，在 2°N，102°W 处与

EPR 交汇，构成脊-脊-脊三叉点，由三叉点向东延伸 2000km，将 Cocos 板块和 Nazca 板块分开，在 82°W 被南北向延伸的 Panama 断裂带阻断。其周围有著名的强磁异常区（HAM 区）和 Galápagos 热点。强磁异常区位于 Desteiguer 断裂带（95°W）和 Inca 转换断层带（85°W）之间。Galápagos 热点位于扩张中心以南 250km 的 Galápagos 岛区（91°W）。热点区持续的岩浆原地供应和 Galápagos 扩张中心不断扩张（扩张速率为 65～70mm/a）（Carbotte and Macdonald，1994），形成了现今的 Cocos 脊、Carnegie 脊及 Galápagos 岛的分布形态，也控制了该区热液活动区的分布。

Galápagos 扩张轴发育中轴谷，宽 3～3.5km，平均水深 2500m，南北两壁为断层所限，断层崖高 100～250m。谷底为新鲜的枕状、席状熔岩。热液活动区主要位于 86°W 区和西端区。

1）86°W 区。1972 年、1976 年研究人员在 Galápagos 扩张中心首先进行了热流测量、深拖调查和多波束测量（Williams et al.，1974；Crane，1978；Allmendinger and Riss，1979），1977 年在 86°W 区进行了详细的 AUGUS/"Alvin" 号深潜调查和海底照相（Corliss，1979；Crane and Ballard，1980），1979 年，1980 年 AUGUS/"Alvin" 号又对 87°W 区 30km 长的扩张轴区和 85°20′W～86°02′W 的扩张轴区进行了深潜调查（Ballard et al.，1982；Juster et al.，1989）。发现的热液区主要位于扩张轴中轴谷的底部，从 0°45′N，85°49.5′W，向西到 86°00′W，0°46.5′N 再向西到 86°15′W，0°48.5′N，活动热液区有 14 处，不活动的硫化物热液区有 7 处，水深 2600～2450m。东部喷口温度较高为 22℃，西部较低为 8℃。另外在扩张轴向南 25km 处（86°13′W，0°34′N；水深 2700m）也发现了热液活动（Lonsdale，1977b；Lonsdale，1977c）。

2）西端区。研究人员在 2°15′N，101°30′W，水深 5100m 的深海底发现了热液沉积（Schmitz et al.，1982）。在 2°30′N，95°10′W，水深 2600m 的 Galápagos 扩张轴也存在热液沉积（Marchig et al.，1987）。

2.1.3　东南太平洋海隆热液活动区

东南太平洋海隆的热液活动调查要比东北和东太平洋海隆的热液活动调查晚，主要的热液活动调查集中在 Garret 转换断层（13°20′S）至 Easter 转换断层（23°S）之间。1994 年，日本的 "Shinkai 6500" 号在 14°S～15°S 的东南太平洋海隆进行了 30 次热液活动的深潜调查（Renard et al.，1985）；1993 年，"Nautile" 号在 17°S～19°S 进行了 23 次深潜调查（Charlou and Fouquet，1996）；1987～1988 年，Krasnov 等（1997）在 21°13′S～22°44′S 进行了热液活动调查（图 2-9）。

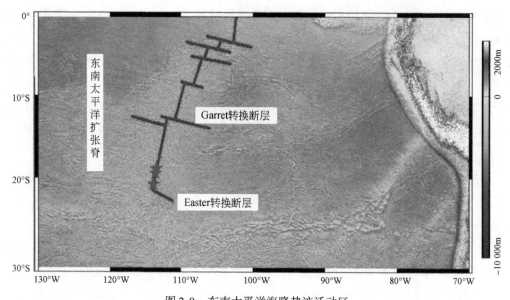

图 2-9　东南太平洋海隆热液活动区

注：五星为热液活动区的位置

Garret 转换断层以南至 Easter 转换断层以北，洋中脊扩张速率为 160mm/a（Perram et al.，1993），为超快速扩张。沿 EPR 脊在 14°50′S、18°30′S、20°30′S 为小错断，在 21°50′S 被破裂带断开。3000m 的等深线勾画出该部分 EPR 脊平坦的轮廓，EPR 21°30′S 的水深为 2850m，到 17°30′S 渐变为 2600m。沿扩张脊的海底类型可分为两类：一类是有明显的中轴谷存在（深度>50m）；另一类是不发育中轴谷。在 18°S ~ 18°30′S、21°S ~ 21°40′S 都发育有不连续的中轴谷。沿该区的整个洋中脊海底热液活动区及热液沉积物分布密度极高，17°S ~ 22°S 的洋中脊基本上是一个连续的热液活动区。

17°S ~ 18°S 的太平洋海隆，洋中脊水深 2600m，脊峰为新鲜的熔岩，热液活动喷口有三种类型：第一种类型温度较低，一般温度<50℃，位于塌落熔岩湖的底部，为热液漫溢区；第二种类型也为热液漫溢区，但有生物群落，也有活动烟囱，如 17°25′S 的热液活动区，该热液活动区长达 1000m，活动烟囱高达 6m；第三种类型为不活动烟囱。该区有 30 多个热液活动区。

18°02′S ~ 18°22′S 的太平洋海隆发育有宽 800m、深 50m 的中轴谷，水深 2669m，其间有 20 多个热液活动区，有两个为黑烟囱，温度为 305℃。

18°22′S ~ 18°37′S 的太平洋海隆发育有不对称的中轴谷。研究人员在 18°26.5′S 以北 2km 长的中轴谷中发现了 17 处热液活动区，水温为 55 ~ 310℃，热液烟囱体高达 20m。

18°37′S ~ 19°S 的太平洋海隆中轴谷很窄，大部分热液区位于中轴谷的东壁，北端的白丘上见有黑烟囱，约有 20 处热液活动区。

21°S ~ 21°40′S 的太平洋海隆发育有中轴谷，谷深 30 ~ 50m，宽 1000m。"Cyana"号在 20°S、21°30′S 进行深潜时发现了热液活动区，约有 10 多处热液活动区。

此外，在 Wilkes 断裂和 EPR 交接处（9°S；水深为 2800 ~ 3500m）也发现了热液活动区（Varnavas，1988）。EPR15°S 也有热液活动的报道（Lupton and Craig，1981）。

2.2 大西洋中脊

大西洋中脊一般的二级扩张段长 40 ~ 60km，扩张段中间为高地形，两端脊转换处为低地形，先期在大西洋中脊发现的热液活动区都位于段中间的高地形上，但后来也在段与段之间的非转换断层处发现了热液活动区（图 2-10）。由北向南主要的热液活动

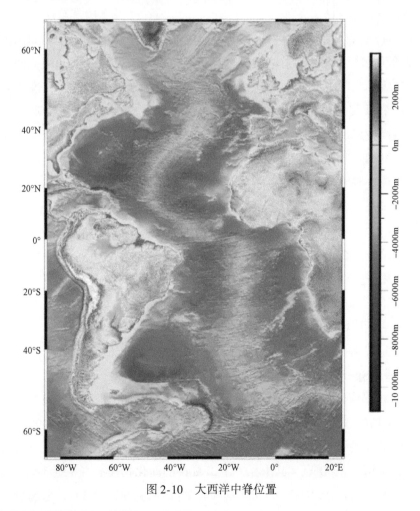

图 2-10 大西洋中脊位置

区有 Menez Gwen、Lucky Strike、South Famous、Rainbow、Broken Spur、TAG、Snake Pit、Logather 和 Steinaholl 9 个热液活动区。主要位于 11°20′N 破裂带到 30°N 的 Atlantis 破裂带之间的扩张脊、亚速尔三叉点西南 36°N ~ 38°N 的扩张脊和沿 58°N ~ 63°N 的雷加尼斯扩张脊。

2. 2. 1　中 Atlantis 扩张脊，11°20′N ~ 30°N

本段的大西洋脊介于 Vema 断裂带和 Atlantis 断裂带之间，三个一级洋中脊扩张段从南到北的长度分别为 220km、470km、820km。多波速测深数据和卫星深度解释数据表明这三个一级洋中脊扩张段又可分成 31 个二级洋中脊扩张段，平均长度约 48km，相对板块运动正交于或近正交于板块边界。分离扩张脊的非转换断层很窄，错距较小，平均小于 15km（图 2-11）。

Klinkhammer 等首次沿 11°N ~ 26°N 的大西洋中脊进行了 10 个站位不同深度垂直剖面的 CTD 观测和水样采集，对总溶解锰浓度进行了分析，从而诊断热液柱的存在。结果发现 9 个二级扩张段中每个至少有一条垂向剖面出现溶解锰的异常，说明每个扩张段中至少有一个孤立的高温喷口（Klinkhammer et al.，1985）。Charlou 和 Donval 随后用这种垂向剖面技术加上溶解 CH_4 分析得出，12°N ~ 26°N 的大西洋中脊高温热液喷口至少每 110km 出现一个（Charlou and Donval，1993）。

以上两次调查都主要在扩张段的中部寻找热液柱（hydrothermal plume），原因是中部被认为是新鲜岩浆活动的地方，最容易发生热液活动。1993 年，Murton 等（1994）沿 27°N ~ 30°N 的大西洋中脊使用 SOC 深拖旁侧扫描声呐系统进行了调查。他们不像以前那样在各个站位进行垂向剖面的测量，而是利用深拖系统，沿海水底部近水平地进行亮度测量，用亮度异常来确定处于中性浮力面的热液柱。结果沿大西洋中脊在 27°00′N、29°10′N、30°02′N 三处发现异常。

从图 2-11 中可以数出 10°N ~ 30°N 的热液活动区至少有 26 处。

该区经过深潜调查已知确切位置的热液活动区主要有以下几处。

(1) Broken Spur 热液区

Broken Spur 热液区位于 Atlantis 转换断层南侧的洋中脊扩张段上。该脊段扩张速率为 23mm/a，中轴谷宽为 9km，发育的中央新火山靠近中轴谷的西壁。1993 年 "Alvin" 号在此区进行了深潜调查（Murton et al.，1994），并发现了热液活动区（29°10.5′N，43°10.28′W；水深为 3080m），其中在一个 35m 高的硫化物丘上有 3 组活动的高温热液喷口，一般烟囱高 4m，最高 18m，黑烟囱喷口的温度为 356 ~ 465℃，低温喷口温度低

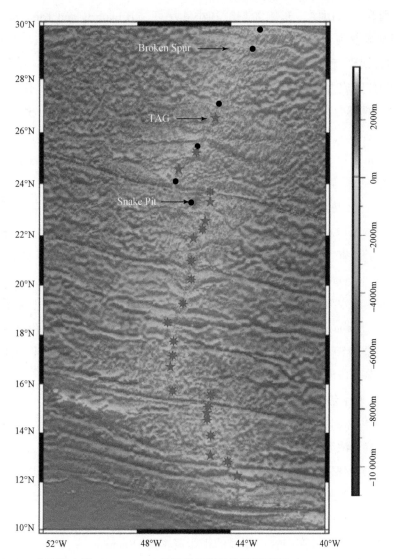

图 2-11　大西洋中脊 10°N~30°N 的海底地形及热液活动区（German et al.，1998）

注：五星为总溶解锰异常的位置；星花为 CH_4 异常的位置；黑点为透光异常的位置

于 50℃。"Alvin"号在此处还发现了两个不活动的硫化物丘。

（2）TAG 热液区

TAG 热液活动区位于 Kane（23°50′N）转换断层和 Atlantis（30°05′N）转换断层之间，所在的洋中脊扩张段在 25°56′N~26°18′N，长 40km，南北两端被非转换断层错断。TAG 扩张段在 26°08′N 和 26°12′N 有两处中轴高地。在 26°10′N 发育的中轴谷宽 6km，水深 3600m。从中轴高地向两侧，中轴谷变宽（9km）、变深（4200m）。根据海底地貌特点，TAG 区的中轴谷底可划分出 4 个地貌单元。中轴谷的东西两壁为台地，谷底中轴以西为新火山区，东侧为裂隙和小断层区（Humphris and Kleinrock，1996）。TAG 热液活动区发现于 1985 年（Rona，1985），1986～1990 年"Alvin"号在 TAG 区进行了 31 次深潜调查，"Mir"号进行了 20 次深潜调查，"Shinkai 6500"号进行了 15 次深潜调查，TAG 区成为目前研究较为详细热液活动区之一（Rona and von Herzen，1996）。TAG 热液区（26°08.2′N，44°49.7′W；水深 3670m）位于谷底中轴以东 2.5km，属裂隙小断层区，分布有活动、不活动以及高温、低温的热液烟囱，面积达 5km×5km。较大的硫化物丘直径 200m，高 50m，其上分布有活动的热液囱（Rona and von Herzen，1996）。该区热液活动区的数目至少 10 处。

（3）Snake Pit 热液区

ODP 的深海钻探发现了 Snake Pit 热液区。1986 年"Alvin"号和 ANGUS 深拖系统又对该区进行了调查（Karson and Brown，1988）。Snake Pit 热液区位于 Kane 转换断层带以南 30km 的北 Snake Pit 扩张段上，扩张速率为 25mm/a。中轴谷宽 20km，中轴谷西壁陡且高，谷底的中央扩张脊为新火山脊，宽 4km，高 500m，长 40km，规模为整个大西洋中脊之最（Famous 段的火山脊为 1km×150m×2km）。热液区位于新火山脊的顶峰（23°22′N；水深 3450m），范围 600m×200m，有厚层的热液沉积，硫化物丘高 30m，烟囱高 40m，高温喷口温度 350℃，低温喷口温度为 26℃。

（4）Logatchev 热液区

1991～1993 年法国和苏联在大西洋中脊 12°40′N 和 15°20′N 断裂带进行了光衰减、温度异常、溶解锰浓度、旁扫声呐和海底照相等项目的调查（Lalou et al.，1996）。结果在 14°40′N～14°48′N，44°58.7′W 发现了热液活动区，水深 3000m。热液区位于中轴谷底贴近东壁的上升断块上，类似于 TAG 区的情况。块状硫化物见于 2920～3050m 深处，500m×500m 范围内有 12 个 20m 高的硫化物丘，最大的为 200m×125m，硫化物丘上有多个黑白烟囱。该处洋中脊扩张段的扩张速率为 18mm/a。

2.2.2　大西洋中脊 36°N～38°N

该部分洋中脊位于亚速尔三叉点以南 300km，由一系列长 16～54km 的二级洋中脊扩张段组成。这些二级洋中脊扩张段被宽大的非转换断层不连续带分割。不连续带宽一般在 16～48km。斜扩张（和板块边界呈 45°）使洋中脊的形态呈现阶梯状。沿该区 200km 长的洋中脊扩张段进行的旁扫声呐和光衰减调查结果表明沿轴有 7 个不同地点显示出异常。其中，3 个位于二级洋中脊扩张段的中部，包括 Lucky Strike、Menez Gwen 热液活动区，4 处位于非转换断层不连续带，其中包括 36°14′N 的 Rainbow 热液区（图 2-12）。

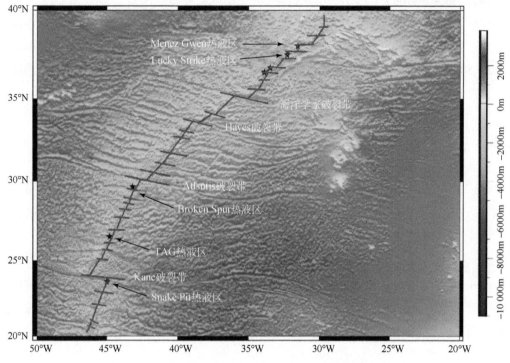

图 2-12　20°N ~ 40°N 大西洋中脊各扩张段和热液活动的分布

注：五星为热液活动区的位置

（1）Menez Gwen 扩张段

Menez Gwen 扩张段的中轴谷宽 6km，在 37°50′N，31°31′W 处，有一新鲜枕状熔岩构成的火山，火山高 200m，顶部是一个熔岩湖，"Nautile"号在熔岩湖北侧 1000m 处发现了热液活动区，水深为 800m（Wilson et al.，1996）。

（2）Lucky Strike 扩张段

Lucky Strike 扩张段位于 37°05′N ~ 37°33′N 和 32°10′W ~ 32°25′W，北边为 Menez Gwen 扩张段，南边是 Famous 扩张段，长 65km。中轴谷宽 11 ~ 15km，中轴谷中部的海山形成宽大的海台，海台高 250 ~ 300m，水深 1700m，总面积约 50km²，而南北两侧裂谷底部水深为 3000m。海台上有 3 个高 150m 的山锥，热液活动区位于山锥之间的中央凹陷区。1993 年、1994 年"Alvin"号和"Nautile"号分别在此区进行了深潜调查（Wilson et al.，1996；Klinkhammer，1994），结果在破火山口底部发现了一个直径 300m 的熔岩湖，热液活动区主要沿这个熔岩湖的边缘分布（37°17.4′N，32°16.6′W；水深 1618 ~ 1730m），其中主要包括 9 组正在活动的热液喷口和 4 组已经不活动的喷口。

高温热液喷口的温度为325℃，低温热液喷口的温度为8～212℃。

（3）South Famous 热液活动区和 Rainbow 热液活动区

1997 年"Nautile"号在 Famous 扩张段进行了 29 次深潜调查（Fouquet and Barriga，1998），发现了 South Famous（36°30′N，33°29′W；水深 2270m）和 Rainbow（36°13.80′N，33°54.12′W；水深 2320m）两个热液活动区，约有 10 组十分活跃的黑烟囱，温度为 360℃。

2.2.3　雷加尼斯脊 58°N～63°N

斜扩张的雷加尼斯脊长 900km，没有一级或二级的脊错断，而是发育阶梯状的轴火山脊。从而在此表现出以水深地形分段的形式，洋中脊的走向和扩张方面近于正交，脊段长 15～40km，段与段之间的分割小于 10km。该脊段只有 Steinaholl 1 个热液活动区。

German 等（1994）用 CTD 剖面技术在 57°44′N～63°09′N 进行了 175 个站位测量，这种测量密度比以前在大西洋中脊 11°N～30°N 的测量密度都高。尽管如此，在 600km 长的脊段上只在 63°06′N 发现了 Steinaholl 1 个热液活动区。

2.3　印度洋中脊

印度洋中脊大致位于印度洋的中部，一般呈"λ"型展布（图 2-13）。由东南印度洋脊、中印度洋脊和西南印度洋脊三支洋脊构成，在 25°32′S，70°02′E 附近形成了脊-脊-脊（R–R–R）三叉点。在超慢速扩张的印度洋中脊上发育着海底热液活动，其分布与洋脊、火山活动和断裂等构造活动有着密切联系。

2.3.1　东南印度洋脊

东南印度洋脊在印度洋中脊、脊-脊-脊三叉点（25°32′S，70°02′E）的东南方，在澳大利亚板块和南极洲板块之间，扩张速率为 65～68mm/a，与 JDF 扩张脊及 Galápagos 扩张中心的扩张速率相当。

Scheirer 等（1998）将一个新型的热液柱剖面仪 MAPR 捆绑在岩心缆绳和岩石拖网缆绳上，从而在取样的同时进行水体透光度测量。他们在东南印度洋脊 1600km 的洋中脊上进行了 91 次测量，结果在 6 个站位发现了热液柱异常。首先在站位 21（表 2-1）

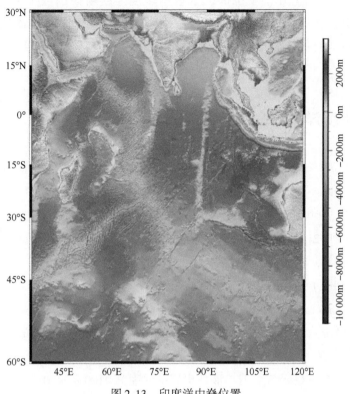

图 2-13　印度洋中脊位置

ASP 高原的东南洋脊中部的中轴谷中发现了异常，该处洋中脊中轴谷宽 3km，深 200m，在海底以上 120m 和 280m 处水体的浊度明显增加。在该区拖采到的岩石样品为熔岩，并采到热液生物的样本（Southward et al.，1997），表明此处为一个热液活动区。

表 2-1　东南印度洋中脊的热液柱异常的位置　　　　　　　　（单位：m）

站位	纬度	经度	深度	热液柱的厚度	热液柱的高度
08A	42.48°S	82.71°E	2520	60	80
10	41.80°S	82.84°E	2560	150	100
13	41.24°S	81.16°E	2870	100~150	350
21	41.25°S	79.10°E	2800	50	280
41	39.44°S	78.09°E	2280	30	280
75	37.72°S	77.83°E	2280	150	N/A

资料来源：Scheirer 等，1998。

除 75 站位外，以上 6 个站位都位于东南印度洋的新火山区中，旁扫反射非常强烈，拖网采到的岩石样品为玻化的玄武岩样品。地形上为断续的中轴谷，深 100~200m，宽 1~3km。站位 75 并不位于中轴谷中，而是位于轴旁 Boomerang 海山的火山口中。

2.3.2　中印度洋脊

中印度洋脊位于印度洋三叉以北，扩张速率为 54mm/a（Carbotte and Macdonald，1994）。Jean-Baptiste 等（1992）分析了 1988 年 Geodyn 航次和 1983 年 MD34 航次的 CTD 及水样资料，在中印度洋脊 19°29′S 发现了 ^{3}He 异常。最大异常位于海底以上 250m（EPR 13°N 和 EPR 21°N 热液柱的高度为 200m）（Lupton et al.，1980；Crane et al.，1988），MAR 26°N，MAR 23°N 热液柱的高度为 350m（Rona et al.，1986；Jean-Baptiste et al.，1991）推测 19°29′S 存在热液活动区。

Gamo 等（Gamo et al.，1996）在印度洋脊-脊-脊三叉点（25°32′S，70°02′E）附近用 CTDT-RMS 系统进行了热液柱异常测量，分析了水体透光异常和 Mn、Al、Fe 及 CH_4 浓度异常。结果在脊-脊-脊三叉点以北中印度洋脊 6 号站位（25°19.85′S，69°58.10′E）发现了明显的热注柱异常。但热液柱出现的深度为 2100~2400m，而该站位的水深为 4218m，即热液柱的高度为 1800~2100m。一般情况下稳态热液柱的高度为 200~500m（Lupton et al.，1980；Klinkhammer et al.，1985；Gamo et al.，1987，1993；Plüger et al.，1990；Scheirer et al.，1998），而巨型热液柱出现的高度也只有 500~1000m，因而推测热液喷口的位置不在该站位正下方。

2.3.3　西南印度洋脊

西南印度洋脊将非洲和南极洲分开，扩张速率只有 14mm/a（Demets et al.，1990）。German 等（1998）将 MAPR 捆绑在深拖旁侧扫描声呐的电缆上，在 58°25′E~60°15′E 和 63°20′E~65°15′E 的洋中脊裂谷中进行了热液柱的测量。6 个间距 50m 的 MAPR 捆绑在深拖旁侧扫描声呐电缆上，最底部的 MAPR 距海底 100m，可测水体厚度为 300m，测量船以 2kn 的速度行驶。此调查发现了 6 个热液柱异常，它们都位于扩张脊的裂谷中（表 2-2）。

表2-2 西南印度洋脊的热液柱异常的位置

编号	最大背散射异常/mV	位置	深度/m
1	6.0	31°11′S，58°30′E	3500
2	17.0	31°04′S，58°58′E	4100
3	2.6	31°51′S，59°23′E	3300
4	3.8	27°58′S，63°33′E	3300
5	3.9	27°55′S，64°27′E	3900
6	1.6	27°46′S，65°08′E	3100

资料来源：German 等，1998。

后期在西南印度洋脊上的热液活动调查与发现见绪言部分叙述，成果见图2-14。

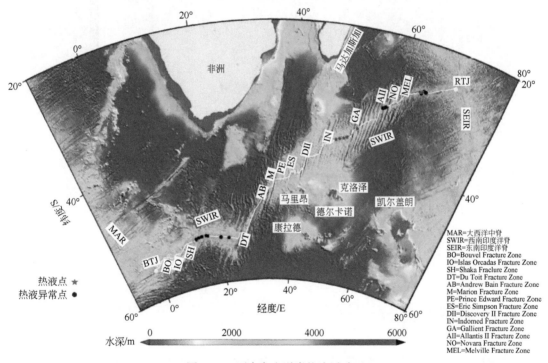

图2-14 西南印度洋脊热液活动区

2.4 西太平洋边缘

本节西太平洋弧后盆地和大陆边缘海底火山热液活动区的分布。主要有冲绳海槽、马里亚纳海沟、马奴斯盆地、伍德拉克盆地（Woodlark Basin）、劳海盆、北斐济盆地（图 2-15）。

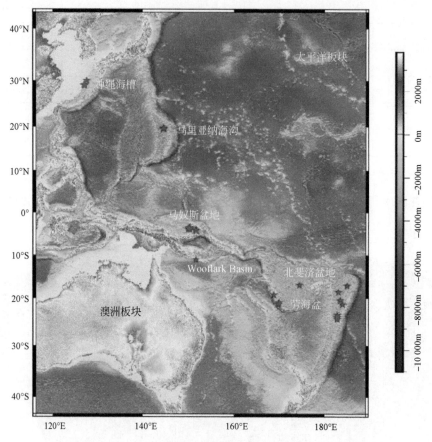

图 2-15　西太平洋边缘弧后盆地和边缘海山的热液活动区

注：五星表示热液活动区

2.4.1　冲绳海槽

1984 年日本实施岩石圈研究计划，在冲绳海槽中部伊平屋测得高热流异常最高达 1600mW/m²，从而推断该处可能有热液活动存在（Kimura and Kaneoka，1986）。1986 年日本在夏岛84 海丘顶部发现有闪光水喷出，水温达 42℃（Kimura et al.，1988）。1988 年日本和德国在伊是名海洼中发现了热液成因的硫化物矿床（Halbach，1989a），1989 年日本又在该海洼中发现了正在喷溢的黑烟囱，测得该处水温高达 320℃（田中武男等，1990）。1988 年日本在伊平屋地堑西侧发现了热液活动，测得该处水温为 220℃ 。1989 年日本利用 "Shinkai 2000" 号在南奄西海丘区进行深潜调查，并在该处发现了热液喷口及热液生物群落（桥本惇等，1990）。中国科学院海洋研究所在 1992 年、1994 年两次对冲绳海槽的热液活动进行专门调查（翟世奎，1994；高爱国和何丽娟，1996；赵一阳等，1996；李乃胜，1995；栾锡武，1997）。

冲绳海槽中部在地形上有 5 个凹陷，限于海槽的中轴部，称为中央地堑。现已查明，现代海底热液活动都集中在中央地堑中，自北而南主要有南奄西海丘区、伊平屋地堑区（包括伊平屋脊，夏岛 84 海丘和东海丘）、伊是名海洼区。

(1) 南奄西热液活动区

南奄西海丘位于 IO 地堑北侧，大致呈菱形，东西长 6km，南北长 3km，海丘周围水深 1000m，顶部水深 600m，海丘的相对高度约 400m，在海丘顶部有类似火山口的地形，火山口直径约 1000m，口深 100 多米，中央最大水深 720m。"Shinkai 2000" 号曾多次在此处下潜进行热液活动的调查，结果发现热液活动区位于火山口西北坡接近底部，在底部的小凹陷中有多个热液烟囱，烟囱喷口的温度接近当地海水沸点，超过 270℃（127°38′E，28°23′N，水深 700m）。

(2) 伊平屋热液活动区

在伊平屋地堑中央发育一条火山脊——伊平屋脊。伊平屋脊位于伊平屋地堑的西侧，脊宽 2 ~ 3km，自西向东至少延伸 20km，山脊相对高度为 300m，脊顶水深为 900 ~ 1400m。伊平屋热液活动区位于伊平屋脊东部北坡（126°58.5′E，27°32.5′N），该处水深 1400m，热液活动区的范围约 2.5km²。夏岛 84 海丘（127°08.6′E，27°34.4′N）位于伊平屋地堑的东端最窄处，水深 1540m，海丘以北则是夏岛 84 海凹，水深 1700 ~ 1800m，它是一个被东西走向正断层所限的深凹。东海丘在夏岛 84 海丘附近，它们地形类似，只是东海丘地堑稍宽。

(3) 伊是名海洼

伊是名海洼位于伊平屋脊的南侧，距冲绳岛西北 110km，位于 127°02′E ~ 127°08′E，27°12′N ~ 27°19′N，海洼大致呈椭圆形，长轴长 6km，为北北西—南南东向，短轴长 3km，呈东北东—西南西方向，水深 1300 ~ 1400m，最深部水深 1665m。在伊是名海洼的西北侧有一大致呈锥形的较大海丘，底部直径 3 ~ 4km，相对高度 600m，从该海丘的顶部到海洼的底部最低处，相对高度 1000m。热液沉积、热液喷溢形成的烟囱和正在活动的热液喷口（127°05′E，27°16′N）都分布在伊是名海洼中高度较低的斜坡上。

2.4.2 马里亚纳海沟

马里亚纳海沟是西太平洋板块边缘岛弧系中的一个活动海盆，位于马里亚纳海沟和马里亚纳岛的西侧，马里亚残留海脊的东侧，南北长 1200km，东西最宽 250km，平均水深 4000m，是西太平洋边缘弧后盆地地区水深最大的。

海沟中心发育轴裂谷，裂谷中断块和地堑发育，并伴生一条大的中央扩张脊，扩张速率为 30～34mm/a（Hussong and Uyeda，1982）。海槽中火山活动和弧后扩张同时发生。在过去的五百万年中，马里亚纳最大的火山裙曾以 10～15km³/Ma 的速率沿着较活动的火山弧断面快速增长（Karig，1989），并伴有频繁的中小地震（Hussong and Sinton，1983）。活跃的构造背景为热液活动的产生奠定了基础。

马里亚纳海沟的热液活动研究始于 20 世纪 80 年代。1983 年美国和日本在马里亚纳海沟联合调查发现了热液溢口（Horibe et al.，1986）。1987 年美国的"Alvin"号在此发现了热液喷口（Craig and Poreda，1987）。1988 年中国和德国的 S057 航次及 1990 年中国、德国和美国的 S069 航次都在马里亚纳海沟进行了热液调查（吴世迎，1995）。

目前在马里亚纳海沟中发现的热液活动区主要有 4 个：中央峰高温热液活动区、南峰低温热液活动区、吴 01 热液活动区和 Kasuga 热液活动区。

（1）中央峰高温热液活动区

中央峰和南峰是马里亚纳海沟扩张脊上的两座火山丘，高 100m，水深 3600～3700m。"Alvin"号在中央峰（18°13′N，144°42.30′E）的南坡和东南坡都发现有高温热液喷口。喷出流体温度为 287℃，周围有大量热液生物。中国和德国的 S057 航次及中国、德国和美国的 S069 航次在 18°12.78′N，144°42.51′E 和 18°12.31′N，144°42.41′E 都找到了热液烟囱。

（2）南峰低温热液活动区

南峰在中央峰南侧（18°10.42′N，144°43′E）。"Alvin"号在其南坡上发现了低温的热液喷口，水温为 23℃。中国与德国的 S057 航次在 18°11.21′N，144°43.05′E 找到了热液烟囱物质。

（3）吴 01 热液活动区

吴 01 热液活动区位于南峰低温热液活动区的东南侧，中国、德国和美国的 S069 航次在位于南峰低温热液活动区东南侧的 18°02.27′N，144°45.09′E，水深 3654m 和 18°02.29′N，144°45.05′E，水深 3654m 的两处，都采到了黄褐色硅质烟囱物（吴世迎，1995），表明这是一个新的热液活动区。

（4）Kasuga 热液活动区

Kasuga 热液活动区位于北马里亚纳海沟 Kasuga 火山上，水深 400m。

后期在马里亚纳海沟的调查与发现见绪言部分叙述。

2.4.3 马奴斯盆地

马奴斯盆地位于新不列颠俯冲海沟和新布列巅岛弧的北侧，是一个正在扩张的弧后盆地，扩张速率达 12cm/a。中部盆地和东部盆地各有一条扩张轴，两条扩张轴被北西走向的转换断层错断（Both et al.，1986）。盆地周围的岛屿多为火山岛，破火山口则密布于海底之上。该盆地最为特殊之处在于此处的板块俯冲是朝向太平洋板块的，而在其他的西太平洋边缘弧后盆地，太平洋板块是俯冲板块。20 世纪 80～90 年代，美国（Craig and Poreda，1987）、德国（Tufar，1990）、日本（Gamo et al.，1993）、苏联（lisitzin et al.，1997）、新几内亚、澳大利亚、加拿大（Galkin，1997）等先后在马奴斯盆地进行深拖、深潜、海底照相、水样采集、CTD、多波束等多项热液活动调查，研究人员在东马奴斯盆地、中部马奴斯盆地和马奴斯高地都发现了热液活动区。

（1）东马奴斯盆地

东马奴斯盆地中主要有两处热液活动区：Pacmanus 热液活动区和 Demos 热液活动区。SeaMarcII 在东马奴斯盆地的两个北西向断裂：Djaul 断裂和 Weitin 断裂间发现了雁行排列的新火山构造（Taylor et al.，1991）。两处热液活动区都位于这些新火山构造带上。

Pacmanus 热液活动区（Binns et al.，1993）位于"Y"型脊的顶部，脊顶水深 1630m，两侧水深 2000～2200m，脊长 20km，脊上发育由于深部岩浆入侵膨胀形成的深裂隙，在"Y"型脊上发现的最大热液活动区（3°44′S，151°40′E）有 100m 长，许多热液沉积是由近 1m 的球状体或锥状体连接形成的黑色丘。带有喷气口的热液烟囱从球形丘上长出 4m 多高，伴生有大量的热液生物。

另一个热液区位于 Paul 脊东臂侧坡水深 1750m 处，距 Pacmanus 热液活动区 6.5km。

Demos 热液活动区（3°41.99′S，151°52.18′E；水深 2000m）位于 Pacmanus 热液活动区以东 23km，该活动区为一破火山口，直径 1.5km，深拖观测发现了温度异常和热液生物群落，KHSO3 航次在 Demos 发现了一个巨型热液柱（Gamo et al.，1993），据日本科学家推测，这个热液柱可能和北斐济盆地发现的巨型热液柱相当（Nojiri et al.，1989）。

（2）中马奴斯盆地

中马奴斯盆地热液活动区限于盆地中 NE-SW 走向的扩张轴，扩张轴宽 2km，其中有高 20～40m 的熔岩喷发中心，主要有红星热液活动区和 Worm Garden 热液活动区。

红星热液活动区位于扩张轴的东北端，包括5个热液活动区。其中，Vienna Wood 区（3°9′2″S，150°16′8″E；水深2500m）和 White Tower 区（3°9.86′S，150°16.78′E；水深2500m）沿扩张轴延展约1000m，包括活动的和不活动的硫化物烟囱，烟囱高度可达20m，活动烟囱喷出无色、乳白色和黑色的热液流体，最高温度为276℃（Galkin，1997）；其中一个正在活动的热液活动区（3°06′S，150°21.628′E；水深2630m）喷口区的温度为10~20℃，喷口周围有大量热液生物群落。另外两个是不活动的热液区。

2.4.4　伍德拉克盆地（Woodlark Basin）

伍德拉克盆地位于新几内亚以东，是印度-澳大利亚板块和太平洋板块相互作用的缓冲区。两个重要特征使其有别于其他边缘海盆。首先，它不位于海沟–岛弧构造背景中，而是位于俯冲带的前面，新生的洋壳在此向东俯冲到所罗门岛下面；其次，一条扩张轴从东到西纵贯整个盆地，但有两种地壳共存于盆地中。海盆由东部的海底扩张，向西变成大陆裂谷进入陆壳。145°E~153°E的海底为海底扩张和大陆裂谷间的转换带。盆地扩张在这种较为复杂的构造背景中进行，扩张速率从7.2cm/a（157°E）减至4.6cm/a（154°E），直到2.7cm/a（152°E）（Taylor et al.，1995）。盆地中形成的热液活动和热液柱的流体组分及热液沉积都因此而有所不同。

伍德拉克盆地的热液活动调查主要是1986年几内亚、澳大利亚和加拿大联合使用R/V Franklin进行的 PACLARK-Ⅰ调查航次（Binns and Whitford，1987）。1988年 PACLARK-Ⅱ、Ⅲ、Ⅴ调查航次（Lisitzin et al.，1991）"Mir"（和平）号深潜器曾在该盆地中进行7次深潜调查，4次从不同方向爬越 Franklin 海山。调查发现，盆地的扩张轴中有一条火山脊，火山脊上有许多火山机构，如 Dobu 海山、Franklin 海山、Cheshire 海山等。热液活动区主要位于这些海山上，整个盆地的热液活动以热液漫溢为主要特征，底层水的温度异常不大，Mn 的浓度为背景值的4~6倍。

（1）Dobu 热液活动区

Dobu 海山位于伍德拉克盆地西端的大陆壳上，这是一个直径2.5km 高700m 的火山锥，山峰水深只有330m。1988年 PACLARK 航次在此发现了 Mn 的异常（Binns et al.，1989），但利用"Mir"号深潜器在此位置进行的深潜调查没有发现热液活动区，而在 Dobu 岛近岸6m 水深的地方发现一个直径1m 的热液喷口，水温28℃。

（2）东盆地弱热液活动区

东盆地位于 Dobu 海山和 Franklin 海山之间，是陆壳和洋壳相互交接的部位，有一条长3km 宽1.5km 的新火山裂谷，中央有串珠状的火山丘，高40~60m，水深3200m，海底岩石为带气孔的枕状玄武岩。调查发现，盆地中出现 Mn 的异常，距海底 60m 处的 Mn 异常为 3800ng/L。"Mir"号深潜发现 Mn 氧化物在该区广泛分布，底层水温度异常为 0.5℃（Lisitzin et al.，1997）。

（3）Franklin 海山热液活动区

伍德拉克盆地 151°40′E 处的一条大转换断层将洋壳和陆壳分开（Benes et al.，1994，1997）。Franklin 海山位于该断层东侧的洋壳之上，海山所处的位置是伍德拉克盆地中西北西向延伸的海底扩张轴西端。该处的扩张轴是一条高 600m 的火山脊，脊上发育有高 10～40m 的火山锥，无任何沉积。Franklin 海山就是其中较大的一个火山锥（9°54.6′S，151°49.8′E；水深 2138m），直径 2km，高 150m，峰顶是一个火山口，直径 500～700m，深 60～100m。铁锰氧化物广泛分布于火山口中，从几厘米到高 7m，其间还有一些正在喷水的喷口，喷口水温 20～30℃，没有发现硫化物（Bogdanov et al.，1997）。

2.4.5 劳海盆

劳海盆地位于汤加—克马德克俯冲带的西面，由于板块俯冲和弧分裂在 5～3Ma 前开始形成，是一个典型的正在扩张的弧后盆地。盆地呈三角形，北宽南窄，GPS 观测到的瞬时扩张速率从南向北增大，在北端为 160mm/a，这是所有弧后盆地和东太平洋海隆所记录到的最大扩张速率。同时，太平洋板块在此处的汇聚速率也是世界上最大的，达 240mm/a（Bevis et al.，1995）。这种地球动力学背景在世界上是独一无二的。

该盆地的热液活动调查始于 20 世纪 70 年代。1974 年，美国圣地亚哥大学和斯克瑞普斯研究所联合在劳海盆进行地质调查，并在 Peggy 脊上拖采到了硅和重晶石沉积（Bertine and Keene，1975）。这是首次在劳海盆中发现热液活动。之后，PAPATUA-86 航次在 15°23′S，174°41′W 拖采到黑烟囱碎片（Hawkins and Helu，1986），并发现了 CH_4 和 ^3He 异常（Craig and Poreda，1987）。1987 年，德国和法国联合利用"Nautile"号载人深潜器进行深潜调查，在 VFR 脊 120km 长的区域发现了 9 处热液活动区（Fouquet et al.，1991）。1990 年苏联的"Mir"号深潜器在劳海盆北部也发现了大量的不活动硫化物沉积（Malahoff and Falloon，1990）。随后，Keldysh 21 航次又在该区进行了热液活动调查（Lisitzin，1997）。

目前发现的主要热液活动区有东北区、皇家三叉区、Peggy 脊区、中央劳海盆地区、东部劳盆及 VRF 区。

（1）东北区

东北区位于北部劳海盆的东北部，此处的裂谷宽 9km，裂谷的中央发育有向北东向延伸的低丘，出露的岩石主要有两种：一种是带气孔的枕状熔岩；另一种是无气孔的块状熔岩。PAPATUA 4 航次在 15°23′S，174°41′W 拖采到死的黑烟囱硫化物碎片，水深 2100m（Hawkins 和 Helu，1986），"Mir" 号在 15°23.3′S，174°40′E 水深 2078m 处发现了不活动的热液区，估计此处有低温热液喷口存在。

（2）皇家三叉区

皇家三叉区位于北部劳海盆，此处的扩张脊向东北、东南、西 3 个方向延伸，Lisitzin 等（1997）在此发现的热液柱高 70～100m，宽 2km，锰浓度为 500～600ng/L，背景值一般为 40～50ng/L，深潜发现在 15°30′S，174°50′W 处有新鲜的块状熔岩流，为一处低温热液活动区，水深 2270m。

（3）Peggy 脊区

Peggy 脊区位于劳海盆中部，北西南东方向延伸的 Peggy 脊为一扩张轴，其上裂隙发育，水深 1910～1664m，在 16°55.4′S，176°49.5′W 处拖采到热液成因的硅和重晶石样品（Bertine and Keene，1975），判定该区为热液活动区。

（4）中央劳海盆

中央劳海盆的扩张脊是一条新火山脊，南北走向，宽 25km。深潜发现，峰顶的玄武岩非常新鲜，上覆一层黑玻璃，顶峰上有许多熔岩井，深多为 15～20m，直径 100m，有许多溢水口和一个冒黑烟的硫化物火山机构。"Mir" 号还在 18°39′S，176°25′W 发现了两个热液活动区（Lisitzin et al.，1997）。

（5）东部劳海盆

东部劳海盆位于 VFR 扩张脊的北偏西，在 19°30′S，175°55′W 水深 2760～2850m 处发现有明显的热液柱活动，柱顶锰浓度为 1000ng/L，底部为 2500ng/L，在距海底 200～300m 处，有明显的 CH_4 异常（Lisitzin et al.，1997）。"Mir" 号发现该区域海底为带有气孔的玄武岩，无沉积物。

（6）VFR 热液活动区

VFR 脊是南部盆地弧后扩张中心中一个年轻的（1Ma）、活跃的（扩张速率 60mm/a）扩张脊，宽 2.5～5km，高 500～600m，脊顶宽几百米到 1km，坡角 30°，整个扩张脊介于 19°S～23°S，总长度 150km。中间被两条非转换断层断成北、中、南雁列式的三段，每段长 40～50km，走向北北东向（Fouquet et al.，1993）。

VFR 脊上主要有三个热液活动区：Hine Hina、Vai Lili 和 White Church 热液活动区。

1）Hine Hina 低温热液活动区。该活动区位于南 VFR 脊上。南 VFR 脊长约 20km，其上有 4 个高地，"Nautile"号对最南面的两个高地进行调查后发现，在 1900m 等深线以上的脊顶区，到处可见低温热液活动区，活动区延伸至少 2km。10℃ 的闪光水从海底裂隙或直径为几厘米的孔中喷出。

2）Vai Lili 热液活动区。Vai Lili 热液活动区中 VFR 脊长约 30km，Vai Lili 热液活动区位于该段最北端的最浅部位，最浅处水深 1600m，该处的 VFR 脊陡而窄，横截面呈三角形。脊顶上有很多火山丘，高可达 60m，并有很多裂隙、断层沿洋脊走向展布（Wiedicke and Kudrass，1990）。在北中 VFR 重叠扩张部发现有许多高温黑烟囱，喷口温度达 342℃，范围 400m×100m。而在北 VFR 上则有低温的热液烟囱，水温只有 15℃，并有铁锰沉积。

3）White Church 热液区。White Church 热液活动区位于北 VFR 脊的东坡上，水深为 1946～1966m，沿一条断层延展 300m，宽 200m，其中白烟囱不计其数，多为高 10～15m，直径 2～3m。向南 4km 是另一个不活动的烟囱区，范围为 30m×20m，水深 1822～1841m，多为高 3m 的硫化物烟囱。再向南 6km，是另一个坍塌的硫化物重晶石烟囱区，其中可见一个小的正在喷水的熔岩丘，喷口的温度 25℃。

2.4.6　北斐济盆地

北斐济盆地是一个年轻的弧后盆地，位于 New Hebrides 海沟岛弧系的东侧，是在 10Ma 前由 New Hebrides 弧的顺时针旋转而发育形成。在盆地发育的后期阶段（3Ma 至今），洋壳沿南北向的扩张脊增生，但在 1Ma 前，18°10′S～16°50′S 间的扩张轴由南北向旋转为 N015°E，从而发育形成目前北斐济盆地著名的三联点系统。这个三联点系统包括 015°扩张轴，160°扩张轴和 060°北斐济断裂带（Lafoy et al.，1990），这是目前该盆地中最为活跃的地方。

北斐济盆地的热液活动调查主要是法国与日本联合进行的 Kaiyo-87、88、89 三个航次的调查（Jollivet et al.，1989），1989 法国"Nautile"号在三联点进行了 15 次深潜调查；1994 年日本在柯氏海槽进行了 Hukurei-Maru 2 航次的调查（Lizasa et al.，1998）。

目前发现的热液活动区主要有 6 个：White Lady 热液活动区、Starmer II 热液活动区、Pere Lachaise 热液活动区、94S01 热液区、94S02 热液区和伊曼古热液区。

（1）White Lady 热液活动区
White Lady 热液活动区位于三联点南支 015°扩张脊的北端。这是一个长 30km，宽

20km，水深小于1900m的海丘。扩张轴上发育宽2km，深100~150m的中轴谷，最大水深为2010m。中轴谷包括主轴地堑和两个相邻的次级地堑，主轴地堑和次级地堑之间为地垒。热液活动区位于主轴地堑西侧高8~10m的断层崖顶部，一般热液活动区直径为50m，分布了许多热液烟囱，最高的烟囱可达8m。其中有一个为硫化物丘，丘上有高3m的白色活动烟囱，喷口水温达285℃。

（2）Starmer II 热液活动区

Starmer II 热液活动区位于 White Lady 热液活动区以南100m，范围为200m×200m，有很多活动喷口，喷口水温为295℃。

（3）Pere Lachaise 热液活动区

Pere Lachaise 热液活动区位于 White Lady 热液活动区以北1000m（16°58′S处），扩张轴上的中轴谷到此消失。海底主要是塌落的熔岩湖。北区为一个较大的不活动热液区，有几十个高达20m的热液烟囱，其下无丘，直接长在玄武岩上，热液区向北延伸的范围为2km×2km。

（4）94S01 热液区

柯氏海槽位于 New Hebrides 海沟和 Vanuata 岛弧的东侧，海槽宽35~60km，长320km，从北向南分为3个凹地：维它海槽、伊曼古盆地和福图那海槽。

94S01 热液区位于维它海槽北部的沿北西走向断裂带分布的海底火山之上（17°34′S，169°05′E）。海底火山的火山口边缘宽2.5km，长3km，深度为1050~1320m，口底范围1.3km×2km，最大深度1575m，口底主要是枕状熔岩，边缘分布有铁硅的热液沉积。

（5）94S02 热液区

94S02 热液区位于福图那海槽西北端的一个山丘上（19°28′S，169°58′E），丘顶火山口深900m，主要为枕状熔岩，部分为铁硅热液沉积。

（6）伊曼古热液区

伊曼古热液区位于伊曼古盆地中央（19°05′S，169°68′E），水深3000m，主要是热液锰的沉积。

2.5　板内火山上的热液活动

除洋中脊、弧后盆地的扩张中心及扩张轴偏轴海山上发育热液活动以外，在板内的火山上也有热液活动出现。主要的热液活动区有夏威夷的 Loihi 海山和南太平洋中的 Society、Austral、Pitcairn 热点区的海山。

1986～1990 年，法德联合利用调查船和深潜器在南太平洋板内的 Society（9°S，149°W）、Austral（29°S，141°15′W）和 Pitcairn（25°10′S，129°24′W）热点区进行了热液活动的调查。结果，在 Turoi 海山上发现了高 30cm 的烟囱（水深 2120m），在 Teahitia 海山（水深 1400～1500m）发现了正在活动的高 1～20m 的黑烟囱（Hekinian et al.，1993）。

1982 年、1983 年 Malahoff、Carlo 等都报道了 Loihi 海山上的热液活动（Malahoff et al.，1982；Carlo et al.，1983），后来蒲生俊敬对此海山的热液活动进行了较为详细的报道（蒲生俊敬，1986）。

2.6　全球海底热液活动区汇总

全球各大洋均发现了海底热液活动的存在（图 2-16），下文将详细介绍。

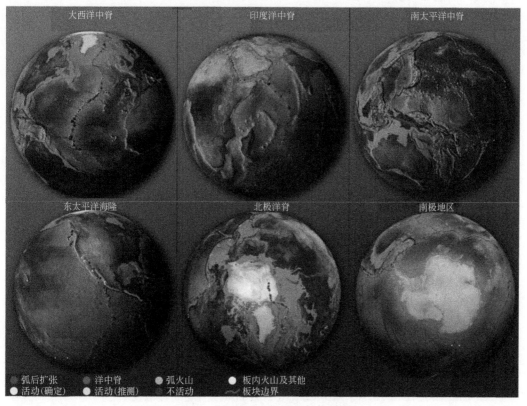

图 2-16　全球海底热液喷口的分布

注：据 InterRidge 喷口数据库，http：//www. interridge. org/Irvents

2.6.1　东北太平洋海隆热液活动区

（1）Explorer 脊

Explorer 脊 1，50°05′N，129°45′W，采集到热液硫化物样品，水深 3200m。

Explorer 脊 2，49°40′N，131°56.2′W，水深 3260m，有热液沉积。

Explorer 脊 3，49°45′N，130°16.5′W，水深 1850m，18 个热液活动区，其中 9 个正在喷水，温度为 27 ~ 306℃。

（2）JDF 脊

Bent 区，128°40′W，48°26′N，水深 2480m，活动的喷水孔，水温达 265℃，存在热液生物。

Active 区，128°42.3′W，48°28′N，水深 2440m，范围 800m×400m，至少有 15 个喷口，温度为 184 ~ 274℃。

West Valley 区，48°29′N，129°02.5′W，水深 2950m，活动的热液活动区，发现有硫化物和热液烟囱。

Endeavour 区，47°57.2′N，129°06.5′W，水深 2200m，黑烟囱，温度为 400℃。

Northern Symmetrical ET 热液区，46°50′N，128°25′W，水深 2300m，有活动烟囱。

Ashes 热液区，45°56′N，130°01′W，水深 1540m。

CASM 热液区，130°01.5′W，45°58′N。

South 热液区，45°55′N，130°0.1′W。

East 热液区，45°57′N，130°W。

Vent 1 区，44°39.4′N，130°22′W，水深 2200m，9m 多高的活动烟囱，温度达 284℃。

Vent 3 区，44°41′N，130°21.3′W，水深 2200m，黑烟囱。

Plame 区，44°38.6′N，130°22.3′W，水深 2200m，黑烟囱。

Vent 1 和 Vent 3 之间，大面积不活动烟囱。

3 个高温热液区，44°57′N ~ 44°59′N，130°14′W，水深 2200m。

6 个低温热液区，44°54′N ~ 44°57′N，130°10′W ~ 130°17′W，水深 2200m。

（3）Gorda 脊

Sea Cliff 区，42°45.3′N，126°42.5′W，3100m，活动的热液区。

SESCA 区，40°45′N，127°30′W，3200m，3 个硫化物丘。

NESCA 区，41°00′N，127°30′W，3200m，有多个硫化物丘，最大的有两处热液喷口，喷口温度分别为 217℃ 和 108℃。

2.6.2 东太平洋海隆热液活动区

（1）Guaymas 盆地

Guaymas 盆地分布在北槽的北部、中部，南槽的中部，111°24′W，27°02′N，水深 2020m，高 10~15m 的热液沉积，活动喷口，喷口温度为 315℃。

（2）Tamayo 转换带

EPR 最北端，22°55′N，108°04′W，水深 3200m，低温热液区。

（3）EPR 21°N

NGS 区，20°50.4′N，109°05.7′W，水深 2620m，两个活动喷口，喷口温度分别为 260℃和 350℃。

OBS 区，20°50.3′N，109°06′W，水深 2620m，一个活动喷口，喷口温度为 350℃。

SW 区，20°49.8′N，109°06.4′W，水深 2620m，4 个活动喷口，几个不活动喷口，大面积漫溢低温区。

HG 区，20°47.2′N，109°10.2′W，水深 2620m，多个喷口，喷口温度 351℃。

红山区，20°48.2′N，109°22.7′W，水深 2000m，偏轴海山低温热液喷溢区。

（4）EPR 13°N~10°N

EPR 13°N 区，有 100 多个热液区，直径 10~15m，距 100~200m，多为黑烟囱，温度大约为 320℃。

EPR 10°区，10°55.57′N，103°40.6′W，水深 2520~2525m，低温热液喷口的温度为 9~47℃；高温热液喷口的温度为 347℃。

（5）EPR 9°N~10°N

EPR 9°N~10°N，热液区有上百个，高温区有 45 个，温度达 403℃。

（6）Galápagos

86°W 区 1，85°49.5′W~86°15′W，水深 2600~2450m，活动热液区有 14 处，不活动热液区有 7 处，温度 8~22℃。

86°W 区 2，86°13′W，0°34′N，水深 2700m。

西端区 1，2°15′N，101°30′W，水深 5100m，发现有热液沉积。

西端区 2，2°30′N，95°10′W，水深 2600m，发现有热液沉积。

2.6.3 东南太平洋海区

EPR 15°S，有热液活动的报道。

EPR 9°S，水深 2800~3500m，发现了活动热液区。

17°S~18°S，水深 2600m，低温漫溢型，温度小于 50℃，无生物；低温漫溢型，有生物，有活动烟囱，长达 1000m。

18°02′S~18°22′S，水深 2669m，调查发现了 20 多个热液活动区，两个黑烟囱，温度为 305℃。

18°22′S~18°37′S，调查发现了 17 处热液活动区，温度为 55~310℃，热液烟囱高达 20m。

18°37′S~19°S，调查发现了黑烟囱。

21°S~21°40′S，在 20°S 和 21°30′S 处发现热液活动。

2.6.4　大西洋中脊热液活动区

Broken Spur 区，29°10.5′N，43°10.28′W，有 3 个高温区，温度为 356~365℃，而低温喷区温度小于 50℃。

TAG 区，26°08.2′N，44°49.7′W，水深 3670m，包括活动、不活动、高温、低温的热液烟囱，范围达 5km×5km。

Snake Pit 区，23°22′N，水深 3450m，范围 600m×200m，烟囱高 40m，高温达 350℃，低温至 26℃。

Logatchev，14°40′N~14°48′N，44°58.7′W，水深 3000m，在 500m×500m 范围内发现了 12 个高 20m 的硫化物丘以及多个黑白烟囱。

Menez Gwen，37°50′N，31°31′W，水深 800m。

Lucky Strike 区，37°17.4′N，32°16.6′W，水深 1618~1730m，存在 9 个活动区和 4 个不活动区，温度 8~325℃。

South Famous，36°30′N，33°29′W，水深 2270m。

Rainbow，36°13.80′N，33°54.12′W，水深 2320m，约有 10 组相当活跃的黑烟囱，喷口温度达 360℃，在 63°06′N 处有热液喷口。

2.6.5　印度洋中脊热液活动区的分布

在东南印度洋中脊的 6 个站位发现了热液柱异常，岩石样品为熔岩，有热液生物。

中印度洋脊 1，19°29′S，存在 ^{3}He 异常。

中印度洋脊 2，25°19.85′S，69°58.10′E，存在明显的热液柱异常。

2.6.6 西太平洋边缘热液活动区的分布

(1) 冲绳海槽

南奄西区，127°38′E，28°23′N，水深700m，有多个热液烟囱，温度约270℃。

伊平屋区，126°58.5′E，27°32.5′N，水深1400m，范围约206×10⁶m²。

夏岛84-1海丘区，127°08.6′E，27°34.4′N，水深1540m。

伊是名海洼，127°05′E，27°16′N，水深1665m，发现了热液沉积、热液烟囱和活动喷口。

(2) 马里亚纳海沟

中央峰高温热液活动区1，18°13′N，144°42.30′E，水深3600~3700m，有高温喷口，温度达287℃，有大量热液生物。

中央峰高温热液活动区2，18°12.78′N，144°42.51′E，发现热液烟囱。

中央峰高温热液活动区3，18°12.31′N，144°42.41′E，发现热液烟囱。

南峰区1，18°10.42′N，144°43′E，存在低温喷口，喷口温度为23℃。

南峰区2，18°11.21′E，144°43.05′E，发现热液烟囱。

吴01热液活动区1，18°02.27′N，144°45.09′E，水深3650m，可见黄褐色硅质烟囱物。

吴01热液活动区2，18°02.29′N，144°45.05′E，水深3654m，可见黄褐色硅质烟囱物。

(3) 马奴斯盆地

1）东马奴斯盆地。Pacmanus区1，3°44′S，151°40′E，水深1630m，热液区长100m，热液烟囱高4m，有大量热液生物。Pacmanus区2，距Pacmanus 6.5km，水深1750m。DEMOS区，3°41.99′S，151°52.18′E，水深2000m，有温度异常和热液生物，存在巨型热液柱。

2）中马奴斯盆地。红星区1：Vienna Wood区，3°9′2″S，150°16′8″E，水深2500m。红星区2：White Tower区，3°9.86′S，150°16.78′E，水深2500m，延展约1000m，发现了活动和不活动烟囱，喷口最高温度为276℃。红星区3，3°06′S，150°21.628′E，水深2630m，喷口温度为10~20℃，有大量热液生物。红星区4为不活动热液区。红星区5为不活动热液区。Worm Garden区，3°22.2′S，150°21′E，水深2177~2180m,热液流体温度10~15℃，无硫化物烟囱，沿扩张轴长度约60m。

3）马奴斯高地热液区，3°23.85′S，150°00.73′E，水深2181m，有漫溢低温热液喷口。

（4）伍德拉克盆地

Dobu 区，在 Dobu 岛近岸水深 6m 的地方，有直径 1m 的热液喷口，水温为 28℃。

东盆地弱热液活动区，位于 Dobu 海山和 Franklin 海山之间，Mn 氧化物广泛分布，低层水温度异常为 0.5℃。

Franklin 海山热液活动区，9°54.6′S，151°49.8′E，水深 2138m，可见活动喷口，水温为 20～30℃。

（5）劳海盆

东北区，15°23.3′S，174°40′E，水深 2078m，为不活动的热液区，推测有低温热液喷口。

皇家三叉区，15°30′S，174°50′W，水深 2270m，为低温热液活动区。

Peggy 脊区，16°55.4′S，176°49.5′W，水深 1910～1664m，获得硅和重晶石样品。

中央劳海盆地区，18°39′S，176°25′W，发现溢水口，可见一个冒黑烟的硫化物火山机物。

东部劳海盆地区，19°30′S，175°55′W，水深 2760～2850m，有明显的热液柱异常。

VFR 热液活动区，位于 19°S～23°S，有 Wihite Church，Vai Lili 和 Hine Hina 三个热液区。

Hine Hina 低温区，22°40′S，177°W，南 VFR 脊上最南面的两个高地，水深 1900m，活动区长 2km，喷口温度为 10℃。

Vai Lili 热液区，22°15′S，177°W，位于中 VFR 脊北端最浅的部位，水深 1600m，存在高温黑烟囱，温度达 342℃，范围 400m×100m。

White Church 热液区 1，21°45′S，177°W，位于北 VFR 脊的东坡上，水深 1946～1966m，范围 300m×200m，有很多白烟囱。

White Church 热液区 2，White Church 热液区 1 南 4km，水深 1822～1841m，不活动的烟囱区，范围 30m×20m，多为高 3m 的硫化物烟囱。

White Church 热液区 3，White Church 热液区 2 南 6km，硫化物重晶石烟囱区，调查发现了一个小的正在喷水的熔岩丘，温度 25℃。

（6）北斐济盆地

White Lady 热液区，位于三联点南支 015°扩张脊的北端，水深小于 1900m，有很多热液烟囱，有白色活动烟囱，温度高达 285℃。

Starmer Ⅱ热液区，位于 White Lady 热液区南 100m，范围为 200m×200m，有很多活动喷口，温度 295℃。

Pere Lachaise 热液区，位于 White Lady 热液区北 1000m，在 16°58′S 处有高 20m 的不活动热液烟囱，范围 2km×2km。

94S01 热液区 169°05′E，17°34′S，水深 1050~1320m，有铁硅的热液沉积。

94S02 热液区，169°58′E，19°28′S，水深 900m，有铁硅的热液沉积。

伊曼古热液区，169°68′E，19°05′S，水深 3000m，主要是热液锰的沉积。

(7) 板内火山上的热液活动

Society（9°S，149°W）、Austral（29°S，141°15′W）和 Pitcairn（25°10′S，129°24′W）热液区。

Turoi 海山，有 30cm 高的烟囱，水深 2120m。

Teahitia 海山（17.57°S，148.85°W），水深 1400~1500m，有正在活动的高 1~20m 的黑烟囱。

Loihi 海山（18.92°N，155.27°W），有热液柱异常。

全球各大洋热液活动区统计见表 2-3。

表 2-3　热液活动区统计

热液活动区位置	纬度范围	个数	平均水深/m
东北太平洋海隆区	41°N~50°N	46	2167
东太平洋海隆热活动区	0°N~27°N	234	2573
东南太平洋海区	9°N~22°S	99	2652
大西洋中脊热液活动区	14°N~63°N	46	2597
印度洋中脊热液活动区	19°N~42°S	16	3150
西太平洋边缘热活动区	18°N~28°N	7	2015
西太平洋边缘热液活动区	3°N~22°S	42	2015
板内火山	—	6	—

第3章 现代海底热液活动的分布特征

3.1 现代海底热液活动的空间分布特征

将所有已知的热液活动区沿其所在的经线投影到赤道上，发现热液活动区主要集中在 100°W 附近（379 个）、140°E 附近（49 个）、40°W 附近（46 个）、80°E 附近（16 个）和 160°W 附近（6 个）。它们对应的区域分别是东太平洋海隆区、西太平洋边缘弧后盆地区、大西洋中脊区、印度洋中脊区和夏威夷火山区。有趣的是，这些区域除大西洋中脊和印度洋中脊之间经度相差 120°外，其他区域经度都相差 60°，而均分大西洋中脊和印度洋中脊的是位于 20°E 附近的东非裂谷，这是一条和大洋中脊同级别的构造活动带。全球构造活动带上是否有 60°分带的构造活动规律尚有待于研究，但现代海底热液活动区主要分布在地球表面沿经向等间距分布的构造活动带内已非常明显（图 3-1）。

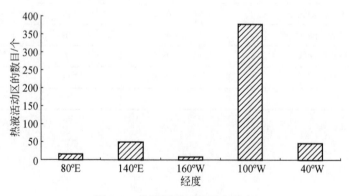

图 3-1　热液活动区的经向分布

为研究热液活动区在南北半球及各纬度带上的分布规律，将已知的热液活动区沿其所在的纬度线投到地球的零度经线上，发现北半球热液活动区的数目（334 个）明显高于南半球热液活动区的数目（162 个），热液活动区主要集中在 40°S ~ 40°N（图 3-2）。但热液活动的强度是否存在北半球比南半球强烈，中、低纬度带比高纬度带强烈的规律，目前尚无定论。因为已经进行的热液活动调查绝大多数集中在北半球，而南半球大洋面积大于北半球大洋面积，其扩张脊长度也比北半球长，似乎应该是南半球热液活动的数目比北半球多。目前，在高纬度地区和两极地区（如北极）已发现热液活动的存在，如果地球本身是一个能量的聚集体，热损失是其能量耗散的主要形式，那么地球本身就存在着能量不均衡耗散的问题。但是我们还无法回答这种不均衡能量耗散对地球本身意味着什么。

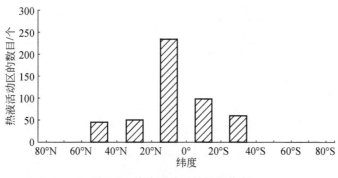

图 3-2　热液活动区的纬向分布

3.2　现代海底热液活动的水深分布特征

现代海底热液活动区水深范围跨度很大，最浅的热液活动区是伍德拉克盆地的 Dobu 热液活动区，水深只有 6m（Binns et al.，1989），最深的热液活动区位于 Galápagos 脊三叉区的 86°W 位置，水深 5100m。从水深 6m 到水深 5100m（Juster et al.，1989），如果以 500m 作为一个数值段，那么在 0～500m、500～1000m、1000～1500m、1500～2000m、2000～2500m、2500～3000m、3000～3500m、3500m～4000m、4000～4500m 这样的数值段上都有热液活动区分布。例如，北马里亚纳海沟（21°30′N，143°40′E）的 Kasuga 海底火山上的热液活动区水深为 400m；冲绳海槽南奄西热液活动区的硫化物烟囱处（28°23.5′N，127°38.5′E）水深为 700m；冲绳海槽伊平屋脊热液活动区的黑烟囱处（126°58.5′E，27°32.5′N）水深为 1400m；劳海盆地区 VFR 脊上的 Hine Hina 热液活动区水深为 1900m；劳海盆地区 VFR 脊上的 Vai Lili 热液活动区水深为 1720m；JDF 脊上 Endeavor 段的热液活动区（47°56.7′N，129°05.8′W）水深为 2100m；EPR 15°S 附近的热液活动区水深为 3100m；著名的 TAG 热液活动区水深为 3650m；中印度洋脊 12 号站位水深 4200m（见第 2 章）。由此，我们可以得出热液活动的分布和水深关系的第一个结论：在任意深度上都可能发育热液活动。虽然在任意深度上都有可能存在热液活动，但并不等于热液活动和水深没有关系，也不能认为热液活动区均匀分布在每个水深段上。统计表明，热液活动分布存在着其他水深规律。表3-1给出了热液活动区水深分布的统计情况。

表3-1　不同区域的热液活动区的水深分布

区域	水深/m	热液活动区个数/个	平均水深/m
东北太平洋海隆	3300	1	2540（10） 2167（46）
	3200	3	
	3100	1	
	3000	1	
	2500	2	
东北太平洋海隆	2400	1	2540（10） 2167（46）
	2300	1	
	2200	14	
	1900	18	
	1500	4	
东太平洋海隆	5100	1	3016（6） 2573（234）
	3200	1	
	2700	1	
	2600	155	
	2500	72	
	2000	4	
东南太平洋海隆	2800	2	2700（3） 2652（99）
	2700	47	
	2600	50	
大西洋中脊	3700	10	2586（7） 2759（46）
	3500	4	
	3100	4	
	3000	12	
	2300	2	
	1700	13	
	800	1	

续表

区域	水深/m	热液活动区个数/个	平均水深/m
印度洋中脊	4200	1	3190（10） 3150（16）
	4100	1	
	3900	1	
	3600	3	
	3000	4	
	2900	1	
	2800	1	
	2600	1	
	2500	1	
	2300	2	
西太平洋边缘	3600	3	1863（19） 2015（49）
	3200	1	
	3000	1	
	2800	1	
	2500	5	
	2300	1	
	2200	2	
	2100	3	
	2000	7	
	1900	12	
	1800	1	
	1700	2	
	1600	4	
	1400	1	
	1300	1	
	900	1	
	700	1	
	400	1	
	6	1	

注：平均水深一栏中有两个平均水深值，第一个是指热液活动区出现的水深段的平均值，括号中的数字为水深段数，第二个数是热液活动区的平均水深，括号中的数字为热液活动区的数目。后同。

从表3-1可以看出，区域不同，热液活动出现的水深不同。东北太平洋海隆，热液活动区水深最浅1500m，最深3300m。热液活动都出现在这之间的10个水深段上（此处，每个水深段为100m，1500m水深段指水深1450～1550m）。这10个水深段的平均值为2540m，46个热液活动区的平均水深为2167m。东太平洋海隆234个热液活动区分布在6个水深段上，水深为2000～3200m，6个水深段的平均值为3016m，234个热液活动区的平均水深为2573m。南太平洋海隆热液活动区的水深变化最小，水深为2600～2800m，3个水深段的平均值为2700m，99个热液活动区的平均水深为652m。大西洋热液活动区的水深变化较大，水深为800～3700m，7个水深段的平均值为2586m，46个热液活动区的平均水深为2759m。印度洋洋中脊有16个热液活动区，分布在2300～4200m的10个水深段上，10个水深段的平均值为3190m，16个热液活动区的平均水深为3150m。西太平洋边缘弧后盆地48个热液活动区分布在6～3600m的19个水深段上，19个水深段的平均值为1863m，49个热液活动区的平均水深为2015m。其中，印度洋中脊热液活动区的水深平均值最大，超过3000m，西太平洋边缘海热液活动区的平均水深最浅。西太平洋边缘海和大西洋中脊的热液活动区的水深变化最大，变化最小的是南太平洋海隆。

表3-2统计了全球热液活动区（除板内火山上的热液活动）所在的水深段及各水深段上热液活动区出现的数目和概率。

表3-2　全球不同水深段热液活动区出现的数目及概率

水深/m	热液活动区个数/个	出现概率/%	平均水深/m
5100	1	0.20	
4200	1	0.20	
4100	1	0.20	
3900	1	0.20	
3700	10	2.04	
3600	6	1.22	2400（33）
3500	4	0.82	2532（490）
3300	1	0.20	
3200	5	1.02	
3100	5	1.02	
3000	18	3.67	

续表

水深/m	热液活动区个数/个	出现概率/%	平均水深/m
2900	1	0.20	
2800	4	0.82	
2700	48	9.80	
2600	206	42.04	
2500	80	16.33	
2400	1	0.20	
2300	6	1.22	
2200	16	3.27	
2100	3	0.61	
2000	11	2.24	
1900	30	6.12	2400 (33)
1800	1	0.20	2532 (490)
1700	15	3.06	
1600	4	0.82	
1500	4	0.82	
1400	1	0.20	
1300	1	0.20	
900	1	0.20	
800	1	0.20	
700	1	0.20	
400	1	0.20	
6	1	0.20	

　　根据全球 490 多个热液活动区 (Rona and Scott, 1993; Luan et al., 2002) 的水深分布统计, 全球现代海底热液活动区主要集中在水深 1300~3700m, 平均水深 2532m, 出现热液活动概率最高的水深为 2600m, 其次为 1700m、1900m、2200m、3000m 和 3700m (图 3-3)。

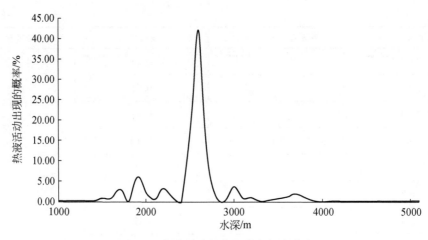

图 3-3　热液活动的水深分布概率曲线

太平洋平均水深为 4282m，大西洋平均水深为 3697m，世界大洋的平均水深为 3711m，现代海底热液活动区的平均水深为 2532m，要比世界各大洋的平均水深浅得多。

3.3　现代海底热液活动分布区的地形地貌特征

现代海底热液活动区分布的基本地形特征是海底中的高地形（图 3-4）。目前所发现的热液活动区的平均水深为 2532m，而世界大洋的平均水深为 3711m，比热液活动区的平均水深深 1000 多米。大洋中发育热液活动的主要场所是大洋中脊和海底火山。就整个弧后盆地而言是一个负地形。但发育于弧后盆地中的热液活动区仍然是负地形中的主地形。例如，冲绳海槽中的南奄西热液活动区位于一个海底火山上，伊平屋热液活动区位于近东西向展布的新火山脊上。总体来说，热液活动区所处的地形可以归纳为两种类型：扩张脊和火山。通过 JDF 脊和 Guaymas 盆地的研究表明，热液活动主要集中在沿扩张脊轴部有强烈岩浆活动迹象、地形膨胀的地段，即沿扩张轴的主地形（图 3-4）。局部地讲，热液活动区所处的位置一般并不位于高地形的顶端，而是位于高地形中的负地形，即扩张洋脊的中央轴裂谷，火山的破火山口，有时，中央裂谷中也发育类扩张脊型的低丘，热液活动区则位于这些低丘的侧坡或鞍部。总结这两方面，得出热液活动区分布的地形特征：热液活动总是出现在高地形中的低地形。

热液区的地貌分为：铁锰氧化物形成的板状地貌、铁锰氧化物形成的菜花状地貌或葡萄状地貌及热液烟囱地貌（图 3-5）。其中在热液活动的研究中讲座最多的为热液烟囱地貌，热液烟囱根据形状的不同又分为筒状烟囱、柱状烟囱和球状烟囱。根据其喷出的热液流体的颜色分为黑烟囱、灰烟囱、白烟囱和无烟烟囱。

热液活动区海底的颜色也可分为白色（被淋滤火成岩，主要是硅）、黑色（锰的氧化物，硫的颜色）和褐黄色（铜及铜的氧化物，铁的氧化物）。

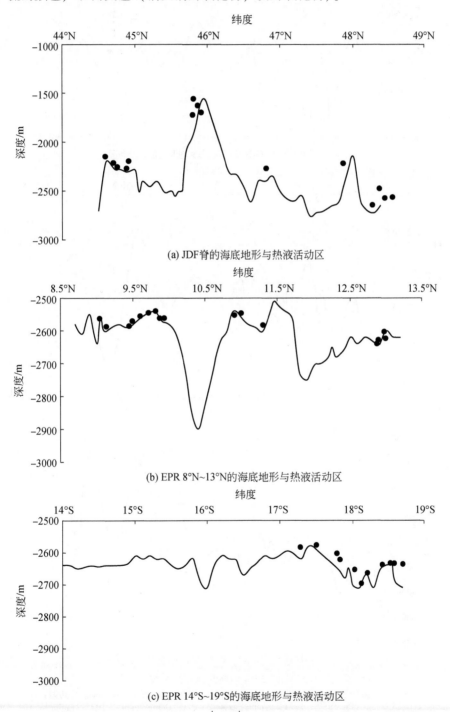

(a) JDF脊的海底地形与热液活动区

(b) EPR 8°N~13°N的海底地形与热液活动区

(c) EPR 14°S~19°S的海底地形与热液活动区

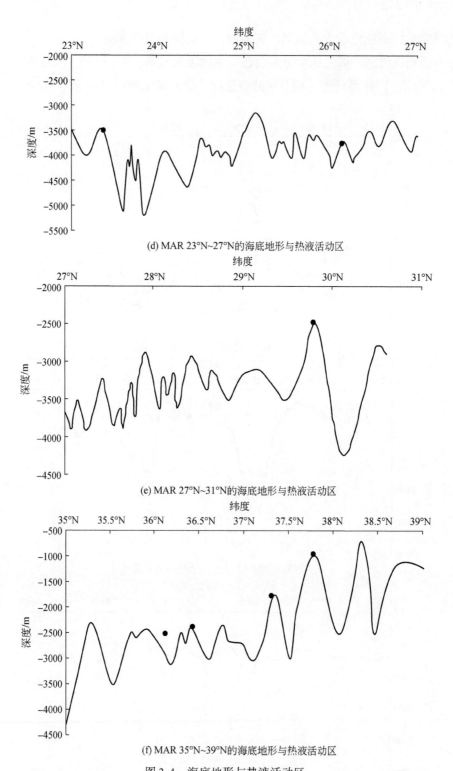

(d) MAR 23°N~27°N的海底地形与热液活动区

(e) MAR 27°N~31°N的海底地形与热液活动区

(f) MAR 35°N~39°N的海底地形与热液活动区

图 3-4　海底地形与热液活动区

注：地形据 Crane et al. , 1988；Bougault et al. , 1990；Baker and Hammond, 1992；
Baker and Feely, 1994；Urabe et al. , 1995；Sempéré et al. , 1993；Detrick et al. , 1995；Fujimoto et al. , 1996

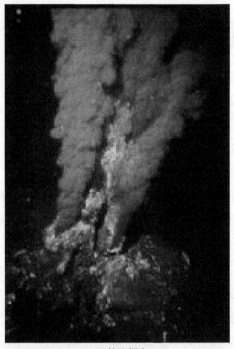

(a)热液烟囱

(b)菜花状地貌

图 3-5　热液烟囱与菜花状地貌

3.4 现代海底热液活动分布区的构造环境

从宏观上讲，发育现代海底热液活动的构造环境特征非常明显，即现代海底热液活动大多出现在构造活动部位，主要是大洋中的扩张洋脊、弧后盆地的扩张中心、扩张轴偏轴海山及板内火山。但具体到各个热液活动区，热液活动出现的构造环境又是多种多样，十分复杂。几乎所有的扩张洋脊、弧后扩张中心和板内火山的构造环境都可能发育现代海底热液活动。

对发育热液活动的扩张洋脊而言，相互之间可以有很大洋脊。首先是扩张速率的不同，有的扩张洋脊扩张速率很高，如东太平洋海隆和东南太平洋海隆；有的扩张洋脊的扩张速率很低，如大西洋中脊。其次是地形的不同，太平洋海隆沿扩张轴，地形平坦，高差不大，一般高差限于500m以内。超快速扩张的东南太平洋海隆，沿扩张轴，地形上的高差更小。大西洋中脊地形起伏很大，沿扩张轴高差可达千米。扩张洋脊又分为发育中轴谷的扩张洋脊和不发育中轴谷的洋脊，但从快速成扩张的洋脊到慢速扩张的洋脊都发育热液活动，从地形起伏较小的洋脊到地形起伏较大的洋脊都发育热液活动，无论是发育中轴谷的洋脊还是不发育中轴谷的洋脊也都有热液活动出现。

发育热液活动的弧后盆地构造情况更为复杂。冲绳海槽、马里亚纳海沟、马奴斯盆地和劳海盆是典型发育热液活动的弧后盆地，它们都是由于板块俯冲造成弧后盆地发育，又在弧后盆地中发育热液活动。不同的是，冲绳海槽、马里亚纳海沟和劳海盆是太平洋板块的西向俯冲造成的，在此，太平洋板块是作为俯冲板块，位于贝尼奥夫带之下，而马奴斯盆地则是由印澳板块向太平洋板块的俯冲造成的，此处的太平洋板块则不是俯冲板块，而是位于贝尼奥夫带之上。而冲绳海槽是在陆壳上发育的弧后盆地，一般认为，热液活动是发育于变薄的陆壳之上，并不是一定要有板块的俯冲才能在弧后盆地中发育热液活动。伍德拉克盆地就不位于海沟–弧后构造背景中，而是位于俯冲带的前面，而且盆地中既有陆壳，又有洋壳，陆壳上发育热液活动，洋壳上也发育热液活动。

现代海底热液活动总是出现在构造活动的部位，但并不是构造活跃的部位就一定发育热液活动。各种构造环境都可能发育热液活动，但不是每种构造环境发育热液活动的概率均等。以上结论在将全球的海底热液活动区进行统计分析后就可以看出。

现代海底热液活动发育的构造环境主要是扩张轴上的中轴谷、无中轴谷的扩张轴、火山口、陆壳、大陆裂谷、沉积物区和三叉区。我们把快速扩张的洋脊、慢速

扩张的洋脊、弧后盆地和非弧后盆地中的热液活动综合在一起进行统计分类，发现
出现热液活动区最多的构造环境是扩张洋脊上的中轴谷和火山口，分别为 325 处和
130 处，其次是不发育中轴谷的扩张轴，为 41 处。另外在大陆边缘的火山、大陆裂
谷上，在构造三叉区，在发育沉积的海槽区都有热液活动出现。图 3-6 是扩张轴的中
轴谷、海底火山口、不发育中轴谷的扩张脊、陆壳和大陆裂谷区、构造三叉区和沉
积物区中发育的热液活动区数目对比。其中有的数据重合，如部分扩张脊中轴谷中
火山口的热液活动区数目既出现在扩张脊中轴谷这一栏中，同时也出现在火山口这
一栏中。

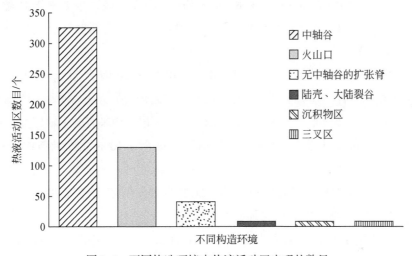

图 3-6　不同构造环境中热液活动区出现的数目

3.4.1　扩张轴上的中轴谷

出现热液活动最多的构造环境的是洋中脊扩张轴上的中轴谷。中轴谷是洋中脊扩
张轴上的凹地形，在形态上呈"U"形或者"V"形，一般位于扩张轴的中轴部位，沿
扩张轴展布。不论是快速扩张的洋中脊还是慢速扩张的洋中脊都发育中轴谷。但快速
扩张的洋中脊上的中轴谷和慢速扩张的洋中脊上的中轴谷形态不同。快速扩张的洋中
脊上的中轴谷宽度小，一般为 1 公里到几公里宽，几十米到几百米深。慢速扩张的洋
中脊上的中轴谷宽度大，一般为几公里到十几公里，深度为几百米。较窄的中轴谷一
般底部较为平坦，平坦的底部表面常为新的熔岩流所覆盖，熔岩流上往往发育沿扩张
轴延伸的海底裂隙。某些还可能发育规模较小的中轴谷中或者较小的火山丘。较宽的
中轴谷中可以发育孤立的海底火山和沿中轴谷展布的火山脊。发育热液活动的中轴谷

并不具有特定的模式，而是在中轴谷的谷底、中轴谷中的谷中谷、中轴谷中的低丘、中轴谷中的火山以及中轴谷的海脊上都可能发育热液活动。

加拿大曾在东北太平洋海隆的勘探者洋脊南段进行了多次深潜调查（Tunnicliffe et al.，1986），发现沿该段扩张洋脊发育有小型的中轴谷。中轴谷宽1000m，深超过100m，沿洋脊的中轴展布。中轴谷的谷底海底裂隙、地堑、地垒十分发育。正在喷水的热液活动区位于谷底的裂隙区。著名的TAG热液活动区（Rona and von Herzen，1996）所在扩张洋脊也发育中轴谷。此处的中轴谷宽6km，深几百米，谷底地形复杂，东西两壁为台地区，谷底中轴以西为新火山区，东侧为裂隙和小断层区（Humphris and Kleinrock，1996）。热液活动区位于东侧的裂隙区和小断层区。东太平洋海隆21°N扩张脊上的NGS、OBS和SW热液活动区则位于中轴谷谷底的新鲜熔岩流区（Woodruff and Shanks，1988）。

谷中发育热液活动区的例子是喷口1、喷口3和普莱姆热液活动区。这3个热液活动区位于胡安·德富卡洋中脊的科莱伏特扩张段。该段洋中脊发育中轴谷，中轴谷宽2～3km，深80～120m，谷底平坦。在44°42′N以南的扩张段，中轴谷的中轴部位又发育小峡谷，宽100m，深30m，上述3个热液活动区就限于这个宽100m的小峡谷中（Embley et al.，1994）。

热液活动区位于中轴谷谷底低丘上的是北部劳海盆的东北热液活动区，该热液活动区位于宽9km的中轴谷中北东向延伸的低丘上。

热液活动区位于中轴谷的火山上（Wilson et al.，1996）的有Broken Spur热液区（位于Atlantis转换断层南侧的扩张脊段，该脊段中轴谷宽9km，发育的中央新火山靠近裂谷西壁，热液活动区位于新火山上）、Menez Gwen热液活动区（位于宽6km的中轴谷火山口中）、Lucky Strike热液活动区（位于宽11～15km的中轴谷破火山边缘）。

大西洋中脊的蛇坑热液活动区位于开恩断裂带南侧的扩张段上（Karson and Brown，1988）。该扩张段发育的中轴谷宽20km，是大洋中脊中较宽的中轴谷，中轴谷的底部发育一列新火山脊，宽4km，高500m，长40km，规模为整个大西洋中脊之最。Famous段的火山脊为1km×150m×2km，热液区位于新火山脊的顶峰。马里亚纳海沟中心发育轴裂谷（中轴谷），裂谷中断块和地堑发育，并伴生一条大的中央扩张脊，南峰低温热液活动区和中央峰高温热液活动区都位于该扩张脊上。这些是热液活动区位于中轴谷扩张脊的例子。

3.4.2 无中轴谷的扩张轴

中轴谷是扩张洋脊上的一个较为普遍的现象，但在一些扩张洋脊的扩张段上中轴谷只是断续出现，而在有些扩张段上则不发育中轴谷。调查发现，在不发育中轴谷的扩张脊上也可以出现热液活动。戈达洋脊是东北太平洋海隆南端的一段扩张脊段，该扩张段的大部分扩张轴都发育宽而深的中轴谷，塞科里夫热液活动区位于戈达脊的北段，此处海底地形比南、北两侧的地形都高，是一个轴高的部位。最初 Collier 和 Sinha （1990）、Rona 和 Speer（1989）指出这里的热液活动区并不发育在中轴谷中。随后详细的海底地形和深潜调查证实了上述结论（Bake and Feely，1994）。近几年法国的"Nautile"号、美国的"Alvin"号和日本的"深海 6500"号在东南太平洋海隆进行了一系列深潜调查，发现该段洋中脊从北到南几乎是一个连续的热液活动区（Sinton et al.，1999）。Haymon 等（1997）在该区域的详细海底地形调查发现在 16°30′S ~ 17°56′ S 处的东南太平洋海隆虽有众多的热液活动区发育，但此段洋中脊上没有发育中轴谷。另外，弧后盆地中的一些扩张洋脊的脊轴位也不发育中轴谷，但却发育热液活动区。VFR 脊（Fouquet et al.，1993）上的 White Church、Vai Lili 和 Hine Hina 热液活动区是这方面的典型例子。外留福脊是南部劳海盆中一条年轻、活跃的扩张脊，宽 2.5 ~ 5km，高 500 ~ 600m，脊顶宽几百米到 1km，脊顶上有很多火山丘，高可达 60m，并有很多裂隙、断层沿脊的走向展布，脊上无中轴谷发育，热液活动区位于脊顶翼侧。例如，皮吉脊热液区位于中部劳海盆中北西南东向延伸的扩张脊上，其热液活动区出现的部位发育裂隙，但无中轴谷（Bertine and Keene，1975）。

3.4.3 海底火山口

海底火山口是发育热液活动的一个重要场所，热液活动区常发育在海底火山口内侧坡或者口底部位，一个火山口往往有多个热液活动区。热液活动区的火山口在火山口的大小、火山口的形态以及海底火山所处的构造位置方面没有明显的特别之处。较大的火山口发育热液活动，一些较小的火山口也同样发育热液活动。发育热液活动的海底火山所处的构造位置多种多样，即可以位于大洋中脊，也可以位于弧后盆地，还可以位于板块内部。同样发育在大洋中脊和弧后盆地扩张轴上的海底火山所处的构造位置也各有不同，有的位于无中轴谷的扩张脊轴上，有的位于扩张脊的中轴谷中，有的则偏离扩张脊的中轴而位于扩张轴的侧翼。例如，1987 年"Alvin"号在胡安·德富卡洋脊的中轴扩张段进行深潜调查时发现了一座破火山口（Rona and Trivett，1992a）。这是一座方形的破火山口，长8km，宽5km，沿破火山口的内坡有多个正在活动的热液活动区，其规模在发育热液活动的破火山口中是较大的。该破火山口所处的扩张脊没有发育中轴谷。大西洋中脊的幸运热液活动区则发育在位于中轴谷的海底破火山口中。通过"Nautile"号和"Alvin"号在此处的调查发现，该段洋脊发育的中轴谷宽11～15km，中轴谷中部的海山形成宽大的海台，海台上的山锥发育破火山口，在破火山口的底部发现了一个直径300m的熔岩湖，热液活动区主要沿湖的边缘分布（Wilson et al.，1996）。部分火山口热液活动区位于扩张轴的轴旁火山上，如EPR 21°N的红山热液活动区。EPR 21°N是较早发现的热液活动地区之一。早在20世纪70年代"Cyana"号和"Alvin"号就在此扩张段的中轴谷中发现了多个热液活动区（Woodruff and Shanks，1988）。后来在此地区进一步的调查在扩张轴以西18km处又发现一座海底火山，并发现此火山的破火山口中有多个热液活动区（Lonsdale et al.，1982）。再如，东南印度洋脊的布么兰热液活动区也位于扩张轴的轴旁海山上（Scheirer et al.，1998）。

弧后盆地的热液活动区更多是发育在海底火山之上，如冲绳海槽中的南奄西热液活动区（栾锡武等，2001）。南奄西热液活动区位于中部冲绳海槽北端中央地堑的西北侧，该热液活动区大致呈菱形，东西长6km，南北宽3km，海丘周围水深1000m，顶部水深600m，海丘的相对高度约400m。在海丘的顶部有类似火山口的地形，火山口直径约1000m，口深超过100m，中央最大水深720m。日本的"深海2000"号曾多次在此处下潜进行热液活动调查，结果发现热液活动区位于火山口西北坡接近底部，在底部的小凹陷中有多个热液烟囱，烟囱喷口的温度接近当地海水的沸点，约为270℃（Chiba et al.，1993）。例如，北斐济盆地柯氏海槽中的94S01热液活动区。该海槽中发育北西走向断裂带，沿断裂带发育多座海底火山。调查发现，其中一座海底火山的顶部发育火山口，火山呈不规则的圆形，宽2.5km，长3km，深度1050～1320m，火山口底范围1.3km×2km，最大水深1575m。热液活动区发育在火山口底的枕状熔岩上（Lizasa et al.，1998）。例如，富兰克林海山热液活动区，位于伍德拉克盆地中西北西向延伸的海底扩张轴的西端，该处的扩张轴是一条高600m的火山脊，富兰克林海山就是其上较大的一个火山锥，直径2km，高150m，该峰顶即是热液活动区所处的火山口，铁锰氧化物广泛分布于火山口中，从高几厘米到7m，其间还有一些正在喷水的喷口，水温20～30℃（Bogdanov et al.，1997）。

东马奴斯盆地的迪莫斯热液活动区也位于一个破火山口中，火山口的直径只有1.5km，在发育热液活动的火山口中属于较小的（Gamo et al.，1993）。另外，还有一些在地形上和火山口相类似，但尺度更小的地形，称为熔岩井，其上也可发育热液活动。例如，中部劳海盆南北走向的新火山脊上有许多熔岩井，深度多为 15 ~ 20m，直径 100m，也存在热液活动区（Lisitzin et al.，1997）。

3.4.4　陆壳、大陆裂谷

前面提到的绝大多数现代海底热液活动区都发育在洋壳之上，如东太平洋海隆、大西洋中脊、太平洋板内火山等。但也有一些现代海底热液活动区位于陆壳上。这些陆壳又和普通的陆壳有所不同，一般都处于由陆壳向洋壳演化的进程中，要么处于陆壳发育裂谷的前期，要么在陆壳上发育海底火山。例如，伍德拉克盆地中的 Dobu 热液活动区和东盆地热液活动区。伍德拉克盆地位于新几内亚以东，是印澳板块和太平洋板块相互作用的缓冲区。两个重要特征使其有别于其他边缘海盆。首先，它不位于海沟、弧后背景中，而是位于俯冲带的前面，新生的洋壳在此向东俯冲到所罗门岛下面；其次，一条扩张轴从东到西纵贯整个盆地，但有两种地壳共存于盆地中，海盆由东部的海底扩张，向西变成大陆裂谷进入陆壳，盆地扩张在这种较为复杂的构造背景中进行（Taylor et al.，1995）。伍德拉克盆地的热液活动调查（Lisitzin et al.，1991）发现，其扩张轴中有一条火山脊，火山脊上有许多的火山机构，如 Dobu 海山、富兰克林海山等。热液活动区主要位于这些海山之上。Dobu 海山位于伍德拉克盆地西端的大陆地壳上，这是一个直径 2.5km，高 700m 的火山锥，山峰水深只有 330m。而富兰克林海山位于伍德拉克盆地中西北西向延伸的海底扩张轴的西端洋壳上，该处的扩张轴是一条高 600m 的火山脊，脊上发育有高 10 ~ 40m 的火山锥，无任何沉积，富兰克林海山就是其中较大的一个火山锥，直径 2km，高 150m，峰顶是一个火山口，直径 500 ~ 700m，深 60 ~ 100m，铁锰氧化物广泛分布于火山口中，从高几厘米到 7m，其间还有一些正在喷水的喷口，水温 20 ~ 30℃。

同样，伍德拉克盆地中的东盆地热液活动区也位于陆壳之上。该区位于 Dobu 海山和富兰克林海山之间，是陆壳和洋壳相互交接、过渡的部位，其中发育有一条长 3km，宽 1.5km 的大陆裂谷，裂谷中央有串珠状的火山丘，高 40 ~ 60m，热液活动区就位于这些火山丘之上。

冲绳海槽是一个典型的弧后盆地，已有很多关于其地壳属性方面的讨论（Jin and Yu，1987）。一般认为冲绳海槽处于洋壳和陆壳过渡阶段的大陆裂谷期，海槽中发育的中轴地堑为大陆裂谷，其中发育热液活动区（栾锡武等，2001）的情形和伍德拉克盆地发育热液活动区的情形相似。

3.4.5　沉积物区

现已查明，典型的大洋地壳结构为三层结构：第一层为现代沉积层，第二层为大洋玄武岩层，第三层为大洋的下地壳层（Luan et al., 2001）。现代沉积层的厚度随洋壳年龄的增加而增加，也随离大洋中脊距离的增加而增加。在新生洋壳的地方，如大洋中脊轴地区和新发育的火山地区现代沉积层的厚度非常薄，有些地方甚至缺失最上层的现代沉积层，新鲜的洋壳直接出露于海底。一般情况下，发育现代海底热液活动的地区为新生洋壳的地方，年轻的海底之上除新鲜的熔岩覆盖之外，无任何沉积。但也有个别热液活动区则是发育于沉积很厚的区域。戈达洋脊上伊坎那巴海槽中的北坎热液活动区和南坎热液活动区就是发育在很厚沉积物地区上的两个热液活动区。伊坎那巴海槽位于戈达洋脊南段的南部，是在洋脊中轴谷的基础上发育成的凹形槽地，约从 40°40′N 向南一直延伸到门多西诺转换断层，长 100km，海槽的最上层发育几百米厚的现代沉积。自 1986 年起 Zierenberg 等（1993）利用"Alvin"号在海槽中进行了多次热液活动调查，在海槽的北部和南部发现了热液活动区。其中位于海槽北部的北坎热液活动区有多个硫化物丘，最大的中央丘范围为 600m×1200m，高 100m，其上有两处热液喷口，喷口温度分别为 217℃ 和 108℃。南部的南坎热液活动区也有类似的情况。两个热液活动区所处的位置都有很厚的沉积层。另外一例是 Guaymas 盆地中的 Guaymas 热液活动区，该盆地位于加利福尼亚湾的裂谷带中，盆地中有两条重叠的海槽，北槽长，南槽短，两者相间 25km，海槽深 100m，水深为 2020m，槽底是由平坦的沉积物构成。"Alvin"号在海槽中进行了多次的深潜调查，结果在平坦沉积物构成的海底上发现了许多高 10~15m 的热液沉积，范围都在 100m^2 左右，其上有一些正在活动的喷口，喷口温度为 315℃（Lonsdale and Becker, 1985）。

3.4.6　三叉区

在海底上发育着一些由 3 个板块（或微板块）接合点构成的三叉区，它们在构成形式上或者为 3 条扩张洋脊的交汇处，或为两个扩张洋脊和 1 条断裂的交汇处，或者为 1 条扩张洋脊和 2 条断裂的交汇处，在位置上它们发育在大洋中脊地区或者弧后盆地中（Georgen and Lin, 2002）。例如，大洋中的 Galápagos 扩张中心在 2°N, 102°W 和东太平洋海隆构成的 Galápagos 脊–脊–脊三叉区（GTJ），印度洋中印度洋脊、东南印度洋脊和西南印度洋脊构成的罗垂格兹脊-脊-脊三叉区（RTJ），大西洋中脊北大西洋脊、南大西洋脊和特西拉脊构成的亚速尔脊-脊-脊区（ATJ），美洲南极洋脊、南大西洋脊和西南印度洋脊构成的波威特脊-脊-脊三叉区（BTJ），弧后盆地中的北斐济盆地中 015°扩张轴、160°扩张轴和 060°北斐济断裂带构成的脊-脊-断裂三叉区，北部劳海盆中东北、东南和西向延伸的扩张脊交汇形成的皇家三叉脊区等（Taylor et al.，1995）。三叉区在构造上十分活跃，除洋脊的扩张外，往往叠加围绕三叉区中心做旋转运动。活跃的构造特征决定三叉区也应该是热液活动发育的重要场所。以罗垂格兹脊-脊-脊三叉区为例，Gamo 等（1996）首先于 1993 年在此地区发现了热液柱异常，推测其下面有热液活动区存在。此后，日本、德国等国家都在此区组织了多次的热液活动调查，最终发现了多个存在高温热液喷口和热液生物的热液活动区（Gamo et al.，2001）。北斐济盆地是一个年轻的弧后盆地，位于 New Hebrides 海沟岛弧系的东侧，其是在 10Ma 前由 New Hebrides 弧的顺时针旋转开始发育而成。在盆地发育的后期阶段（3Ma）至今，洋壳沿南北向的扩张脊增生，但在 1Ma 前，18°10′S ～ 16°50′S 的扩张轴由南北向旋转为 N15° E，从而发育形成目前北斐济盆地著名的三联点系统（Lafoy et al.，1990），这是目前盆地中最为活跃的地方。德国的 SO99 航次和 SO134 航次在此区域的调查发现了正在活动的热液喷口和热液生物（Halbach et al.，1999）。

3.4.7 热液活动与构造环境的关系

现代海底热液活动区热源的讨论有助于我们理解热液活动的空间分布特征。很显然，要维持热液喷口持续不断的热流输出，热液活动区之下需要有高温热源的存在。地球内部的热源主要有摩擦热、地壳放射性生热、高温内核由内向外的传导热和对流热（栾锡武等，2002）。首先，热液活动的热源不可能是摩擦热，因为目前我们还没有在走滑断层和俯冲带中发现现代海底热液活动的存在；其次，这个热源也不可能是地壳的放射性生热和地球内核由内向外的传导热，否则的话，现代海底热液活动在地球表面应该趋于均匀分布，即在地球的两极地区应该观测到和其他地区一样多的热液活动区，但这和我们的统计结果不相符。由此，现代海底热液活动的热源主要是地球由内向外的对流热，即在热液活动区下方的某一深度存在由地球深部向上迁移而来的热物质。考虑到地球的自转，地球热物质由内向外的迁移会更趋向于垂直于地球的自转轴，这样可以解释地球物质在赤道和中低纬度地区的膨胀和两极地区的塌陷，也可以解释热液活动区主要集中在 40°N 和 40°S 中、低纬度带之间的这一观测结果，因为这样在两极地区垂直于地球自转轴的下方根本没有热源物质存在。

前面已指出，现代海底热液活动区的水深虽然可超过5000m，亦或仅为6m，但多为2600m，平均水深为2532m。我们知道，太平洋平均水深为4282m，大西洋平均水深为3597m，世界大洋的平均水深为3711m。由此可见，现代海底热液活动区发育的场所根本不在海盆的最底部，而是在海盆底部以上超过1000m或更高的位置上，这主要是大洋中脊和海底火山。这些海底上的正地形都是地球内部热物质由内向外迁移的结果。很明显，海底热液活动区的水深分布特征和其成因机制密切相关。

对热液活动发育的构造环境的详细分析表明，现代海底热液活动区并不位于海底上正地形的最高部位，既不在海底火山的顶峰，也不在大洋中脊的顶峰，而是位于海底高地形上的负地形中，如大洋中脊上的中轴谷、火山顶峰的火山口底部和侧坡。热液活动发育的特殊部位说明它与形成海底火山和大洋中脊的岩浆活动在时间上存在次序关系。热液活动的发育在位置上受控于岩浆活动，在时间上，它发生在岩浆活动结束后，是强烈的热膨胀、热冷缩后的释热形式。

从宏观上讲，发育现代海底热液活动的构造环境特征非常明显，即现代海底热液活动总是出现在构造活动的部位。但并不是构造活跃的部位就发育热液活动，前面提到的俯冲带和转换断层就是例证。海底热液活动发育的构造环境既可以位于大洋中脊，也可以位于弧后盆地，既可以在快速扩张的洋脊，也可以在慢速扩张的洋脊，其水深可达几千米，浅可至几米，表现出多变性和复杂性。尽管发育热液活动的构造环境在形式上复杂多变，但它们无一不是岩浆活动活跃的地区。所以，热液活动的发育和构造并不直接相关但却和岩浆发育密切相关。

目前我们对世界洋底的调查是有限的，还有很多的热液活动区没有被发现。但笔者认为，在已有的数据基础上本书得到的结论是可靠的。

现代海底热液活动区主要出现在构造活动的部位，主要是大洋中脊、弧后盆地和板内火山，主要分布在40°N和40°S中、低纬度带之间。现代海底热液活动区的水深范围跨度很大，浅可为几米，深可达几千米。发育现代海底热液活动的构造环境复杂而多样，如扩张轴的中轴谷、海底火山口、不发育中轴谷的扩张脊、陆壳和大陆裂谷区、构造三叉区和沉积物区都可以发育热液活动。发育热液活动区最多的构造环境是扩张洋脊上的中轴谷和火山，其次是不发育中轴谷的扩张轴。现代海底热液活动总是出现在构造活动的部位，但并不是构造活跃的部位就发育热液活动。热液活动的发育和构造并不直接相关但却和岩浆发育密切相关。热液活动的发育在位置上受控于岩浆活动，在时间上，它发生在岩浆活动结束后，是强烈的热膨胀、热冷缩后的释热形式。

3.5 现代海底热液活动的分布和洋脊扩张速率的关系

全球规模洋中脊的发现是 20 世纪海洋地质科学的重大贡献。地幔物质在洋中脊上涌并冷却形成新的洋壳，新生的洋壳将老的洋壳向两侧推开，使海底扩张不断进行（Kennet，1982）。实际上，地球表面的这种扩张并不局限于大洋中脊，在一些弧后盆地，同样形式的海底扩张沿扩张中心也在进行，如劳海盆（Bevis et al.，1995）。为更具普遍性，我们使用洋脊扩张来概括大洋中脊扩张和弧后盆地扩张等多种海底扩张形式。调查发现，洋脊的扩张速率有很大不同，有的扩张速率很高，如南太平洋海隆、北部劳海盆，其扩张速率可达 160mm/a（Bevis et al.，1995；Detrick et al.，1993）；有的扩张速率则很低，如大西洋中脊，一般扩张速率为 30mm/a 左右（Jin and Zhu，2002）。

现代海底热液活动的发现是 20 世纪海洋地质科学的另一重大成就。从 20 世纪 60 年代开始至今，虽然我们已在海底找到了多处现代海底热液活动区，但我们只对深海盆地的少部分进行了调查，对于 6000 多公里的大洋中脊我们也只对其中一部分进行了热液活动调查，由此可见，我们对海底的认识是远远不够的。就热液活动而言，大洋洋底还存在没有被我们发现的海底热液活动区。在将来很长一段时间，发现新的海底热液活动区，仍将是海洋地球科学家的主要工作重点。

新的海底热液活动区的发现是困难的（栾锡武等，2002）。这不仅在于现代海底热液活动区大都发育于远离大陆的深海环境中，表现出微弱的地球物理异常和小范围的地球化学异常，还在于我们目前拥有的有限深海调查能力。这主要表现在热液活动调查对深潜器调查的依赖性和深潜器调查本身的局限性。虽然如此，和其他海洋地质现象一样，海底热液活动区的分布应该有其自身的规律性。通过对海底热液活动分布规律的研究，我们仍然可以依据对规律的认识（栾锡武和秦蕴珊，2004）发现新的海底热液活动区。实际上，目前，人们已经建立了现代海底热液活动和热液柱（栾锡武等，2002）之间的联系，并通过对热液柱的探查，来寻找新的海底热液活动区。Gamo 等（1996）、German 等（1993）、Scheirer 等（1998）的实践证明了这种方法是可行的。Baker 等（1996）认为，现代海底热液活动区的数目和海底扩张速率之间存在着相关关系，海底扩张速率越高，热液活动区数目就越多，并根据对热液柱调查数据的分析，间接提出了热液柱的数目和海底扩张速率的正相关关系。本书选取了 11 段调查程度较高的洋脊作为研究对象（图 3-7），通过分析建立了热液活动区数目和洋脊扩张速率之间的关系，并将这个关系应用于冲绳海槽，对冲绳海槽存在新的热液活动区的可能性进行了预测。

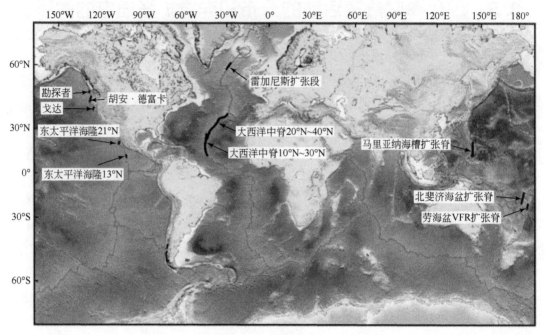

图 3-7　11 段洋脊位置

3.5.1　现代海底热液活动区的数目和洋脊扩张速率的关系

前面已经提到，目前发现的现代海底热液活动区主要分布于洋脊扩张中心，并且遍布于以各种速率扩张的洋脊上。在快速扩张的洋脊上可以发育现代海底热液活动，在慢速扩张的洋脊上也可以发育热液活动。例如，在北部劳海盆（扩张速率为 160mm/a）（Lisitzin et al.，1997）、南太平洋海隆（扩张速率为 155mm/a）（Charlou and Fouquet，1996）、西南印度洋中脊（扩张速率为 14mm/a）（German et al.，1993）和门多西诺转换断层以北的中部戈达脊（扩张速率为 15mm/a）（Rona et al.，1992c）都发现了现代海底热液活动的存在。但这并不说明热液活动的发育和洋脊扩张速率没有关系。

为研究热液活动区数目和扩张速率的关系，我们统计了现代海底热液活动调查程度较高、在位置和扩张速率方面有代表性的 12 段扩张洋脊的长度、扩张速率和已经发现的现代海底热液活动区数目（表 3-3）。这 12 段洋脊分别是勘探者洋脊、胡安·德富卡洋脊、戈达洋脊、东太平洋海隆 21°N 扩张段、东太平洋海隆 13°N 扩张段、大西洋中脊 10°N~30°N 扩张段、大西洋中脊 20°N~40°N 扩张段、雷加尼斯扩张段、马里亚纳海沟扩张脊、劳海盆 VFR 扩张脊和北斐济海盆扩张脊（图 3-7）。可以看出，这 12 段洋脊中既有大洋中脊，也有弧后盆地扩张脊；既有快速扩张洋脊，也有慢速扩张洋脊，而且都有较高的现代海底热液活动勘探程度，从而它们具有很好的代表性。

表 3-3　12 段洋脊长度、扩张速率及发育的现代海底热液活动区数目

扩张洋脊	L/km	U_s/（mm/a）	N/个	调查经历	调查程度	参考文献
勘探者洋脊	120	40	1	多次地质采样，"Pisces IV" 深潜器 10 次深潜	详细调查	Tunnicliffe 等，1986
胡安·德富卡洋脊	515	60	7	多次地质采样，深潜调查，海底照相	详细调查	Goodfellow 和 Franklin，1993；Embley 等,1994
戈达洋脊北段	120	55	1	地质采样，多波束，深潜调查	详细调查	Rona 等，1992c；Zierenberg 等，1993
戈达洋脊南段	150	24	2	地质采样，多波束，深潜调查	详细调查	Rona 等，1992c
EPR 21°N 扩张段	350	60	3	1978 年开始多次深潜调查	详细调查	Woodruff 和 Shanks,1988
EPR 13°N 扩张段	330	110	8	100 多次深潜调查	详细调查	Brower 等，1988
MAR 10°N～30°N 扩张段	2220	30	17	多次深潜调查，深拖调查，CTDT，近海底水体反光、透光调查	详细调查	German 等，1993
MAR 20°N～40°N 扩张段	2700	18	8	多次深潜调查，深拖调查，CTDT，近海底水体反光、透光调查	详细调查	Fouquet 和 Barriga，1998；Ondréas 等，1997；German 等，1994
雷加尼斯扩张段	600	20	1	高密度 CTD 剖面测量	较详细调查	German 等，1994
马里亚纳海沟扩张脊	1200	30	4	多次深潜调查，地质取样	详细调查	吴世迎，1995；Horibe 等，1986
劳海盆 VFR 扩张脊	450	60	3	地质取样，拖网，多次深潜调查	详细调查	Fouquet 等，1993
北斐济海盆扩张脊	750	16	3	地质取样，多次深潜调查	详细调查	Lizasa 等，1998

注：L 为扩张洋脊的长度；U_s 为洋脊的扩张速率；N 为现代海底热液活动的数目

对热液活动区数目的确定总是困难的。现在还没有一个统一的标准来确定热液活动区的数目。所以，目前所提到的热液活动区数目应该是粗略的，且不同的学者所确定的热液活动区数目很可能稍有不同。需要明确的是，表3-3中统计的是热液活动区的数目，而不是热液活动区热液喷口的数目。一个热液活动区可以延伸一个较大的范围，如几公里内可能发育多个热液喷口。本书对热液活动区数目的统计主要依据文献。例如，1984年加拿大深潜器在勘探者洋脊南段发现了热液活动区，该活动区延伸长6km，其中有多个正在喷水的热液喷口，Tunnicliffe等（1986）将其确定为一个热液活动区，故本书相应在此处统计的热液活动区数目就为1。一些相距很近的热液活动区，特别是位于同一个火山口内的，本书确定为一个热液活动区。例如，胡安·德富卡洋脊的中轴扩张段中的4个热液活动区（灰热液活动区、卡斯姆热液活动区、南热液活动区和东热液活动区）都位于一个长8km，宽5km的方形破火山口内（Rona et al.，1992c），本书将其统计为一个热液活动区。另外，为讨论现代海底热液活动区的数目和扩张速率的关系，本书计数的热液活动区仅限于扩张轴，扩张轴以外的热液活动区没有记数。例如，在勘探者洋脊轴旁110km处的海山上也发现了一个热液活动区（Bornhold et al.，1981），本书没有统计在内。同理，本书将中谷扩张段上的本特热液活动区和活跃热液活动区（Goodfellow and Franklin，1993）也作为一个热液活动区；由于Cleft扩张段上南部喷口1热液活动区、喷口3热液活动区和普来姆热液活动区基本上是连在一起的（Embley et al.，1998），本书也将其作为一个热液活动区。该段北部发现的3个高温热液区和6个低温热液区（Embley and Chadwick，1994）也是连在一起的，本书将其作为同一个热液活动区。这样，在长515km的胡安·德富卡扩张洋脊共统计得到7个热液活动区。

戈达洋脊介于门多西诺转换断层和布兰科转换断层之间，总长约300km。表3-3中将戈达洋脊分成戈达北段和戈达南段，因为这两段洋脊的扩张速率相差较大，分别是55mm/a和24mm/a。北段洋脊的长度为120km，目前发现了一个现代海底热液活动区。南段洋脊的长度为150km扩张段，发现了SESCA和NESCA两个热液区（Rona et al.，1992c；Zierenberg et al.，1993）。在SESCA热液区只发现了3个硫化物丘，没有发现喷口，而NESCA热液区中发现有多个热液喷口。我们认为SESCA热液区可能是古热液区，所以在戈达南段只统计一个热液活动区。

EPR 21°N扩张段，因NGS热液活动区、OBS热液活动区与SW热液活动区相距在4km之内，故将其统计为一个热液活动区；HG热液活动区（Woodruff and Shanks，1998）和红山热液活动区（Lonsdale et al.，1982）作为单独的热液活动区。在该区350km长的扩张洋脊上共有3个现代海底热液活动区。

本书统计的 EPR 13°N 扩张段介于奥罗兹考转换断层（15°N）和可里波顿转换断层（10°N）之间，主要的热液活动区位于 12°50′N、11°15′N 和 10°57′N（Wilson et al.，1996）。但其中在 12°50′N 附近的扩张洋脊长度为 35km，整个扩张段为一个连续的热液活动区，高温喷口至少 100 多处，按照勘探者洋脊热液活动区的情况和胡安·德富卡中轴扩张段热液活动区的情况，本书将每 6km 作为一个热液活动区，该段统计为 6 个热液活动区，这样 EPR 13°N 扩张段共有 8 个现代海底热液活动区。

MAR 10°N~30°N 扩张段，目前确认的热液活动区有 Broken Spur（Murton et al.，1994）、TAG（Rona and von Herzen，1996）、Snake Pit（Karson and Brown，1988）、Logatchev（Lalou et al.，1996）等。我们根据 German 等（1993）公布的该区域明显近海底甲烷异常位置透光异常位置，共记数了 17 处作为该区热液活动区的数目。在 MAR 20°N~40°N，我们统计了经深潜调查确认的海底热液活动区的数目，共 8 处，包括 Broken Spur、TAG、Snake Pit、Menez Gwen（Wilson et al.，1996）、Lucky Strike（Wilson et al.，1996）、South Famous（Fouquet and Barriga，1998）、Rainbow（Fouquet and Barriga，1998）和 38°20′N（Ondréas et al.，1997）热液活动区。

北斐济盆地中，由于 94S01 热液区、94S02 热液区和伊曼谷热液区（Lizasa et al.，1998）只发现了铁硅和锰的热液沉积，没有发现热液喷口，可能为古热液活动区，故其没有记数在内。本书只记录了 White Lady、Pere Lachaise 和 Starmer（Lizasa et al.，1998）3 个热液活动区。

从表 3-3 可以明显看出，以任何速率扩张的洋脊上都能发育现代海底热液活动，或者说，只要存在海底扩张，就可能发育现代海底热液活动。但从表 3-3 我们还可以看出，扩张速率不同，其上发育热液活动区的数目明显不同。为表示这种不同本书引进物理量 Ph，即

$$Ph = N/L \qquad\qquad (3\text{-}1)$$

式中，N 为该段扩张洋脊上发育现代海底热液活动区的数目，单位为个；L 为扩张洋脊的长度，单位为 km；Ph 为单位长度洋脊发育现代海底热液活动区的数目，单位为个/km。Ph 代表了扩张洋脊发育热液活动的频次，或者说代表了发育热液活动的能力。表 3-4 是根据式（3-1）对本书统计的 12 处洋脊的计算结果。

表 3-4　12 段洋脊的扩张速率和 Ph 值

扩张洋脊	$U_s/$（mm/a）	Ph/（个/km）
勘探者洋脊	40	0.0083
胡安·德富卡洋脊	60	0.0136
戈达洋脊北段	55	0.0083

续表

扩张洋脊	$U_s/$（mm/a）	Ph/（个/km）
戈达洋脊南段	24	0.0067
EPR 21°N 扩张段	60	0.0086
EPR 13°N 扩张段	110	0.0242
MAR 10°N~30°N 扩张段	30	0.0077
MAR 20°N~40°N 扩张段	18	0.0030
雷加尼斯扩张段	20	0.0017
马里亚纳海沟扩张脊	30	0.0033
劳海盆 VFR 扩张脊	60	0.0067
北斐济海盆扩张脊	16	0.0040

图 3-8 展示了洋脊扩张速率和 Ph 的关系。图 3-8 的圆点代表了本书 12 段洋脊的扩张速率及其对应的 Ph 值，图 3-8 的直线为这 12 个数据点的线性拟合。从图 3-8 中我们可以清楚地看出热液活动和洋脊扩张速率的关系，即洋脊的扩张速率越高，热液活动的覆盖率就越高，同样长度的洋脊上热液活动出现的数目就越多。随着洋脊扩张速率的增大，相同长度的洋脊上热液活动区的数目也呈线性增多。

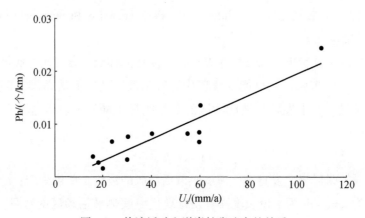

图 3-8　热液活动和洋脊扩张速率的关系

根据上图，我们得到如下的线性关系：
$$Ph = 0.000\ 199\ 294\ 89 U_s - 0.000\ 625\ 479\ 19 \qquad (3-2)$$
式中，U_s 为洋脊扩张速率，单位为 mm/a。

根据式（3-2），如果已知洋脊的扩张速率和洋脊的长度，就可以预测出该段洋脊上现代海底热液活动区的个数。

3.5.2 冲绳海槽及其热液活动区分布

在构造位置上，冲绳海槽位于新生代环太平洋构造带西部边缘岛弧内侧，处在中国大陆岩石圈与西太平洋岩石圈相互碰撞、俯冲、交接的地段，是琉球海沟–岛弧–弧后构造系中的一个弧后构造单元（图3-9）。它北起日本九州岛西南岸外，南至我国台湾省东北部宜兰近岸海域，长约1200km，宽100多公里。冲绳海槽的海底地貌与地质特征显示，其海底以吐噶喇断裂带和宫古断裂带为界被分为北、中、南三部分。海槽的水深由北向南加深，逐步从北部的500多米向南加深到2200m左右。在走向上，北部呈北北东向，中部转为北东向，再向南转为北东东向，呈新月形向大洋一侧凸出。海槽中断裂发育，火山活动和岩浆活动十分活跃，地震频繁，热流值巨高，活跃的地质构造和变化的地球物理场使其成为弧后盆地热液活动调查的首选目标区。

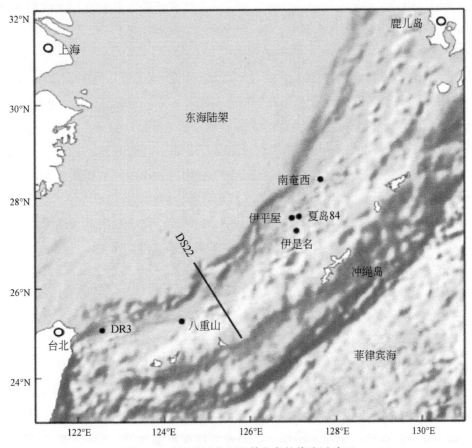

图3-9 冲绳海槽位置及其发育的热液活动区

经过十几年的调查研究，目前在冲绳海槽中已经确定的现代海底热液活动区有6处（图3-9），都集中在冲绳海槽的中央地堑中。自北而南有南奄西海丘热液活动区、伊平屋热液活动区、"夏岛84-1"海丘热液活动区、伊是名海洼热液活动区、八重山海丘热液活动区、DR3热液活动区。

南奄西海丘热液活动区（127°38′E，28°23′N；水深700m）位于一个东西长6km，南北宽3km，相对高度为400m的海丘上。在海丘顶部有类似火山口的地形，火山口直径约1000m，火山口深100多米，中央最大水深720m。"深海2000"号曾多次在此处下潜进行热液活动的调查，在火山口西北坡接近底部发现了正在喷水的热液烟囱，喷口温度高达270℃（Chiba et al.，1993）。

伊平屋热液活动区位于中部冲绳海槽伊平屋地堑中，包括地堑西部伊平屋脊上东部北坡的伊平屋热液活动区（126°58.5′E，27°32.5′N；水深1400m）和地堑东部最窄处的"夏岛84-1"海丘热液活动区（127°08.6′E，27°34.4′N；水深1540m）（Kimura and Kaneoka，1986；Kimura et al.，1988）。这两个热液活动区各自有较大的展布范围（2~3km），虽然位于同一个地堑中，但一个位于西部火山脊上，一个位于东部海丘上，相距近20km，本书视为两个热液活动区。

伊是名海洼热液活动区（127°05′E，27°16′N；水深1600m），位于中部冲绳海槽伊平屋南侧的一个海洼中，海洼大致呈椭圆形，长轴长6km，短轴长3km，水深1300~1665m。热液沉积、热液喷溢形成的烟囱和正在活动的热液喷口都分布在伊是名海洼中高度较低的斜坡上（Kimura et al.，1988；Halbach et al.，1989a）。

八重山海丘热液活动区（124°24′E，25°16′N；水深2050m）位于南部冲绳海槽八重山脊上，发现有闪光水和热液生物群落（桂忠彦等，1986）。

DR3热液活动区（122°34′E，25°4′N；水深1400m）位于最南部冲绳海槽，在龟山岛岸外90km。2000年8月"深海6500"号在此区域工作，发现了热液活动区。热液喷口温度高达170°C（Lee，2002）。

3.5.3　冲绳海槽的扩张速率

冲绳海槽的形成演化方式、地壳属性是否存在海底扩张等问题仍然存在争议。本书用"扩张"（拉张）来忽略海槽中扩张在时间上和形式上的不同，并对海槽的扩张速率进行简单估计。Letouzey和Kimura（1986）认为，冲绳海槽是在大陆岩石圈的基础上，由菲律宾海板块向中国大陆板块的俯冲开始发育形成的。Sibuet等（1987）认为冲绳海槽的发育经历了三个阶段：第一阶段为裂谷期，起始于中到晚中新世（约

12Ma)，终止于晚中新世晚期（约 7Ma）（Kimura and Kaneoka，1986），以琉球非火山弧和钓鱼岛隆褶带为主要特征，并伴随着深大断裂的形成和地壳的沉降，拉张的总量为 75km。由此，我们可以计算出这一阶段冲绳海槽的扩张速率为 15mm/a。第二阶段仍为裂谷期，始于上新世末和更新世初（约 1.7Ma），终止于更新世晚期（约 0.5Ma），拉张的总量为 20km。由此，我们可以计算得出这一阶段的扩张速率为 17mm/a。第三阶段为海底扩张阶段，起始于晚更新世末（约 0.15Ma）。梁瑞才等（2001）根据海槽中央轴区的地磁异常判断，海底扩张直至现在仍在进行。根据地震剖面和钻井地层（Sibuet et al.，1987；Tsuburaya 和 Sato，1985；Furukawa et al.，1991），第三阶段的海底扩张以玄武岩出露和中央地堑为中心对称的正断层为主要特征，拉张总量为 5km。由此我们计算的扩张（拉张）速率为 33mm/a。

根据上面的计算我们可以看出，随着时间的推移，冲绳海槽在加快扩张，正在由一个慢扩张的弧后盆地变为一个中速扩张的弧后盆地。其实，现阶段的扩张对其海底热液活动的发育才是重要的。Kimura 等将冲绳海槽现在正在进行的构造活动称为现代张裂幕，并认为在海槽中轴发生了海底扩张，根据在海槽中轴识别出的磁条带计算的现代扩张速率为 40mm/a（Kimura and Kaneoka，1986）。梁瑞才等（2001）根据磁异常条带的对比，认为冲绳海槽现代扩张速率为 24~30mm/a。另外，我们依据梁瑞才等（2001）在海槽轴部识别出的拉尚晋反极性事件（0.03Ma，宽度越 1km），计算出海槽当前的扩张速率为 33mm/a。

在地震剖面上（图 3-10），最上面一层（层 A）基本上为一套水平地层，没有发生构造变形，和下面已经发生褶曲变形的下覆地层（层 B）明显不同。但在海槽中央部位，特别是在中央地堑的两侧，以中央地堑为中心，对称分布的正断层分布于最上面的层 A 中，这是冲绳海槽现代张裂幕的证据。我们在地震剖面上测量了出露海底断层面上端和下端之间的水平距离 ΔL（图 3-11），所有 ΔL 的总和为 750m。这应该是自层 A 沉积以来海槽总的扩张量。出露海底断层面上端和下端之间的垂直距离 ΔH 为海槽的沉降量（图 3-11）。我们测量出的海槽总的沉降量为 270m。取海槽的沉降速率 15mm/a（叶治铮和张明书，1983），我们计算出海槽沉降 270m 所需要的时间为 0.018Ma（相当于晚更新世末），这样海槽的扩张速率为 42mm/a。这一数值与 Kimura 和 Kaneoka（1986）根据冲绳海槽磁异常条带计算出的扩张速率相近。

从上面的计算分析可以看出，冲绳海槽的发展演化经历了多个阶段，其扩张速率从开始阶段的 15mm/a，到目前的 42mm/a 有不断加快的趋势。但和其他一些弧后盆地（如劳海盆）相比，其扩张（拉张）速率较低，目前仍处在一个低速扩张（拉张）阶段。

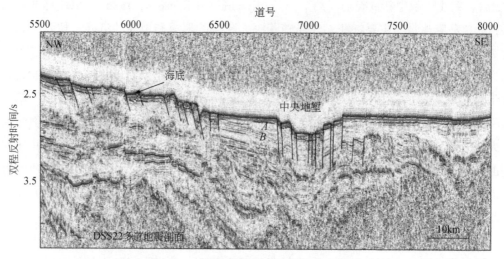

图 3-10　冲绳海槽现代扩张引起的正断层

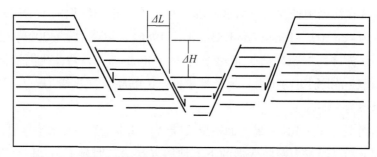

图 3-11　根据出露海底的断层计算冲绳海槽的扩张量和沉降量

3.5.4　根据扩张速率预测未知的热液活动区

（1）热液活动和扩张速率的关系在冲绳海槽中的应用

如前所述，虽然关于冲绳海槽的地壳属性、演化阶段尚存在争议，但应该看到，冲绳海槽海底正在扩张（Kimura and Kaneoka，1986；Sibuet et al.，1987；梁瑞才等，2001）。在冲绳海槽存在海底热液活动是不争的事实，而且所发现的现代海底热液活动区都沿着海槽的中央地堑分布，这表明冲绳海槽的热液活动成因并非由单个的海底火山形成，而是和海槽的扩张相关。这样我们有理由把本书得到的热液活动区数目和洋脊扩张速率的关系应用到冲绳海槽中。根据这一关系，我们根据冲绳海槽的扩张速率可以对冲绳海槽热液活动区的数目进行估计，从而对今后的冲绳海槽现代海底热液活动调查起到指导作用。

首先，在考虑整个冲绳海槽的情况下（长度1200km），假定整个冲绳海槽有统一的扩张速率。在扩张速率为 20~70mm/a 的情况下，根据关系式（3-2）计算得到的现代海底热液活动区数目见表3-5。由于目前冲绳海槽的热液活动仅发现在中部和南部冲绳海槽（若御子热液活动区位于鹿儿岛湾内没有进入海槽），所以我们这里仅考虑中部和南部冲绳海槽的情况（长度800km），计算结果同样列于表3-5中。

表3-5　由不同的扩张速率计算得到的冲绳海槽热液活动区数目

扩张速率 mm/a	20	30	40	50	60	70
整个冲绳海槽1200km 数目/个	4.0	6.4	8.8	11.2	13.6	16.0
中部和南部冲绳海槽 800km 数目/个	2.7	4.3	5.9	7.5	9.1	10.7

从整个冲绳海槽来看，如果要满足现在已观测到的热液活动区数目（6个），海槽整体的扩张速率应该为25mm/a。如果热液活动区仅局限在冲绳海槽的中部和南部，仅中部和南部存在扩张的话，要满足现在已观测到的热液活动区数目（6个），其扩张速率应该为 35~40mm/a。

其次，根据式（3-2），要满足冲绳海槽当前的扩张速率（40mm/a），海槽中热液活动区数目应为8.8个（对整个冲绳海槽）。如果只有南部和中部冲绳海槽以 40mm/a 的速度扩张，而北部冲绳海槽以较低的速度扩张的话，如扩张速度为 20mm/a，则满足式（3-2），冲绳海槽应有的热液活动区数目为7个。

（2）讨论

从地球热源的角度分析（栾锡武等，2002，2003），现代海底热液系统要维持高温热液持续不断地从海底输出，必须有幔源热的支持。而一个扩张的构造环境（薄地壳、张应力、地幔上涌）有利于热的地幔物质上升到较浅的位置从而成为热液系统的稳定热源。当然，其他热源，如摩擦热也可以成为热液活动的热源，但根据我们的统计结果（栾锡武和秦蕴珊，2004），大部分现代海底热液活动区分布于有岩浆活动的扩张中心，幔源热应当是热液系统的主要热源。所以，热液活动和海底扩张存在着内在的联系，这是海底热液活动和洋脊扩张之间的关系可以量化的根本前提。另外，热液活动的形成似乎并不介意地壳的厚度和属性，只要地壳减薄、拉张，地幔物质能够上升到一定的高度，就可能形成热液系统的稳定热源，从而形成热液活动。这使得我们的关系式既可以用于薄地壳的大洋中脊，也可以应用于过渡壳的弧后盆地。但很明显，地壳厚度小，扩张速率高，热的地幔物质容易上升，热液活动就容易形成。从而，热液活动区的数目会随扩张速率的提高而增多。所以我们得出的关系从根本上是可信的。

如前所述，目前我们只对整个大洋盆地的5%进行了调查，对大洋脊的调查程度也是很低的。在未来较长一段时间，发现新的海底热液活动区将是现代海底热液活动调查研究的主要工作内容之一。在已知扩张速率的情况下，对一段洋脊可能出现的热液活动区数目进行预测是有意义的。应该指出，到目前，对本书所提到的12段洋脊的调查程度远远高于5%。除雷加尼斯扩张段未见深潜调查的报道外，其他几段扩张脊都已在地质取样、多波束测量等调查的基础上进行了多次深潜调查，如东太平洋海隆13°N就已经有100多次深潜调查（表3-5）。本书提到的12段洋脊都达到了详细调查的程度。鉴于上述调查程度，在各洋脊段上，目前所报道的热液活动区的数目存在误差，除雷加尼斯扩张段外，估计在10%左右，雷加尼斯扩张段调查程度相对较低，估计热液活动区数目的误差在20%左右。由此，本书由这12段洋脊得到的关系式是可以应用到调查程度较低的洋脊地区，从而对这些地区的热液活动区数目进行预测。

对热液活动区数目的记数仍然是困难的。Gamo等（1996）曾根据热液柱来有效地判断热液柱下方存在热液活动区。问题是，到目前为止，世界洋脊中只有极少数洋脊段进行了热液柱的调查工作，Baker等（1996）用一段洋脊上热液柱的数据找出了热液柱的覆盖率和扩张速率的关系。再者，热液柱的覆盖宽度达11km，如果在11km之内有多个热液活动区，则用热液柱的办法难以分辨。本书所指的热液活动区，包括一个较大的范围，其中肯定含有多个热液喷口，但属同一个热源系统。本书没有考虑超快速扩张的情形。在超快速扩张的洋脊上，热液活动几乎是连成一片的，难以记数热液活动区的具体数目（如南太平洋海隆）。但我们注意到，冲绳海槽的扩张远没有达到快速扩张的情形，所以把本书得出的关系式应用于冲绳海槽是可行的。

图3-12直观地表述了式（3-2）应用于冲绳海槽的情况。菱形表示整个冲绳海槽的情况（长度为1200km，拥有统一的扩张速率），圆圈表示只考虑南部和中部冲绳海槽的情况（长度为800km）。三角表示在海槽有6个热液活动区的情况下，根据关系式（3-2），其扩张（拉张）速率可能为25~40mm/a，该数值低于前面给出的冲绳海槽目前的扩张（拉张）速率（42mm/a）；以海槽目前42mm/a的扩张（拉张）速率，根据关系式（3-2），海槽中热液活动区的数目应为6~10个，该数值则高于目前海槽中已经发现的现代海底热液活动区数目。从而我们认为冲绳海槽中仍然可能存在未知的热液活动区。

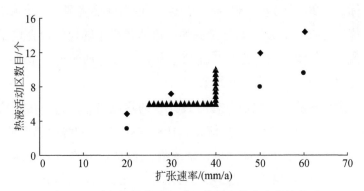

图 3-12　冲绳海槽热液活动区数目和扩张速率的关系

3.5.5　小结

现代海底热液活动和洋脊扩张存在着内在的联系。洋脊的扩张速率越高，其上发育的热液活动区的数目就越多。两者之间可用如下的关系式来描述：$Ph = 0.000\ 199\ 294\ 89U_s - 0.000\ 625\ 479\ 19$,其中，$U_s$ 为洋脊的扩张速率（单位：mm/a），Ph 为单位长度洋脊上热液活动区的数目（单位：个/km）。依据上述关系，在已知洋脊扩张速率的情况下可以预测该段洋脊上的现代海底热液活动区数目。

冲绳海槽前期的扩张（拉张）速率很低，一般在 15mm/a 左右，当前正在进行的海底扩张（拉张），较以前的速率要高，为 42mm/a 左右。总体上，目前冲绳海槽仍为一个低速扩张的弧后盆地，但扩张速率有明显加快的趋势。

研究所得到的关系式，能够较好地符合冲绳海槽的情况，这一方面验证了所给出的热液活动区数目和扩张速率关系的合理性，另一方面也说明我们对冲绳海槽近期扩张速率讨论的合理性。根据在冲绳海槽的应用结果，我们认为冲绳海槽目前仍可能存在未知的现代海底热液活动区。

3.6　现代海底热液活动区的地球物理特征

3.6.1　热液活动区地壳热流异常

地球在持续不断地以各种形式由内向外进行着热传递。地壳热流是衡量地球热量散失的一个指标，在 20 世纪 70 ~ 80 年代曾有广泛的海底热流调查，结果表明，全球的平均地壳热流值约为 60mW/m²，海底地壳的热流值稍高于陆地的地壳热流值，板块扩张边界的热流值高于板块聚敛边界的热流值。存在热液活动的地区是地壳表面强烈散失的区域，地壳热流值应该远高于平均值。

在冲绳海槽发现热液活动之前就曾有过详尽的热流测量，其中在海槽的北部、中部和南部都出现过高出平均三倍的热流值，1984 年日本在冲绳海槽实施 DELP 计划，在伊平屋测得的热流值为 1600mW/m²，推测有热液活动存在（Kimura and Kaneoka，1986），后来先后在此区发现了低温热水（42℃）（Kimura et al.，1988）和高温热液流体（220℃）（蒲生俊敬，1991）证实了热液活动的存在。继伊平屋发现热液活动区后又在伊是名、南奄西和八重山等区域发现热液活动，之前和随后的热流调查表明热液区为高热流异常区，特别是伊是名热液区，利用"深海 2000"号获得的热流值高达 30 000mW/m²（Kinoshita and Yamano，1997）。

除冲绳海槽外，在其他的热液活动区如 Galápagos 扩张中心（Williams，1974）、卡斯凯迪亚海盆（Cascadia Basin）的 Baby Bare 热液活动区（Thomson et al.，1995）。

目前已知，高热流是热活动区的一个重要特征，高热流异常一方面可以引导我们去寻找热液活动区，另一方面又成为热液活动存在的佐证。

3.6.2　热液活动区的地震特征

热液活动区一般都处在构造活动的部位，深部的岩浆活动、断裂活动、下渗海水的高温汽化都会产生大小不等的地震活动，这是热液活动区的又一重要特征。

Hussong 和 Sinton（1983）在马里亚纳海沟热液活动区附近的扩张脊-转换断裂带-扩张脊的交汇处，安放了 6 台 OBS，测得该区每天发生 15 次局部地震。震源集中在大约宽 5km，深 75km 的地震带上。Kisimoto 等（1991）用小陈列 OBS 排列来观测伊是名海洼中黑烟囱口处热液活动区的地震颤动。投放的 3 个 OBS 呈三角形排列，间距为 500m，投放 4 天，共记录了 40 小时的地震记录。从背景擅动分辨出 3 种事件：自然地震 50 次，持续时间短；能量小的间断地震事件共 30 次；持续时间一般在 10 ~ 12min 的小地震事件多次。

3.6.3　热液活动区的磁异常特征

Tivey 等对东太平洋海隆的北部 JDF 脊上 Endeavour 段进行近底部地球物理调查后

发现，低磁力异常区域与正在活动的和已停息的海底热液喷口位置都具有很好的相关性（Tivey and Johnson，2002）。唐勇等（2012）对大西洋中脊 Logatchev 热液区的地球物理场特征进行了研究，结果表明 Logatchev 热液喷口处于南北地磁正负高值异常中心之间的缓冲带上，新发现的磁异常区与热液喷口区具有相似的特征，见图 3-13。张佳政等（2012）也结合了西南印度洋中脊 SWIR 热液活动区（49°39′E）的综合地质地球物理特征，得出在洋脊段 28 发现的活动热液喷口刚好位于热液蚀变形成的低磁强区内。由此看出，地磁异常特征也是发现海底热液活动区的又一重要佐证。

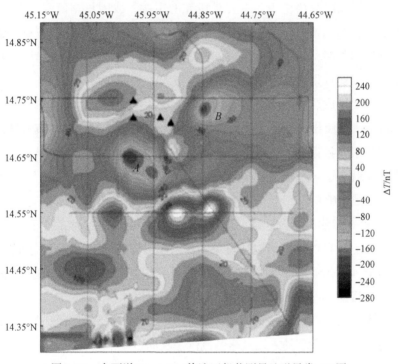

图 3-13　大西洋 Logatchev 热液区船载测量地磁异常 ΔT 图

3.6.4　热液活动区的其他地球物理特征

关于热液活动区在地球物理场中的重力特征等方面的研究还比较薄弱，重力可能通过地质构造非直接地与热液沉积有关。其他的技术手段如氧化还原电位的测量、声学阻抗的差异等可成为探测或识别热液活动的方法之一。有关人工地震测量方面特征本书还要讨论。

|第4章|　现代海底热液活动的热源和通道

自发现海底热液活动以来，科学家就致力于热液活动成因机制的研究，这一研究，在现代海底热液活动研究历史中，一直是研究的主题。成因机制研究，不仅有利于我们认识热液活动分布规律，而且还有利于我们对热液活动环境效应的正确认识和估计。由于受观测条件的限制，热液活动的成因问题至今仍不十分清楚，况且热液活动区的地理位置不同，构造背景不同，成因机制也有很大的差别。

可以推断，要形成热液活动必须具备 3 个基本条件，即流体源、热源和热液通道。现代海底热液活动最突出的表象是高温的热液从海底流出。在考虑热液流体的来源时，这种突出的表象很容易让人们想到热液流体是来源于地球的内部。如果真是这样的话，那么，世界大洋就多了一个新流体源。我们很容易估算这个流体源对大洋的贡献。设大洋中有 500 个热液喷口，每个热液喷口的半径为 10cm，热液流体从喷口流出的流速为 1m/s。根据第 2 章的讨论，这是一个完全合理的假设。在这种条件下，来自地球内部的热液体不用 1Ma 的时间就可以使整个世界大洋的海平面上升 1m。这个结果让人难以接受。实质上，现代地球物理学和岩石学的研究成果都无法肯定地球内部有如此大量的流体存在。目前，大多数学者认为热液流体源自海水。

既然从海底流入海洋的热液源自海水，那么，就有一个流体团和循环的问题。循环的起端是冷的海水，循环的末端是热的流体。其间有一个热源和流体通道的问题。

Tivey（1991）较早地对热液活动的形成机制进行了探讨。他指出，洋壳为一多孔的媒体，岩浆房或新固结的岩石为热源，海水为对流体，它们三者构成了海底热液活动的物质基础，在所有热液发生的地区，热液流体在多孔的介质中对流，横切洋脊的剖面表明洋脊轴部之下总有一个热源，或为岩浆房或为新固结的高温岩石，其上的岩石由于冷缩产生渗透性良好的裂隙，海水深入这些裂隙中，热量由高温的岩石传给流体，当海水受热后，其物理性质也随之发生变化，表现为密度变小，体积膨胀，黏度降低，所以更易流动。

本章主要研究向热液系统提供热源的岩浆房和提供通道的岩浆裂隙，包括轴地壳岩浆房的存在与形态、岩浆房过程，破裂传播的机制、形态、冷凝等问题，以及海底裂隙的分布特征。

4.1 轴地壳岩浆房的存在与形态

轴地壳岩浆房（AMC）是活动扩张中心海洋地壳结构的一个重要组成部分。轴地壳岩浆房概念的提出似乎为现代海底热液活动找到了存在理由，因为维持海底热液系统不断地热流输出需要在热液区下有岩浆热源的存在（Lowell and Rona，1985）。随着地球物理研究，特别是地震工作的不断深入，轴地壳岩浆房的存在与形态已越来越清晰，人们对轴地壳岩浆房和热液活动区的对应关系也有了更新的认识，热液活动的热源问题日渐明朗。

1985 年 Detrick 等用双船多道反射地震剖面技术（MCS）和双船扩展排列地震剖面技术（ESP）在东太平洋海隆 $8°50'N \sim 13°30'N$ 进行了轴地壳岩浆房的探测（Detrick et al.，1987）。从横穿中脊轴的 CDP（共深度点）反射剖面上可以看出在海底以下 0.6s 处出现大振幅反射界面，反射最强处位于中脊轴，并向脊侧翼减弱。该反谢界面对应地出现在和中脊轴平行的地震剖面上，界面平展，可延续十几公里。该反射界面在其他地方的单道监测记录上清晰可见。该反射界面解释为轴地壳岩浆房。主要理由是：①在单道地震监测记录和共中心点道集上都能见到反射界面，所以该反射不是叠加过程造成的假象；②该事件的叠加速度为 $2.3 \sim 2.4km/s$，高于水–海底的多次波速度 $1.5km/s$；③该叠加速度要求上覆地壳的层速度为 $4.9km/s$，这一数值对东太平洋海隆 1km 深的地壳是可信的；④沿洋脊有几处在横断处 CDP 道集的事件极性相对于海底反射出现明显反转，这和低速层顶部的反射一致；⑤最为强有力的证据是该反射界面和 ESP 沿中轴爆炸获得的低速层相关。

强反射为地壳岩浆体的大小和形成提供了强有力的约束，根据观测给出的轴地壳岩浆房模型，岩浆房的顶部平坦，宽 $2 \sim 3km$，在顶部有一个很薄（$100 \sim 500m$）的液态熔融区域，从而可产生强地震反射和相位反转。岩浆房厚度非常有限，但却能沿中脊轴连续展布几十公里（图 4-1），只在一些 OSC 或轴偏（devals）处发生间断（Kent et al.，1990；Detrick et al.，1987；Mutter et al.，1988）。重力资料表明，在东太平洋海隆 $8°50'N \sim 13°30'N$ 获得的剩余重力异常并不很大（Madsen et al.，1990），这样的剩余重力异常不要求有大尺度（宽>10km）的轴地壳岩浆体的存在，如果存在高度熔融的轴地壳岩浆房，则岩浆房必须很窄才能符合小幅度的剩余重力异常。值得注意的两个问题：①强反射间断的区域可能是测量船偏离了中脊轴，或是轴地壳岩浆房很窄；②观测到的强反射只需要一个强的负速度梯度，并不一定需要液体的出现，一个轴地壳岩浆房包含部分固态的晶糊也能符合观测的结果。

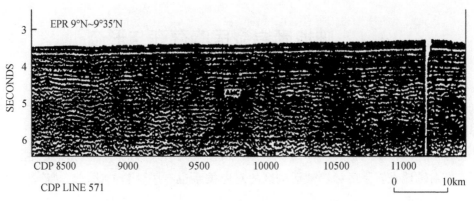

图 4-1　EPR 9°35′N 沿扩张脊中轴的多道地震反射剖面

1991 年在超快速扩张的太平洋海隆 Garrett 破裂带和复活节微板块之间 (14°15′S ~ 17°20′S) 利用 MCS、ESP 和 OBS 技术进行了轴地壳岩浆房的测量 (Detrick et al., 1993)。结果表明，其地壳结构类似于 EPR 8°50′N ~ 13°30′N 的情况，两者最大的差别在于 EPR 14°S ~ 17°S 轴地壳岩浆房反射界面，一般在海底以下 0.5 ~ 1.0s，在 9°30′N，轴地壳岩浆房反射界面位于海底以下 600ms (1.6km)，而南 EPR 轴地壳岩浆房反射界面一般小于 500ms，在 14°14′S，轴地壳岩浆房的反射界面在海底以下 450ms。因为东、南 EPR 轴地壳岩浆房以上的地壳结构基本一致，因而这种差别也就意味着轴地壳岩浆房埋深的差别 (图 4-2)。

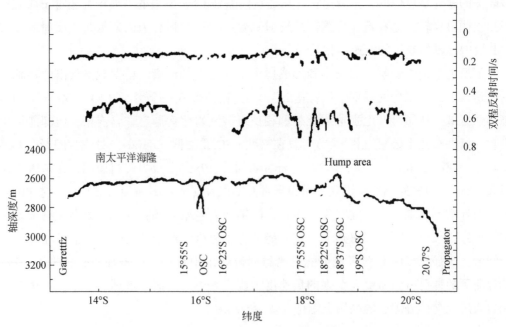

图 4-2　南太平洋海隆 14°S ~ 20°S 沿中脊轴的轴地壳岩浆房的分布

1988 年在劳海盆的中 VFR 脊上（22°30′S～22°10′S）进行的多道地震测量，在双程反射时间为 4.2～4.3s 见到了轴地壳岩浆房的反射。反射界面沿中脊轴有很好的连续性，在中 VFR 和北 VFR 之间的 OSC 下也见到了清晰的岩浆房反射，只是深度深 100～200m（Collier and Sinha，1990）。这是首次在弧后盆地区域进行的详细轴地壳岩浆房探测（图4-3）。1984 年，Nagumo 等（1986）在中部冲绳海槽的一个剖面上进行了多道反射地震探测，结果在双程反射时间 3.3s 处曾见到弱的反射界面，推测其是来自轴地壳岩浆房的反射。该反射界面的位置正好位于"夏岛 84"高热流异常区的下方（图4-4）。Rohr 等（1988）在北部 JFR 上的 Endeavor 段也进行了轴地壳岩浆房的探测，结果发现，除埋深的差异外，轴地壳岩浆房的形成、大小、连续性都和东太平洋海隆的结果相似。

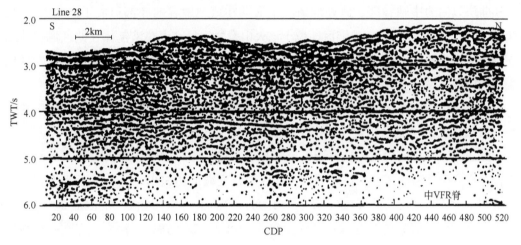

图 4-3　劳海盆中 VFR 脊沿扩张脊轴的多道地震反射剖面

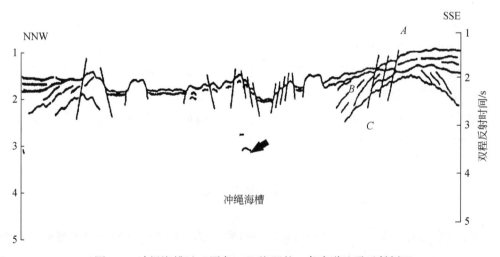

图 4-4　冲绳海槽过"夏岛 84"海凹的一条多道地震反射剖面

以上发现轴地壳岩浆房的区域正是现代海底热液活动强烈的区域。轴地壳岩浆房作为热源向现代海底热液系统供热关系非常明显。

在慢速扩张的大西洋中脊增生板块边界是否存在轴地壳岩浆房及其和热液活动的关系仍是一个有争论的问题。许多学者曾在大西洋中脊 45°N（Fowler，1978）、37°N（Fowler，1976）、23°N（Purdy and Detrick，1986）和 11°N（Loudenr et al.，1986）进行了折射地震实验，但所有结果显示并未见到如 EPR、VFR 那样具明显轴地壳岩浆房反射的现象。

研究人员 1989 年在 Snake Pit 热液区附近获得了 700km 的多道反射地震剖面（Detrick et al.，1990）。地震测量的范围包括了 23°15′N 轴偏破裂带以北的区域和 Kane 转换断层以南的中轴谷区。此处的新火山活动在该中轴谷的底部形成了高 500m，长 40km 的火山脊，Snake Pit 热液区即位于该火山脊之上。高温热液流体在此区域的持续喷发使人们推测其下部可能有轴地壳岩浆房。但通过地震测量除在 Snake Pit 区发现地壳减薄以外，没有发现存在岩浆房的证据。

Kong 等（1992）在 TAG 热液区进行的地震探测同样没有发现轴地壳岩浆房的存在。但却在 TAG 热液区附近发现了小幅度的低速带（速度降低幅度<10%～20%）。

Snake Pit 热液区附近的重力资料反演表明，在扩张脊中轴谷新火山脊下面较浅的部位存在一个低密度区，相对于周围的玄武岩密度减低约 300kg/m³。该低密度体至少部分和轴地壳岩浆房相关（Ballu et al.，1998）。Toomey 等（1988）和 Kong 等（1992）指出，大西洋中脊轴的微地震活动深度在 6～10km，表明在这一深度上存在一个脆性层，岩石的屈服强度在此深度上大大降低。因为地震脆性-塑性转换区一般和 750℃ 等温线相当（Bergman and Solomon，1984；Wiens and Stein，1983），这表明慢扩张的脊轴地区较冷。

根据上面的讨论，并不能排除在慢速扩张的大西洋中脊存在轴地壳岩浆房的可能性。但如果存在，岩浆房只能是小型的、短时的。根据 Purdy 等（1992）给出的互补关系，即洋脊的扩张速率越小，轴地壳岩浆房埋深越大。大西洋中脊地壳岩浆房的埋深应该较大，如果存在熔融的话，熔融程度也应该很低，岩浆房的主体是处于高温的固态深成岩体，这样仍可以向热液活动区供热。

4.2 岩浆房过程

岩浆房过程和岩浆上升、岩浆喷发相互贯穿，是岩浆动力过程十分重要的一个方面。主要包括同化熔融、结晶分异、热对流及侵入和喷出几个方面。和其他深部地质过程一样，由于受问题本身特性和研究手段的限制，该问题很多方面尚不十分清楚。

4.2.1　同化熔融

过热的岩浆侵入到岩浆房后，加热冷的围岩，使其产生熔融。同化熔融的问题有两个方面：一是熔融的产生；二是熔融体的迁移过程。在野外观测到显示熔融或部分熔融的岩石，常常随后又经历变质作用或构造作用，当时熔融的温压条件很难还原，这方面的实验模拟计算工作很多参数难以确定，使得熔融问题至今仍是一个不十分清楚的问题。但有一点是可以肯定的，地壳岩石的熔融是造成岩石多样性的重要原因（Brown，1994）。熔融过程也有两种情形：一种是"Lvrea"型。镁铁质岩浆和上覆的岩石形成近水平界面（Quick et al.，1994），传热形式以热传导为主，不会发生大部分围岩的熔融（Bergantz and Dawes，1994）。镁铁质系统和围岩的反应非常有限，驱动熔融发生的主要因素是温度梯度。另一种情形是"Chela"型。镁铁质岩浆作为源池向上不断地侵入到上覆围岩中，形成多枝侵入岩墙，造成大部分围岩的熔融，组分梯度也成为驱动熔融发生的重要原因（Hopson and Mattinson，1994）。

可以想象，围岩被熔融后应该有三种去向：一是密度较低时，在浮力的作用下向上迁移（Sawyer，1994）；二是和原岩浆混合成为岩浆体的一部分；三是留在原地最终冷凝固化下来。这方面更为详细的情况还有待于进一步的研究，因为在地壳条件下研究熔融体的迁移比研究熔融的发生要困难得多。

4.2.2　结晶分异

岩浆侵位后，通过温度边界层向围岩损失热量，造成温度的降低。温度降低后，其中的部分晶体会从浆液中析出。结晶过程实际上是晶体和包围溶液以温度为条件不断进行的热动力平衡过程。如果边界层的厚度大于结晶体，晶体和包围溶液之间的扩散可能达到热动力平衡。这种平衡是局部的，而不能是在整个边界层中达到。这样温度梯度表征一个化学组成，对给定的岩浆体起始组分、局部液体的组分和矿物组合就成为温度的函数。岩浆房中，温度梯度较大的区域一般是在岩浆房的底部、顶部和侧壁。显然，该区域液体的成分、晶体的形态及含量及内部区域都有很大不同。由此Worster（1991，1992），Loper 和 Roberts（1987）分别给出了浆糊模型和浆粥模型用以描述岩浆房不同区域的结晶情况。浆糊模型是指在结晶程度较高的区域（大于60%）晶体以枝晶的形式析出，并相互枝连、固定。浆粥模型则是指在结晶程度较低的区域，晶体独立地析出，并混在包围溶液中，可以和包围的溶液一起运动。在铸钢锭和其他冶金应用时，从铸件边缘向内部的边界区域，晶体表现出明显的各向异性。晶体的长轴一般平行于冷却的方向，这一区域称为铸件的柱区。而内部区域晶体都是对称的，称为等轴区。晶体结构从柱区到等轴区的变化类似于从浆糊到浆粥的转化。

和岩浆的结晶紧密相关的一个问题是岩浆分异。用来解释岩浆分异的主要物理概念是晶体从低密度溶液中的沉降。晶体的沉降打破了晶体和包围溶液之间在局部维持的热动力平衡，引起岩浆体密度的改变和矿物组合总体的分层关系。Snydr 等 （1993）指出，晶体沉降开始后残余溶液的密度是分异程度的函数。分异开始后密度由 2.2 ~ 2.6g/cm³，迅速增大，最后维持在 2.65 ~ 2.75g/cm³。挥发分较低的岩浆，进一步的分异会导致密度降低，使密度曲线出现一个极大值。例如，玄武岩熔融体结晶分异后，液体从原始岩浆向铁质玄武岩浆转化，液体中，由于铁成分的增加而使密度增加。当部分结晶分异导致 SiO_2 在残余溶液中的含量增加时，液体的密度会降低。对 Bushveld、Skaergaard、Palisaes 3 个侵入体不相容痕量元素的垂向观测表明，从底部不相容痕量元素浓度在很大范围内保持恒定，随后朝顶部快速增大 （Cawthorn and Davies，1983；Cawthorn，1983；McBirney，1989；Shirley，1987）。另外在600m 厚的 Lambertvicle 熔岩席 （Jacobeen，1949）、350m 厚的 Palisades 熔岩席 （Walker，1940）、43m 厚的 Dippin 熔岩席 （Gibb and Henderson，1978） 都观测到了矿物组合总体的分层关系。这表明，在结晶和分异过程中，液体和晶体的分异是非常有效的，残余的液体富含不相容痕量元素。

4.2.3　热对流

岩浆房的热结构和岩浆房内的热传输、是否熔融、是否形成热对流有关，也和结晶沉降有关。在没有热对流时，结晶只发生在边界层中，在远离边界的岩浆房内部，保持原有的温度。有热对流时，整个岩浆房都会被对流柱冷却，晶体的结核及生长在整个岩浆房中都在进行。Koyaguchi 等 （1990） 指出，对流与晶体的再沉降可以改变整个岩浆系统的热结构。在岩浆房内是否存在热对流曾有强烈的争论 （Marsh，1991；Mangan and Marsh，1992；Davaille and Jaupart，1993）。

在流体力学中，雷利数描述了一个系统是否发生热对流的条件

$$Ra = \frac{ga\Delta Td^3}{\kappa\gamma} \tag{4-1}$$

式中，g 为重力加速度；α 为热膨胀系数；ΔT 为温差，单位为℃；d 为流体的层厚，单位为 m；κ 为热扩散系数；γ 为运动黏度。

在岩浆房中，温度的变化表征因晶体存在而引起黏度和流变特性的变化。温度发生变化，岩浆的物理性质相应地会有很大变化。因而 ΔT 是一个很重要的因素。因为液体层厚度取 3 次方，对于较大的岩浆房来说，对流的存在似乎是不可避免的。

Wright 和 Okamura（1977）给出了夏威夷熔融区内部热对流发生的证据。他们观测到，冷却首先是由热传导引起的，但一段时间后，观测到的温度开始波动，在热边界层，温度波动的幅度随深度有规律的变化，最大可达 20℃。Worster 等给出了另外一个热对流存在的证据。在几个较大的岩席中，他们观测到顶部岩石序列较底部的薄，这表明，热对流促使上部热边界层减薄（Worster et al., 1990）。

对流的证据不仅来自实际观测。计算表明（Jaupart and Tait，1995）不稳定的密度梯度产生于边界层中，边界层的位置不同，对流的形式也不相同。沿水平边缘，即在岩浆房的底部和顶部，源于边界层的对流是一些对流柱，沿岩浆房的侧壁，对流为侧壁流的形式，根据尺度和黏滞系数的不同还有湍流之分。

Koyaguchi 等（1990）进行了岩浆系统晶体沉降和热对流反馈的实验研究。他们发现，晶体沉降与对流启动都和时间有关。对流和晶体的再沉降可以使整个岩浆系统发生改变。Hort 等（1993）也指出晶体沉降与对流在小于 100m 高的岩浆系统中并不十分重要。

4.2.4 开放系统行为

岩浆房是一个开放的系统，不断有新的岩浆侵入岩浆房中，岩浆房中原有的岩浆也会向上迁移出岩浆房。开始，人们并没有太注意这个问题。一般认为，岩浆是在封闭的岩浆房中由热到冷演化的。但在发现大侵入体中周期性层位及岩浆层和火山层混合后，才有一系列再侵入的研究。

岩浆房能容纳侵入岩浆体的理由可能是原岩浆房中的岩浆体被喷出，留出空隙，或者岩浆房侧壁变形从而容纳新的侵入岩浆体。岩浆再侵入的形式也有两种情况：一是新侵入的低密度岩浆体，形成对流柱；二是新侵入的高密度岩浆体，形成双层。关于岩浆再侵入到岩浆房的周期问题，Gill 等（1993）给出的估计是，从板片脱水，到岩浆形成，到喷发，这一周期为 0.2Ma。Sigmarsson 等（1990）根据同位素研究和晶体大小分布研究，给出晶体的生长速度为 $10^{-11} \sim 10^{-4}$ cm 的量级，可以认为在岩浆房的一个喷发周期内，岩浆可以在很长的时间内保持熔融的状态。Marsh（1989）也指出，由于热对流的存在，岩浆房不会发生快速冷却。

4.3 破裂传播的流体力学分析

岩浆房是一个开放的体系，深部岩浆不断供应到岩浆房中，造成岩浆房的膨胀、内压增大，最终会使岩浆上覆地壳发生破裂，从而诱导岩浆继续向上迁移。浅地壳中的这种岩浆迁移造成了由岩浆房到上覆地壳非常可观的物质能量和热能量。这种不断进行的物质和热量传输导致了地壳大尺度的物理演化和化学演化。大洋中脊新生洋壳的不断增生，火山岛链的发育都与之有关。同时，这也是现代海底热液活动的根本动因。因此，理解岩浆房（在此主要指轴地壳岩浆房）上覆地壳的破裂过程和破裂机制对于探寻现代海底热液活动的成因机制有重要意义。

岩浆房上覆地壳的破裂对岩浆的迁移起着非常重要的控制作用。但由于目前的观测技术还无法对破裂的形态和岩浆迁移的动力过程进行直接观测，这在很大程度上影响了我们对岩浆迁移应力机制和动过程的理解，从而很难准确把握岩浆在破裂中传输的物理参数组合。正是这些物理参数组合决定了岩浆最终是喷出海底，还是在海底以下某一深度形成侵入体。

4.3.1 岩浆在地壳破裂中迁移的应力分析

分析在地壳破裂中迁移的岩浆体的压力平衡，应考虑如下因素：①由于固体岩石发生形变而引起的弹性应力；②使破裂末梢继续向前延展所需的应力；③由于岩浆体和围岩密度不同而引起的浮力；④由于岩浆流动而引起的黏滞压力降；⑤破裂法向上的偏差构造应力；⑥岩浆的侧向过压。

（1）弹性应力 ΔP_e

地壳岩石的蠕变取决于作用于岩石上的应力和应变发生的时间尺度。从实际观测结果推测，地壳岩石破裂传播的速度较快，其变形是在较短时间内完成的，远离破裂末梢的应变也很小，因而在这种条件下围岩可以看成是弹性固体。在破裂末梢处，应变率很大，会出现塑性变形和微破裂，但由于它出现的范围很小，对破裂传播的形态和动力过程影响不大。

设地壳岩石的剪切模量为 μ，泊松比为 v，Birch 等（1966）在实验室里测量了花岗石和玄武岩在不同压力下的弹性响应。花岗岩的实验结果为 $\mu = 10 \sim 20\text{GPa}$，$v = 0.1$。玄武岩的实验结果为 $\mu = 25 \sim 35\text{GPa}$，$v = 0.22 \sim 0.28$。由此可见，深度不同，岩石的弹性响应不同。接近地表，由于地壳岩石微破裂的存在，会使岩石的 μ 值和 v 值大大降低。

计算时取 μ、ν 的组合参数 m，$m = \dfrac{\mu}{1 - \nu}$，一般取 $m = 20\text{GPa}$ 作为典型的地壳值。

地壳中，破裂的出现必然引起破裂壁上的弹性应力，其中的岩浆体则必须有相应的应力来平衡破裂壁对其施加的弹性应力，用 ΔP_e 表示

$$\Delta P_e \sim \frac{mw}{l} \tag{4-2}$$

式中，w 为破裂的宽度，单位为 m；l 为破裂侧向延展的长度，单位为 m。

（2）破裂延展力 ΔP_f

脆性岩石的强度用其单轴拉张强度来表示。当岩石被拉张时，先前存在的微破裂会向前传播，而使岩石破裂。这主要取决于两个因素：①破裂末梢的应力场；②化学键的强度。同样地，地壳岩石的破裂传播也主要取决于破裂末梢的应力场。

破裂末梢的应力场取如下形式：

$$\delta_{ij} = \frac{k f_{ij}(\theta)}{\sqrt{2r}} \tag{4-3}$$

式中，r、θ 为平面极坐标，坐标中心位于破裂末梢中心；f 为 θ 的函数；k 为应力强度因子。

对一种岩石而言，存在一个临界 k 值。当 k 小于临界值时，破裂末梢的破裂以化学蚀变的形式缓慢向前传播，而当 k 大大超过临界值时，破裂会以 40% 的声速向前传播（Anderson and Grew，1977）。这个临界 k 值，称为临界应力强度因子，用 K_c 表示。

Atkinson（1984）对岩石的临界应力强度因子在常压下进行了实验测量，结果为：$K_{c砂岩} = 0.15 \sim 0.8\text{MPa/m}$；$K_{c花岗岩} = 0.5 \sim 1.6\text{MPa/m}$；$K_{c玄武岩} = 1.4 \sim 1.9\text{MPa/m}$。

Schmidt 和 Huddle（1977）发现，随压力的增大，K_c 增大。当围压增大到 62MPa 时，K_c 会增大 4 倍。而 Meredith 和 Atkinson（1985）发现，岩石的临界应力强度因子受温度影响很大，当辉岩的温度升高到 400℃ 时，其临界应力强度因子下降 35%。

目前，我们还无法知道地球深部岩石实际的临界应力强度因子，只能给出大致的估计值。一般取 $K_c = 2\text{MPa/m}$ 作为地壳的临界应力强度因子。

所以能够岩石破裂向前传播的应力场应该是

$$\sigma_{ij} = \frac{K_c f_{ij}(\theta)}{\sqrt{2r}} \tag{4-4}$$

岩浆相应内压力为

$$\Delta P_f \sim -\frac{K_c}{\sqrt{2r}} \tag{4-5}$$

（3）流体静压力 ΔP_h

当岩浆密度小于围岩密度时，受浮力作用，岩浆会有上升趋势。而当岩浆密度大于围岩密度时，受到重力作用，岩浆会有下沉趋势。当岩浆密度和围岩密度相等时，岩浆处于重力平衡状态。目前已知的地球度模型是，随深度的增大，密度增大。即地球表层岩石的密度小，深部岩石密度大。因而，某岩浆体在地球深部可能会受到正浮力作用，而在表层可能会受到负浮力的作用，中间可能会有一个面，其密度恰好和岩浆密度相等。在此面之上，岩浆会受负浮力作用而下沉，在此面之下，岩浆又将受浮力作用而上升。这个面称为中性浮力面。岩浆处于中性浮力面上时有侧向扩散的趋势。

将岩浆看作流体，根据流体力学，作用在岩浆流体上的浮力是由作用于岩浆流体和围岩上的引力差引起。这个引力差等于作用于岩浆流体上的流体静压力梯度

$$\frac{dP_h}{dz} = \Delta\rho g \qquad\qquad (4\text{-}6)$$

式中，$\dfrac{dP_h}{dz}$ 为流体的静压力梯度；$\Delta\rho = (\rho_s - \rho_m)$ 为海底以下深度为 z 处围岩和岩浆的密度差，单位为 kg/m^3。

总流体静压力为

$$\Delta P_h \sim \Delta\rho g h \qquad\qquad (4\text{-}7)$$

式中，h 为岩浆流体在岩石破裂中上升的高度。

（4）黏滞压力降 ΔP_v

岩石破裂后的岩浆受流体压力梯度 ΔP 的驱动，在岩石破裂中流动。岩浆平均流速的大小取决于 ΔP 的大小。假设岩石破裂中的岩浆流可看作是层流，平均流速为

$$\bar{u} = -\frac{w^2}{3\eta} \cdot \Delta P \qquad\qquad (4\text{-}8)$$

式中，w 是岩浆流的宽度；η 是岩浆流的黏滞系数。

如果岩浆流体进行匀速运动，则黏滞压力降和 ΔP 平衡

$$\Delta P_v = \frac{3\eta\bar{u}}{w^2} \qquad\qquad (4\text{-}9)$$

岩浆流的黏滞系数变化很大。1984 年夏威夷火山喷发的玄武熔岩黏滞系数在 $100 \sim 2000 Pa \cdot s$（Moore，1987），花岗岩岩浆的黏滞系数可达 $10^7 Pa \cdot s$（Pitcher，1979）。岩浆流的黏滞系数除随组分的不同而不同，温度升高 200℃，黏滞系数会下降 10 倍（Ryan and Blevins，1987），而压力升高 1GPa，黏滞系数会降低 35%（Kushiro，1980）。

（5）内压和构造应力

构造运动和地形负载造成岩石圈十分复杂的应力状态，从而出现区域岩石圈应力

不等于岩石静压力值，造成偏差应力的大小、方向和具体的位置有关。偏差应力决定岩石破裂的方向，因为岩石破裂总是垂直于最小压力的方向。

4.3.2　岩石破裂的压力平衡分析

地壳中的偏差构造应力和岩浆流体的浮力可以造成地壳岩石的破裂，并使岩浆在其中传播。岩石破裂的压力平衡是指岩石破裂在向前传播过程中所受的弹性应力、破裂延展力、流体静压力、黏滞压力、内压和构造应力之间的量级对比和平衡。

首先讨论岩浆由静止状态开始沿岩石破裂向上迁移的条件。静止时，岩浆流体的黏滞压力降为零，即 $\Delta P_v = 0$。岩浆要向上传播首先其内压应克服围岩的破裂扩张压力产生破裂。假设密度差引起的流体静压和围岩的破裂扩张压平衡

$$\Delta P_h = \Delta P_f \tag{4-10}$$

$$\Delta \rho g h = -\frac{K_c}{\sqrt{2r}} \tag{4-11}$$

式中，r 为已经存在的破裂的长度。故

$$h = \frac{K_c}{\sqrt{2r\Delta \rho g}} \tag{4-12}$$

式中，$\Delta \rho$ 取值分别为 50kg/m^3，100kg/m^3，150kg/m^3；K_c 取值为 $2 \times 10^6 \text{Pa/m}$；相应的 h 值见图 4-5。

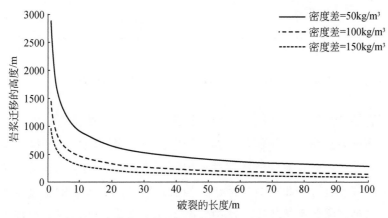

图 4-5　岩浆静压和围岩破裂扩张压平衡时的 $h\text{-}r$ 关系

从图 4-5 可以看出，在地壳中，当先期存在的微破裂很小时，岩浆流体要在此基础上扩展已经存在的破裂，需要较高的岩浆流体静压力。当先期存在的破裂具有一定的规模（破裂末梢的长度为几十米）时，岩浆流体很容易在此基础上使破裂继续向前扩

展。根据前面的讨论,轴地壳房的埋深在 1.5~5.0km,而在扩张洋脊的海底上,溢流岩浆是极为常见的,一般认为这些溢流的岩浆来自轴地壳岩浆房区,也就是说,轴地壳岩浆房中的岩浆是很容易上升到海底,从而有足够力量克服岩石的破裂扩张压,使先期存在的岩石微破裂向前扩展。所以,围岩破裂扩张压在岩浆迁移过程中可能并不起主要作用。

假设岩浆主要是流体静压克服围岩的弹性而向前传播的,即

$$\Delta P_{\mathrm{h}} = \Delta P_{\mathrm{e}} \tag{4-13}$$

$$\Delta \rho g h = m \frac{w}{h} \tag{4-14}$$

取 $m = 20\mathrm{GPa}$,则

$$h^2 = 2 \times 10^9 \frac{w}{\Delta \rho} \tag{4-15}$$

式中,令 $\Delta \rho$ 取值分别为 $50\mathrm{kg/m}^3$,$100\mathrm{kg/m}^3$,$150\mathrm{kg/m}^3$;g 为重力;w 为 0.5~6m,则 h 值如图 4-6 所示。

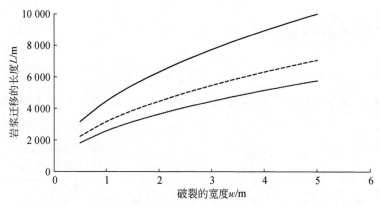

图 4-6 岩浆静压力和围岩弹性压力平衡时 $h\text{-}w$ 关系

显然,围岩的弹性压力要比围岩的破裂扩张压力大,平衡围岩的弹性压力需要很高的岩浆流体静压力,在地球的深部,如地幔中,由于岩浆流体的密度和围岩的密度较大,岩浆流体静压可以克服围岩的弹性压力而产生破裂,诱导岩浆向上传播。浅地壳岩浆房中的岩浆经过进一步的分异后,其残余岩浆可能比围岩的密度低。由于围岩的密度较低,这种密度差仍然较小,这种情况下仅由岩浆流体静压力很难克服围岩的弹性压力,必须有偏差应力的补偿。从而,构造偏差应力发育的地区,地壳破裂发育,岩浆活动也发育。

上面主要是对岩浆诱发的岩石破裂的讨论。岩石破裂形成后,岩浆流体在其中持续迁移,和岩浆流体静压力平衡的主要是围岩的黏滞阻力,即

$$\Delta P_h = P_v \tag{4-16}$$

$$\Delta \rho g = \frac{3\eta \bar{u}}{w^2} \tag{4-17}$$

其中，

$$\bar{u} = \frac{\Delta \rho g w^2}{3\eta} \tag{4-18}$$

式中，令 $\Delta \rho$ 取值分别为 50kg/m^3，100kg/m^3，150kg/m^3；w 为 $1 \sim 6\text{m}$；对应的岩浆速度如图 4-7 和图 4-8（分别对应 η 取值 100Pas、600Pas 的情况）。

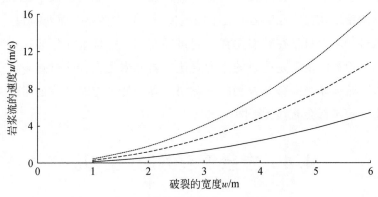

图 4-7　与 w 对应的岩浆速度（η 取值 100Pas）

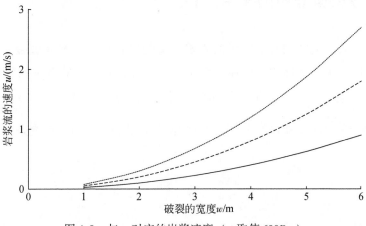

图 4-8　与 w 对应的岩浆速度（η 取值 600Pas）

从上图可以看出，破裂的宽度越大，其中的岩浆流体的流速越大，黏滞系数越大，岩浆流体的流速越小。大的破裂宽度要求克服很大的围岩弹性压力，所以岩浆破裂的宽度一般不会很大。根据 Moore（1987）、Ryan 和 Blevins（1987）、Kushiro（1980）对岩浆流体黏滞系数的观测与研究，浅地壳区的岩浆流体黏滞系数应该较大。综合这两个因素，本书认为，浅地壳岩石破裂中的岩浆流体流速不会很大，可能在 1m/s 左右。

轴地壳岩浆房在没有深部岩浆供应的情况下，岩浆房内部岩浆分异产生的残余岩浆可能比围岩的密度低，从而产生流体静压，这个流体静压力可能克服围岩的破裂延展力，但并不能克服围岩的弹性压力，使上覆的围岩发生破裂。当深部的岩浆流体持续地供向轴地壳岩浆房时，岩浆房不断增大的过压，并在构造偏差应力的补偿下，会使岩浆房上覆围岩发生破裂。如果单纯过压控制岩浆的迁移，岩浆在地壳中的运移是向各个方向都有的，而不会偏向垂向或横向。岩浆之所以偏向横向或垂向迁移，是因为浮力在岩浆的运移中起主要作用。密度差异在控制岩浆驱动破裂中至关重要。浮力项符号的变化决定岩浆在中性浮力面之下向上传播，在中性浮力面处向侧向传播。

围岩对破裂的阻力只是在破裂发育时起重要作用，一旦垂向延伸的岩浆破裂向上延展几百米后，典型的密度差造成的浮力要比围岩的阻力大，此时破裂进一步延伸的主要阻力来自岩浆流体流向破裂末梢时的黏滞压降，如果忽略岩浆的黏滞系数，则岩浆传播的形态，速率都会有很大不同。

4.4　岩浆破裂的形态研究

4.4.1　描述岩浆破裂的基本方程

考虑地壳岩浆房上覆围岩中两维的岩浆驱动的岩石破裂（岩浆破裂）垂直向上传播。岩浆破裂嵌于无渗透性的均质弹性介质中，介质的剪切模量为 μ，泊松比为 v，密度为 ρ_s。破裂的宽度为 $2h$，它是时间和位置的函数，表示为 $2h(y, t)$，y 向上为正。岩浆在压力梯度 $\dfrac{\partial P}{\partial y}$ 的驱动下在宽为 $2h$ 的破裂中形成层流。向上的流速为 u_y，根据层流的理论有

$$u_y = \frac{1}{2\eta_{\mathrm{m}}}(x^2 - h^2)\frac{\partial P}{\partial y}, \quad |x| \leqslant h \tag{4-19}$$

为岩浆流体的黏滞系数。对于维的岩浆破裂，从 $\mathrm{div}\,\vec{u} = 0$，知

$$\frac{\partial u_x}{\partial x} + \frac{\partial u_y}{\partial y} = 0 \tag{4-20}$$

则

$$u_x = \frac{1}{2\eta_{\mathrm{m}}}\frac{\partial}{\partial y}\left[\left(h^2 x - \frac{1}{3}x^3\right)\frac{\partial P}{\partial y}\right] \tag{4-21}$$

因为

$$\frac{\partial 2h}{\partial y} + \frac{\partial q}{\partial y} = 0 \tag{4-22}$$

式中，q 为流量。则

$$\begin{aligned}
q &= \int_{-h}^{+h} u_y \mathrm{d}x \\
&= \int_{-h}^{+h} \frac{1}{2\eta_m} (x^2 - h^2) \frac{\partial P}{\partial y} \mathrm{d}x \\
&= \frac{1}{2\eta_m} \frac{\partial P}{\partial y} \left(\frac{1}{3} x^3 - h^2 x \right) \Big|_{-h}^{+h} \\
&= -\frac{1}{3\eta_m} h^3 \frac{\partial P}{\partial y}
\end{aligned} \tag{4-23}$$

岩浆流体在破裂中流动的驱动力主要是外部施加的压力梯度和流的压力梯度之和 $\frac{\partial P}{\partial y} + \rho_m g$，$\rho_m$ 为岩浆流体的密度，则有

$$q = -\frac{2h^3}{3\eta_m} \left(\frac{\partial P}{\partial y} + \rho_m g \right) \tag{4-24}$$

式中，P 为作用于破裂壁上的压力。

$$P = -\rho_s g + P_0(y, t) \tag{4-25}$$

式中，$P_0(y, t)$ 为应力张量的非流体静压力项，为压力的弹力项，主要和 h 的分布有关

$$P_0(y, t) = \left(\frac{\mu}{1-v} \right) \frac{1}{\pi} \int_{-\infty}^{+\infty} \frac{\partial h(\eta_m, t)}{\partial \eta_m} \frac{\mathrm{d}\eta_m}{\eta_m - y} \tag{4-26}$$

合并式（4-22）、式（4-23）、式（4-25）得

$$\frac{\partial h}{\partial t} = \frac{1}{3\eta_m} \frac{\partial}{\partial y} \left[h^3 \left(\frac{\partial P_0}{\partial y} - g\Delta\rho \right) \right] \tag{4-27}$$

其中，

$$\Delta\rho = \rho_s - \rho_m \tag{4-28}$$

设破裂中的流体以速度 c 向上运移，进行如下的变量代换

$$z = ct - y \tag{4-29}$$

式中，t 为时间；$z=0$ 为破裂末梢的位置。

h 和 P_0 表示为

$$h = h(z)$$
$$P_0 = P_0(z)$$

将式（4-27）变为

$$c \frac{\mathrm{d}h}{\mathrm{d}z} = \frac{1}{3\eta_{\mathrm{m}}} \frac{\mathrm{d}}{\mathrm{d}z}\left[h^3\left(\frac{\mathrm{d}P_0}{\mathrm{d}z} + g\Delta\rho\right)\right] \qquad (4\text{-}30)$$

将上式积分变为

$$c = \frac{h^2}{3\eta_m}\left(\frac{\mathrm{d}P_0}{\mathrm{d}z} + g\Delta\rho\right) \qquad (4\text{-}31)$$

因为在离破裂末梢稍远的位置，弹性压力梯度很小，可忽略 $\dfrac{\mathrm{d}P_0}{\mathrm{d}z}$ 项，则流体在破裂中的迁移速度只和破裂的极限宽度有关。

$$c = \left(\frac{g\Delta\rho}{3\eta_{\mathrm{m}}}\right) h^2(\infty) \qquad (4\text{-}32)$$

式（4-26）变为

$$P_0(z) = -\left(\frac{\mu}{1-\nu}\right)\frac{1}{\pi}\int_0^\infty \frac{\mathrm{d}h(\xi)}{\mathrm{d}\xi}\frac{\mathrm{d}\xi}{\xi - z} \qquad (4\text{-}33)$$

引入

$$L = \frac{\mu}{(1-\nu)}g\Delta\rho$$

$$T = 3\eta_{\mathrm{m}}\left(\frac{1-\nu}{\mu}\right)$$

并用无量纲的纯数 x、$\bar{h}$、$\bar{P}$ 表示 z、h、P_0，

$$z = (Lh_\infty)^{\frac{1}{2}}x$$

$$h(z) = h_\infty\bar{h}(x)$$

$$P_0(z) = \left(\frac{\mu}{1-\nu}\right)\left(\frac{h_\infty}{L}\right)^{\frac{1}{2}}\bar{P}(x)$$

$$h(\infty) = h_\infty$$

则流体在破裂中的迁移速度表示为

$$c = \frac{h_\infty^2}{LT} \qquad (4\text{-}34)$$

将式（4-31）、式（4-33）变成

$$\bar{h}^2\left(\frac{\mathrm{d}\bar{P}}{\mathrm{d}x} + 1\right) = 1 \qquad (4\text{-}35)$$

$$\bar{P}(x) = \left(-\frac{1}{\pi}\right)\int_0^\infty \frac{\mathrm{d}\bar{h}(s)}{\mathrm{d}s}\frac{\mathrm{d}s}{s - x} \qquad (4\text{-}36)$$

4.4.2　求解破裂形态和应力分布的积分方程

式（4-35）改写为

$$\overline{P}(x) = \frac{1}{\overline{h}^2(x)} - 1 \tag{4-37}$$

式（4-36）改写为

$$\overline{P}(x) = -\frac{1}{\pi} \int_0^\infty \frac{\overline{h}'(s)\,\mathrm{d}s}{s-x} \tag{4-38}$$

去掉 P、h 上的横

$$P(x) = -\frac{1}{\pi} \int_0^\infty \frac{h'(s)\,\mathrm{d}s}{s-x} \tag{4-39}$$

$$P'(x) = \frac{1}{h^2(x)} - 1 \tag{4-40}$$

根据实际情况，对方程的解进行如下限定：

当 $x>0$ 时，取

$$h > 0, \ h(0) = 0, \ h(\infty) = 1$$

式（4-39）的汉克变换：

$$k(x, s) = (x-s)\ln\left|\frac{x^{\frac{1}{2}} + s^{\frac{1}{2}}}{x^{\frac{1}{2}} - s^{\frac{1}{2}}}\right| - 2(xs)^{\frac{1}{2}} \tag{4-41}$$

从而，h 应满足下面的非线性积分方程

$$h(x) = \left(\frac{1}{\pi}\right)\int_0^\infty k(x, s)\left(\frac{1}{h^2(s)} - 1\right)\mathrm{d}s \tag{4-42}$$

4.4.3　积分方程的数值解

将 $P'(x)$ 展成 Chebychev 级数形式

$$P'^{(N)}(x) = \frac{\sum_{n=0}^{N} A_N T_N\left(\frac{1-x}{1+x}\right)}{x(x+1)} \tag{4-43}$$

设：

$$H_n(x) = \left(\frac{1}{\pi}\right)\int_0^\infty \frac{k(x, s) T_N\left(\frac{1-s}{1+s}\right)}{s(s+1)}\mathrm{d}s \tag{4-44}$$

将 $h(x)$ 表示为

$$h^{(N)}(x) = \sum_{n=0}^{N} A_N H_n(x) \tag{4-45}$$

构造目标函数 $F(M, N)$

$$F(M, N) = \left[P'^{(N)}(x_0) - \frac{1}{h^{(N)2}(x_0)} + 1 \right] \tag{4-46}$$

由

$$P'(x) = \frac{1}{h^2(x_0)} - 1$$

知 $F(M, N)$ 的理论值应为0。

给定一组数 X_1、$X_2 \cdots X_m$,通过解方程组

$$F(1, N) = P'^{(N)}(x_1) - \frac{1}{h^{(N)2}(X_1)} + 1$$

$$F(2, N) = P'^{(N)}(x_2) - \frac{1}{h^{(N)2}(X_2)} + 1$$

$$\vdots$$

$$F(M, N) = P'^{(N)}(x_m) - \frac{1}{h^{(N)2}(X_m)} + 1 \tag{4-47}$$

可求解出系数 A_0,A_1,$\cdots$,A_N,从而解出岩浆裂隙的形态 $h(x)$。

下面用遗传算法来求解 A_0,A_1,$\cdots$,A_N。

进行变量代换:

$$x = \tan^2\left(\frac{1}{2}\psi\right) \tag{4-48}$$

积分区间从 $(0, \infty)$ 变成 $(0, \pi)$,式 (4-43) 变为

$$P'^{(N)}(\psi) = \frac{\sum_{n=0}^{N} A_N \cos n\psi}{\tan^2 \frac{1}{2}\psi \left(\tan^2 \frac{1}{2}\psi + 1\right)} \tag{4-49}$$

式 (4-44) 变为

$$H_n(\psi) = \left(\frac{1}{\pi}\right) \sec^2 \frac{1}{2}\psi \int_0^{\pi} \frac{(\cos\theta - \cos\psi)}{\sin\theta} \ln \left| \frac{\tan\frac{1}{2}\psi + \tan\frac{1}{2}\theta}{\tan\frac{1}{2}\psi - \tan\frac{1}{2}\theta} \right| \cdot$$

$$(\cos n\theta)\,\mathrm{d}\theta - 2\left(\tan\frac{1}{2}\psi\right)\delta(n, 0) \tag{4-50}$$

则

$$H_0 = (\pi - \psi) \tan^2 \frac{1}{2}\psi - \psi \sec^2 \frac{1}{2}\psi - 2\tan \frac{1}{2}\psi$$

$$H_1 = H_0 + 2\psi$$

$$H_2 = H_0 + 2\sin\psi$$

$$H_{n+1} - H_{n-1} = (n \cos^2 \frac{1}{2}\psi)^{-1} \left\{ \frac{\sin(n+1)\psi}{n+1} - \frac{\sin(n-1)\psi}{n-1} \right\}, \quad n = 2, 3, M$$

$$(4\text{-}51)$$

$$h^{(N)}(\psi) = \sum_{n=0}^{N} A_N H_n(\psi) \tag{4-52}$$

遗传算法的正演公式变成

$$F(M, N) = P'^{(N)}(\psi_i) - \frac{1}{h^{(N)2}(\psi_i)} + 1 \tag{4-53}$$

$$\psi_i = \frac{i\pi}{M+1}, \quad i = 1, 2, \cdots, M$$

针对该问题构造的目标函数为

$$f = \sum_{i=1}^{M} [0 - F(i, N)]^2 \tag{4-54}$$

交配概率取 0.92，变异概率取 0.04，种群数取 64。

由于受计算机条件的限制，计算的参数个数 A_0，A_1，$\cdots$，A_N 不能太大，开始限定在 100 以内，ψ 值的划分与 N 相没有关系，取 50～150。

由于没有对求解方程作解的分析，参数取值范围是未知的。实验发现参数取值范围较大时，解的搜索很困难，但在缩小取值范围后解收敛很快。

通过解上面方程可以了解破裂的形态特征，图 4-9 给出了遗传算法解出的岩浆破裂向上迁移的形态。图 4-9 （a）中，$x = 150$，$n = 21$，横坐标为二维岩浆体的宽度，图中所标是横坐标放大两倍、纵坐标缩至 1/10 的结果。图 4-9 （b）中，$x = 1000$，$n = 21$，横坐标为二维岩浆体的宽度，图中所标是放大 100 倍的结果。

在很远处，破裂的宽度为 1，接近破裂末端宽度有所加大；在末梢处，其宽度受破裂强度因子的影响，由于岩浆的暂时堆积，岩浆有侧向扩张的趋势，破裂的宽度在此处加大，最大宽度约为该宽度的两倍。

图 4-9 中岩浆破裂传播形态中破裂的宽度是一个无量纲的量，下面讨论在浅地壳岩浆房上部岩石破裂可能的宽度。

在离破裂末梢较远的位置，弹性压力梯度很小，可忽略 $\frac{\mathrm{d}P_0}{\mathrm{d}z}$ 项，式（4-24）变为

$$q = \frac{2h^3}{3\eta_m}(\Delta\rho g) \tag{4-55}$$

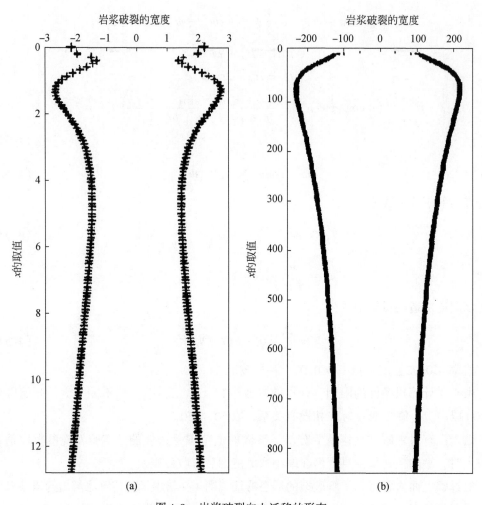

图4-9 岩浆破裂向上迁移的形态

则

$$h^3 = \frac{3\eta_{\mathrm{m}}q_{\mathrm{s}}}{2\Delta\rho g} \qquad (4\text{-}56)$$

式（4-32）给出了流体在破裂中的迁移速度和破裂的极限宽度的关系

$$c = \left(\frac{g\Delta\rho}{3\eta_{\mathrm{m}}}\right)h^2(\infty) \qquad (4\text{-}57)$$

$$h_{\infty}^2 = \frac{3\eta_{\mathrm{m}}c}{g\Delta\rho} \qquad (4\text{-}58)$$

从式（4-56）、式（4-58）知，已知岩浆破裂中岩浆流体的流动速度或流量都可以确定岩浆破裂的渐近宽度。

Carmichael 等（1977）在研究了玄武岩岩浆流中夹带的捕虏体后指出，岩浆流在岩浆破裂中的流速至少在 0.5m/s。在浅地壳条件下，$\Delta\rho = 100kg/m^3$，$\eta_m = 100Pas$，$g = 10m/s^2$，由此得到的岩浆破裂的渐进宽度为 0.8m。

从图 4-6 岩浆静压和围岩弹性压力平衡时 h-w 关系图可以看出，在浅地壳条件下，岩浆破裂的宽度一般很小。

4.5 岩浆迁移过程中的冷凝问题

岩浆房上覆的岩石层在岩浆浮力、弹性应力、黏滞应力和构造应力的共同作用下，能够发生破裂并向上传播。热的岩浆侵入到冷的破裂中后，因围岩接触要发生热损失而使岩浆温度降低，因而讨论岩浆能否在破裂中有效地向前传播而避免迅速降温而导致冷凝，还应该对岩浆的热效应进行进一步的研究。

考虑岩浆密度为 ρ_m，不可压缩的岩浆流体浸入到岩浆破裂中。岩浆破裂镶嵌于无限延伸的弹性固体介质中，固体介质的密度为 ρ_s

$$\rho_s > \rho_m \tag{4-59}$$

岩浆流体在浮力驱动下沿破裂进一步的向上（向前）传播。

T_0，T_∞ 是岩浆流体和固体围岩的初始温度，设流体冷凝的温度等于固体熔融的温度，记为 T_s，且

$$T_\infty < T_s \leqslant T_0 \tag{4-60}$$

这样，向前传播的破裂携带热的岩浆流体和冷的固体围岩接触而发生熔融或冷凝。设岩浆破裂的宽度为 h，岩浆侵入破裂后和冷的围岩接触形成的冷凝边厚度为 c，岩浆破裂中能够允许岩浆通行宽度为 w，有

$$w + c = h \tag{4-61}$$

从而下式成立

$$\frac{\partial h}{\partial t} = \frac{\partial w}{\partial t} + \frac{\partial c}{\partial t} \tag{4-62}$$

式中，$\frac{\partial w}{\partial t}$ 为相边界速度，指液相和固相边界随时间的变化；$\frac{\partial c}{\partial t}$ 为冷凝边生长速度，指由于温度的降低而使液态高温的岩浆发生冷凝的速度；$\frac{\partial h}{\partial t}$ 为物质运动速度，主要受岩浆流量变化的影响。当岩浆流量恒定时，物质运动速度一般为常数，发生熔融时，允许岩浆通行的宽度增大，但此时，冷凝边的厚度取负值，h 值仍不变化。

设固体围岩、岩浆流体及岩浆流体的冷凝产物的热特性相同，当热的岩浆流体侵

入到冷的围岩破裂中后，其传导冷却和对流加热的效应可以由热传导对流方程来描述。

$$\frac{\partial T}{\partial t} + \bar{u}\Delta T = \kappa\Delta^2 T \tag{4-63}$$

式中，T 为岩浆流体的温度；t 为时间；k 为热扩散系数；$\bar{u}$ 为岩浆迁移的速度。

由式（4-63）可以看出，传导冷凝的时间尺度为 $O\left(\dfrac{h^2}{\kappa}\right)$，而热对流的时间尺度为 $O\left(\dfrac{h}{\bar{u}}\right)$，$\bar{u}$ 是岩浆的平均迁移速率。

要保持岩浆流体在破裂中有效的迁移而不至于冷凝下来，则要求传导冷凝的时间尺度远大于热流的时间尺度，即

$$O\left(\frac{h^2}{\kappa}\right) >> O\left(\frac{h}{\bar{u}}\right) \tag{4-64}$$

即

$$\frac{\dfrac{h^2}{\kappa}}{\dfrac{h}{\bar{u}}} >> 1 \,(远大于1) \tag{4-65}$$

式（4-65）变为

$$\frac{h\bar{u}}{\kappa} >> 1 \,(远大于1) \tag{4-66}$$

要保持岩浆流体在岩浆破裂中有效的流动而不冷凝下来，需满足式（4-66）的条件。将 $\dfrac{h\bar{u}}{\kappa}$ 称为 Peclect 数，记为 P_e，即

$$P_e >> 1 \,(远大于1) \tag{4-67}$$

在大洋中脊的条件下，k 取 $10^{-6}\,\mathrm{m^2/s}$，h 取 $1\mathrm{m}$（Gass，1989），u 取 $1\mathrm{m/s}$ 时

$$P_e = \frac{h\bar{u}}{\kappa} = \frac{1.0\mathrm{m} \times 1.0\mathrm{m/s}}{1.0 \times 10^{-6}\,\mathrm{m^2/s}} = 10^6 >> 1 \tag{4-68}$$

P_e 远大于1，可见在这样的状态下，岩浆流体在破裂中的对流加热占主要地位，传导冷却占次要地位，很容易满足迁移流体流动的条件，而不会出现侵入破裂中迅速发生冷凝的现象。随着热量的不断损失，岩浆温度降低。当部分岩浆温度降至为固体温度时，岩浆出现冷凝，但此时冷凝的岩浆又要释放出很高的潜热，潜热的释放引起传导热通量的跃变，成为新的热源，从而阻止进一步冷凝。

4.6　岩浆的侧向传播

4.6.1　问题的提出

构造活动、岩浆活动和热液活动在增生板块边界具有天然的耦合关系，一个很好的示例就是洋脊扩张速率和热活动出现的频度强相关。在快速扩张的太平洋海隆中，地幔流是二维的，岩浆沿洋脊供应非常稳健，在整个扩张洋脊段下都有岩浆房和辉岩层（层3）的存在（Detrick et al.，1987），地壳厚度和地形沿洋中脊的变化非常小，热液活动在洋中脊上几乎是连续出现。相反，在沿慢速扩张的大西洋洋中脊下，地幔流是三维的，并不像快速扩张的洋脊那样有明显的岩浆房存在于整个洋脊下。岩浆中心仅位于扩张洋脊段的中心，地壳厚度和地形沿洋脊的变化非常明显，热液活动沿空间的变化也十分明显。

在慢速扩张的洋脊段，一般扩张洋脊段半长为 15～35km（Dick，1989），由段中央高地形向两端的转换断层处变化为1km，地壳地形和地壳厚度直接相关，布格重力异常数据、地震数据和岩石数据都表明由中央高地形向两侧地壳厚度直接逐渐加大，表明慢扩张的洋脊下三维的地幔上涌。岩浆的迁移以垂直向为主，地壳的厚度逐渐反映了岩浆的堆积（Cannat，1996）。与此同时，在岩浆匮乏的慢速扩张洋脊段的地壳增生还包括岩浆从岩浆中心通过岩浆破裂向两侧的传播。这种岩浆的侧向传播在冰岛、夏威夷和胡安·德富卡洋中脊（JDFR）都有观测记录（Fox et al.，1995）。图4-10 是在 Krafla

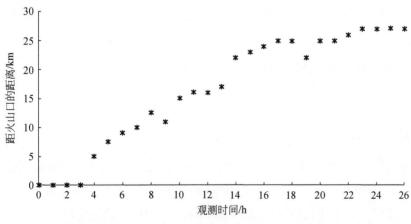

图 4-10　地壳岩石破裂群从 Krafla 火山口向外传播的地震记录（Fialko and Rubin，1998）

火山口北侧记录到的一次地壳岩石破裂群从火山中向外传播的情况（Fialko and Rubin，1999）。记录开始的 5 个小时破裂位于距火山口 5km 的范围内，24 小时后，破裂前峰已到达离火山口近 30km 远的地方。

起初在慢速扩张的大西洋洋中脊，热液活动的探测和发现都位于洋脊中央的高地形部位，但最近也在洋脊段的两侧发现了热液活动区，如在 Famous 洋中脊段的 36° 13.80′N，33°54.12′W 位置发现的 Rainbow 高温热液活动区（Fouquet and Barriga，1998）。

因此，在慢速扩张的洋脊岩浆的侧向传播在地壳增生和热液活动形式中占有很重要的位置。

4.6.2　岩浆侧向传播的流体力学问题

设岩浆流体驱动的岩浆破裂置在层状的弹性半空间中，岩浆破裂在这个层状半空间中进行侧向运动传播，驱动岩浆的过压 P 为源头岩浆压和垂直于岩浆破裂的压力之差，驱动流体的压力梯度是 $\dfrac{P}{x}$，即岩浆过压和岩浆流长度之比。

当半空间的表面和水平之间存在一个夹角时，设夹角为 α。如果浮力中性面（岩浆静水压力梯度和围岩静水压力梯度之差改变符号的面）的深度保持不变，此时，地形也会引起一个压力梯度，成为驱动岩浆流体在岩浆破裂中侧向传播的一个不可忽视的动力。设由地形引起的驱动浆流体的压力梯度为 G

$$G = (\rho_{\mathrm{m}} - \rho_{\mathrm{w}})g\sin a \tag{4-69}$$

式中，g 为重力加速度；ρ_{m} 为岩浆流体的密度，单位为 $\mathrm{kg/m^3}$；ρ_{w} 为海水的密度，单位为 $\mathrm{kg/m^3}$。

驱动流体的总压力降为过压和地形引起的压降之和

$$-\int_{0}^{x_{\mathrm{N}}}\left(\frac{\partial P}{\partial x} - G\right)\mathrm{d}x = \Delta P + Gx \tag{4-70}$$

式中，x 为岩浆流体沿岩浆破裂侧向的传播距离。

为简单起见，将弹性岩浆裂隙看成是刚性平行信道，通道宽 $2h$，忽略破裂壁的弹性响应，考虑岩浆流体在过压梯度和地形压力梯度的共同驱动下的流体力学和热力学演化问题。

刚体通道中，岩浆流为层流（Lister and Kerr，1991），流速为

$$u_{\mathrm{x}} = -\frac{1}{2\eta_{\mathrm{m}}}(w^2 - y^2)\left(\frac{\partial P}{\partial x} - G\right), \quad (\,|y| \leqslant w) \tag{4-71}$$

式中，$2w$ 为刚体中岩浆流体通道的宽度；$\dfrac{\partial P}{\partial x}$ 为岩浆流体的过压梯度；G 为地形引起的驱动压力梯度。流体满足连续性方程

$$\mathrm{div}\,\overline{\boldsymbol{u}} = 0 \tag{4-72}$$

又有

$$u_z = 0 \tag{4-73}$$

则

$$u_y = \frac{y}{2\eta_{\mathrm{m}}}\left[\left(w^2 - \frac{y^2}{3}\right)\frac{\partial^2 P}{\partial x^2} + 2w\frac{\partial w}{\partial x}\left(\frac{\partial P}{\partial x} - G\right)\right] \tag{4-74}$$

由于质量守恒：

$$\frac{\partial 2h}{\partial t} = -\frac{\partial q}{\partial x} \tag{4-75}$$

式中，h 为刚性腔体的半宽；q 为流体的体积通量。则

$$
\begin{aligned}
q &= \int_{-w}^{+w} u_x \mathrm{d}y \\
&= \int_{-w}^{+w} \frac{1}{2\eta_m}(y^2 - w^2)\left(\frac{\partial P}{\partial x} - G\right)\mathrm{d}y \\
&= \frac{1}{2\eta_{\mathrm{m}}}\left(\frac{\partial P}{\partial x} - G\right)\left(\frac{1}{3}y^3 - w^2 y\right)\Big|_{-w}^{+w} \\
&= -\frac{2}{3\eta_{\mathrm{m}}}w^3\left(\frac{\partial P}{\partial x} - G\right)
\end{aligned}
\tag{4-76}
$$

用一个岩浆破裂横截面的平均流速来描述岩浆流体在侧向上传播的整体效应，有

$$q = 2w\,\overline{u}_x \tag{4-77}$$

即

$$2w\,\overline{u}_x = -\frac{2}{3}\frac{w^2}{\eta_{\mathrm{m}}}\left(\frac{\partial P}{\partial x} - G\right) \tag{4-78}$$

从而有

$$\overline{u}_x = -\frac{1}{3}\frac{w^2}{\eta_{\mathrm{m}}}\left(\frac{\partial P}{\partial x} - G\right) \tag{4-79}$$

4.6.3 岩浆侧向传播的热力学问题

过热的岩浆流体和冷的围岩接触后，在岩浆和围岩之间形成很大的温度梯度，当岩浆流体的温度降到冷凝温度时，岩浆开始固化，并形成冷凝边。设冷凝边的厚度为

c, 岩浆冷凝前, 冷凝边的厚度为零, 当冷凝边的厚度等于刚体的宽度时, 岩浆停止流动。岩浆通道的宽度和冷凝边的厚度都是位置和时间的函数, 有

$$h(x, t) = w(x, t) + c(x, t) \tag{4-80}$$

且对于刚体腔壁有 $\partial h / \partial t = 0$, 即刚体壁总的厚度不随时间变化, 只有岩浆流体通道宽度和冷凝边厚度变化。当冷凝边的厚度增加时, 岩浆流体通道的宽度就会变小（冷凝固化的情况）。当冷凝边的厚度减小时, 岩浆流体通道的宽度就会变宽（重新熔化的情况）。

Spence 和 Turcotte（1985）给出的岩浆在宽 $2h$ 的平行通道中完全冷凝化所需要的时间为

$$t = \frac{h^2}{4\lambda^2 \kappa} \tag{4-81}$$

式中, $\frac{h^2}{\kappa}$ 为热扩散时间; κ 为热扩散率; λ (S, Θ) 为由式（4-82）给出（Carslaw and Jaeger, 1959）

$$\lambda = \frac{\exp(-\lambda^2)}{\pi^{\frac{1}{2}} S} \left[\frac{\Theta}{\mathrm{erfc}(-\lambda)} - \frac{1-\Theta}{\mathrm{erfc}(\lambda)} \right] \tag{4-82}$$

式中, S 为 Stefan 数。

$$S = \frac{L}{C(T_\mathrm{m} - T_0)} \tag{4-83}$$

Θ 为无量纲的冷凝温度

$$\Theta = \frac{T_\mathrm{s} - T_0}{T_\mathrm{m} - T_0} \tag{4-84}$$

式中, T_m 为岩浆的温度, 单位为℃; T_0 为围岩的温度, 单位为℃; T_s 为冷凝温度, 单位为℃; C 为热容, 单位为 kJ/kg℃; L 为结晶潜热, 单位为 kJ/kg。

4.6.4　岩浆在慢扩张洋脊的传播距离估算

热液活动的存在和维持要求其底部岩浆体的存在, 并由底部的岩浆体持续向热液系统供热。只有这样热液活动才能维持其存在。在慢速扩张的洋脊段, 岩浆中心位于洋脊段的中部, 已发现的大部分热液活动都位于脊段中部高地形的位置。岩浆在慢速扩张洋脊的侧向传播可以表明在远离脊段中部高地形的两侧也有热液活动区出现。估算岩浆在慢扩张洋脊的传播距离可以了解在慢速扩张的洋脊的哪些部分可能出现热液活动区。

考虑大西洋中脊的情形, 洋脊段的半长为 30km, 脊段中部高地形和脊段两端的高

差为 1km，则 $\sin\alpha = 3.3‰$。设岩浆和围岩除相态外没有其他区别，常用的热参数为岩浆入侵时的温度 $T_m = 1200℃$，围岩的温度 $T_0 = 400℃$，冷凝温度 $T_s = 1150℃$，热扩散率 $\kappa = 10^{-6}\,m^2/s$，热容 $C = 1kJ/kg℃$，结晶潜热 $L = 500kJ/kg$（Rubin，1995）。根据这些参数计算的 Stefan 数和无量纲冷凝温度分别为 $S = 0.625$，$\Theta = 0.937$。

已知 Stefan 数和无量纲冷凝温度，由式（4-82）可以求得 λ 的值。图 4-11 给出了满足式（4-82）参数 λ 的取值。

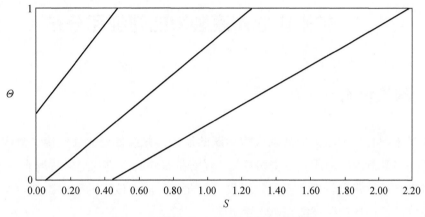

图 4-11　满足式（4-82）参数 λ 的取值

相应的取值为 $\lambda = 0.382$。从而，由式（4-81）求得的岩浆热侵入的时间为 11.6 天。

设岩浆热侵入的长度为 x，则

$$x = \bar{u}_x t \tag{4-85}$$

式中，$\bar{u}_x$ 为岩浆流的平均速度。在过压驱动情况下

$$\bar{u}_x = \frac{h^2 \Delta P}{3\eta_m x_N} \tag{4-86}$$

在地形压力梯度驱动下

$$\bar{u}_x = \frac{h^2 G}{3\eta_m} \tag{4-87}$$

从而，在过压驱动情况下

$$x = \frac{h^2}{\lambda}\left(\frac{\Delta P}{12\eta_m\kappa}\right)^{\frac{1}{2}} \tag{4-88}$$

在地形压力梯度驱动下

$$x = \frac{h^4 G}{12\lambda^2\eta_m\kappa} \tag{4-89}$$

设 $\Delta P = 2\mathrm{MPa}$, $G = (\rho_m - \rho_w) g\sin\alpha \approx 0.528$ MPa/km, $\eta_m = 100\mathrm{Pa\,s}$, 对于宽 1m (Gass, 1989) 的玄武岩破裂, 在过压驱动和地形压力梯度驱动下岩浆热侵入的长度分别为 26.7km 和 18.8km, 这和大西洋中脊地壳厚度变化波长相近。

在慢速扩张的大西洋中脊, 岩浆侵入中心和大部分的热液活动区都位于洋脊中段的中央高地形部位, 但由上面的计算可以看出, 岩浆通过向侧向传播仍然可以从岩浆中心迁移到脊段的两端, 从而在扩张段的端部形成热活动区。

4.7　扩张中心海底裂隙的特征和分布

4.7.1　理论讨论

洋脊扩张中心是全球构造活动最为活跃的地区, 普遍发育海底裂隙。海底裂隙的特征和分布与其所处的地质背景密切相关。洋脊扩张中心主要的地质过程有岩浆活动、新生洋壳的向背拉张和新生洋壳的热损失, 与此相对应, 该区的海底裂隙也主要分为岩浆喷发裂隙、构造拉张裂隙和热收缩裂隙。

(1) 岩浆喷发裂隙

浅地壳的岩浆在过压和浮力的作用下可以使周围的围岩发生破裂并向上传播, 如果这种岩浆破裂能够一直向上传播到海底, 则可以形成岩浆喷发裂隙。岩浆喷发裂隙主要是指裂隙是由岩浆的向上传播造成的, 有岩浆裂隙穿透海底, 但不一定有岩浆沿着裂隙到达海底。考虑东太平洋海隆的情况, 岩浆房位于海底以下 2km, 先不分析岩浆受力的具体情况, 而考虑已经有岩浆沿已有的裂隙上行。设岩浆房上方宽 1m 的岩浆裂隙以 2m/s 的速度向上迁移, 则讨论如果沿岩浆破裂上行的岩浆体将全部的动量传递给周围岩浆时造成的压力能够使上覆的围岩发生破裂。

岩浆的密度为 $2600\mathrm{kg/m^3}$, 上行的岩浆体对围岩的作用时间为 10s, 有

$$Ft = \Delta mv \tag{4-90}$$

式中, F 为岩浆对围岩的作用力; 等式右边为岩浆和围岩交换的动量。代入式 (4-90) 给定的数值

$$F = \frac{\Delta mv}{t} = \frac{2600 \times 1 \times 1 \times 1000 \times 2}{10} = 5.2 \times 10^5 \mathrm{N} \tag{4-91}$$

从而围岩受的压力为

$$P = \frac{F}{S} = \frac{5.2 \times 10^5}{1 \times 1} = 5.2 \times 10^5 \mathrm{Pa} \tag{4-92}$$

将这一压力值和浅地壳的破裂压相比较，取海洋浅地壳的临界应力强度因子 $K_c \approx$ 1MPa（Atkinson，1984；Schmidt and Huddle，1977；Meredith and Atkinson，1985），岩石能够忍受的应力为

$$P = \frac{K_c}{\sqrt{2r}} = \frac{1 \times 10^6}{\sqrt{2 \times 100}} = 7.07 \times 10^4 \, \mathrm{Pa} \tag{4-93}$$

即在破裂末梢以下 100m，破裂扩张压为 $7.07 \times 10^4 \, \mathrm{Pa}$，可见岩浆破裂中的岩浆如果以 2m/s 的速度上升很容易继续破裂围岩从而一直上升到海底。

（2）构造拉张裂隙

在洋脊的背景条件下，板块的向背运动产生的拉张应力可以在海底地壳造成拉张裂隙，这种裂隙都是由海底发育从上向下传播的，而不像岩浆喷发裂隙由下向上传播。目前一个很大的问题是对洋脊扩张中心板块的力源问题并不十分清楚，对洋脊扩张中心详细的应力分布也不清楚，因而很难从理论上对构造拉张裂隙进行深入讨论。本书提出一种地形压力来解释构造拉张应力的形成。

以太平洋为例，太平洋的平均水深为 4200m，而东太平洋海隆的平均深度为 2600m，它们之间有 1600m 的高度差，取海隆的半宽度为 10km（Carbotte and Macdonald，1994），从而海隆的坡度为 $\sin\alpha = 0.16$。位于这样斜坡上的岩石由于地形引起的压力梯度为

$$G = (\rho_m - \rho_w) g \sin\alpha \tag{4-94}$$

式中，g 为重力加速度；ρ_m 为岩浆流体密度；ρ_w 为海水密度。

压力为

$$P = GL = (\rho_m - \rho_w) g \sin\alpha L = 1600 \times 10 \times 0.16 \times 1000 = 2.5 \times 10^5 \, \mathrm{Pa} \tag{4-95}$$

根据上面的讨论知：这种应力可以使地壳上部的岩石发生破裂。

（3）热收缩裂隙

设海底溢出的熔岩流宽 100m（占据整个洋中脊裂谷的宽度），长 500m，厚 0.6m（见岩浆破裂的宽度的讨论），从 1200℃ 的高度降至海水的温度，由于热胀冷缩，熔岩流温度降低，体积也要收缩。取熔岩流的体积热膨胀系数 $\alpha = 1.8 \times 10^{-5}/℃$，熔岩流因温度降低而收缩的体积为

$$\Delta V = 1200 \times 100 \times 500 \times 0.6 \times 1.8 \times 10^{-5} \, \mathrm{m}^3 \tag{4-96}$$

体应变为

$$\frac{\Delta V}{V} = \frac{1200 \times 100 \times 500 \times 0.6 \times 1.8 \times 10^{-5}}{100 \times 500 \times 0.6} = 2.16 \times 10^{-2} \tag{4-97}$$

由于

$$P = 2\mu \frac{\Delta V}{V} \tag{4-98}$$

式中，μ 为围岩的剪切模量。

Birch 等（1966）在实验室里测得的玄武岩的剪切模量为 $\mu = 25 \sim 35\text{GPa}$，深度不同，海洋地壳岩石的弹性响应不同。在接近于海底时，由于地壳岩石微破裂的存在，岩石的 μ 值大大降低。取海底玄武岩的剪切模量 $\mu = 20\text{Ga}$，熔岩流温度降低引起的体应变对应的弹性应力：

$$P = 2 \times 20 \times 10^9 \times 2.16 \times 10^{-2} = 8.64 \times 10^8 \text{Pa} \tag{4-99}$$

实际上，熔岩流在海底的条件下不可能承受如此高的应力。取海洋浅地壳的临界应力强度因子 $K_c = 1\text{MPa}$（Atkinson，1984；Schmidt and Huddle，1977；Meredith and Atkinson，1985），岩石能够忍受的应力为

$$P = \frac{K_c}{\sqrt{2r}} = \frac{1 \times 10^6}{\sqrt{2 \times 0.6}} = 1 \times 10^6 \text{Pa} \tag{4-100}$$

所以，熔岩流完全冷缩所引起的应力远大于熔岩所能够忍受的破裂应力。实际情况是，熔岩流在冷缩过程中边冷缩边发生破裂，新生的破裂释放了冷缩引起的应力，使得冷缩应力始终不能过高，所以，其上的裂隙只能是很窄的小裂隙且不均匀分布。

4.7.2 实际观测

有了高分辨率的声呐、多波束系统、海底照相系统和深潜器以后，可以对海底裂隙系统进行直接观测。到目前为止，虽然有关海底裂隙的观测并不是很多，但已有的结果丰富了有关海底裂隙的理论，加深了我们对海底岩浆、火山、构造运动和热液活动时空序列的理解。图 4-12 是伊平屋脊东北侧坡热液活动的裂隙，热液主要呈裂隙式无色透明溢流，且较为分散，影像资料由下潜器"发现号"进行了直接的影像观察（郑翔等，2015）。

最有代表性和最为详细的海底裂隙调查是 1989 年在 EPR 9°09′N ~ 9°54′N 处用声呐和海底照相系统进行的调查（Wright et al.，1995）。调查区域位于洋脊顶部的中央裂隙，长 80km，宽不足 500m，南端水深最大为 2600m，向北水深逐渐变浅，最浅处（9°50′N）约 2520m，该段洋中脊可分为 7 个四级段（表 4-1）。

图 4-12　伊平屋脊东北侧坡热液活动的裂隙

表 4-1　洋中脊段的分类

洋中脊段	长度/km	界定特征
一级段	300～500	被构造转换断层或大的裂谷界定
二级段	50～300	在中-快速扩张被大的重叠扩张中心所界定，在慢速扩张中心被非刚性转换断层所界定
三级段	30～100	在中-快速扩张中心被小的轴偏或重叠扩张所界定
四级段	10～50	被小的火山口、地堑、地垒、枕状洋中脊所界定

资料来源：Macdonald et al.，1991。

　　在测区共测得797条裂隙，其中，海底照相系统测得719条裂隙，最宽8m，最窄0.1m，平均宽2.5m，长度检测不到；声呐检测到79条裂隙，平均宽9m，长151m。含有熔岩流的裂隙，明显为岩浆裂隙，熔岩流表面的一些小裂隙明显为热收缩裂隙，检测到的干裂隙可能是构造拉张裂隙。

　　对观测的裂隙进行统计表明，轴水深从9°50′N轴高向南随洋中脊加大，洋中脊变老，裂隙增多，调查区的北段裂隙密度小，宽度大，热液活动活跃（Wright et al.，1995）。在每一个四级段落上，裂隙密度的极大值总是出现在段中间部位。图4-13给出了调查区的水深、裂隙宽度、裂隙密度和热液喷口丰度的对应关系。

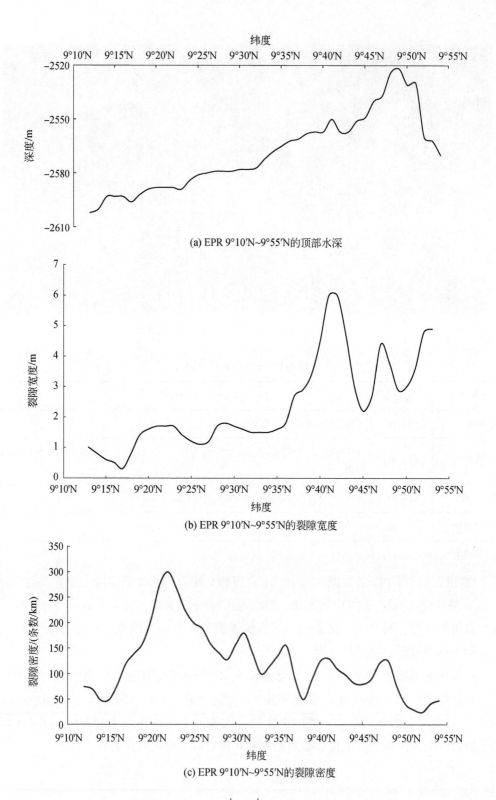

(a) EPR 9°10′N~9°55′N的顶部水深

(b) EPR 9°10′N~9°55′N的裂隙宽度

(c) EPR 9°10′N~9°55′N的裂隙密度

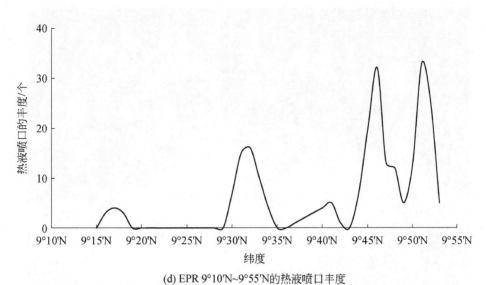

(d) EPR 9°10′N~9°55′N的热液喷口丰度

图 4-13　EPR 9°10′N～9°55′N 的顶部水深、裂隙宽度、
裂隙密度和热液喷口丰度（Wright et al.，1995）

从图 4-13 可以看出，热液烟囱和地形有着较为明显的对应关系。轴高的位置烟囱的丰度最大，随着水深的增大，烟囱数目减少。但烟囱最多的位置并不是出现在扩张脊的最高点，而是最高点的两侧。从图 4-13 还可以看出，热液烟囱和海底裂隙的对应关系，烟囱丰度较大的位置是裂隙宽度较大的位置，而裂隙密度较大的位置对应的热液烟囱数目很小。裂隙密度大的位置是裂隙宽度小的位置，这说明小裂隙区年龄较大，大都为热收缩裂隙，并不形成热液活动。

值得一提的是，除深潜器、多波束系统和海底照相系统对海底裂隙可以进行直接观测以外，由于热液活动区范围内的海底裂隙作为热液系统的热流通道它和海底其他区域的生态指标如温度，能提供给生物的食物等都有明显不同，更容易生长海底生物，从而热液生物对海底裂隙会有较为明显的指示作用。这方面的研究工作并不多，再者，它牵扯很多生物方面的问题，本书不详细讨论。以下是日本筑波大学小川勇二郎教授寄来的一张照片（图 4-14）。从照片上可以看出，海底生物明显沿着一条海底裂隙生长。

图 4-14　热液生物对海底裂隙的标示

注：图片来源于小川勇二郎

4.8　弧后岩石圈的破裂与传热

4.8.1　琉球沟弧盆体系

弧后盆地是热液活动发育的区域之一。弧后岩石圈的破裂与热传输机制有别于洋中脊。本书以琉球沟–弧–盆地体系为例，讨论弧后盆地岩石圈破裂与传热以及热液活动形成机制问题。

东海位于中国浙闽大陆和琉球群岛之间，北部通过朝鲜海峡与日本海相连，南部以台湾海峡与南海相接，总面积约 75 万 km^2（Liu, 1989；秦蕴珊, 1992）（图 4-15）。在地形上，东海可分为东海陆架和冲绳海槽两部分。东海陆架是世界上少有的宽阔陆架之一，从西部海岸到 200m 等深线，宽度可达 500km，海底平坦、宽广。冲绳海槽位于东海陆架以东，琉球岛弧以西，为一个半深水的槽形盆地。在构造上，东海可划分为三隆两盆。自西向东依此为浙闽隆起带、东海陆架盆地、钓鱼岛隆褶带、冲绳海槽盆地和琉球隆褶带。

多年来，我国在东海进行了大量的地质、地球物理调查，在东海陆架盆地油气基本特征、东海岩石圈结构及构造演化等方面取得了诸多重要进展（Liu，1989；江为为等，2001；栾锡武等，2001；郝天珧等，2006），但有关弧后扩张等仍存在不少问题（Lee et al.，1980；李乃胜，1990；翟世奎和干晓群，1995；李巍然等，1997；梁瑞才等，2001；赵金海，2004，2005；栾锡武等，2006，2007；高德章等，2004，2006）。

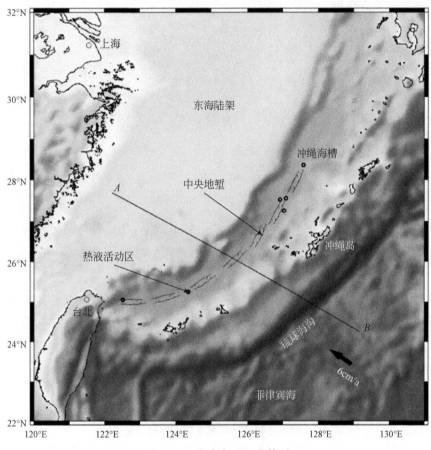

图4-15　琉球沟-弧-盆体系

注：AB为岩石圈计算剖面位置，现代海底热液活动区的位置及冲绳海槽中央地堑的位置都用箭头标出

4.8.2　弧后岩石圈模型与温度场计算

求解地球深部温度场分布一般考虑如下的方程：

$$\nabla \cdot (k \nabla T) - \nabla \cdot (\mu_w T v) + Q = \mu \frac{\partial T}{\partial t} \tag{4-101}$$

式中，T为温度；k为介质的热导率；μ_w为介质中流体的热容量；v为介质中流体的流速；

Q 为单位时间、单位体积热源所产生的热量；t 为时间；μ 为介质的热容量。

这是存在热源、热传导和热对流时温度场的微分方程。

（1）边值条件与求解

在一个二维的计算域中，各边界条件如下。

上边界条件取固定的温度边界条件

$$T(x, z = z_{\text{seafloor}}) = T_0(x) \tag{4-102}$$

两侧取绝热边界条件

$$\frac{\partial T}{\partial x}(x = 0, z) = \frac{\partial T}{\partial x}(x = L, z) = 0 \tag{4-103}$$

式中，L 为剖面的长度。

底边界为热流边界条件

$$\kappa \frac{\partial T}{\partial n}(x, z = H) = j_0 \tag{4-104}$$

式中，H 为计算剖面的深度。

本书根据实际情况将式（4-101）简化为只考虑放射性生热和热传导两部分，并利用有限单元法进行了求解。有关有限元方程的推导详见徐世浙（1994）的相关资料。

（2）热岩石圈及其底界的确定

通常热岩石圈的底界是由温度来界定的。这个温度是指在岩石圈底界所处的压力条件之下，上地幔岩石开始熔融的温度。为了确定这个温度，本书进行了岩石样品的高温高压熔融实验。实验材料为研究区的浮岩和安山岩。这两种岩石是研究区火山喷发的产物，在很大程度上代表了研究区上地幔岩石的成分。实验结果见表4-2。关于本实验更详细的情况请见栾锡武等（2002）的相关资料。

表4-2 研究区岩石样品高温高压熔融实验结果

样品	压力/GPa	实验结果
安山岩	0.22	1110℃，未熔；1275℃，熔融
	2.4	1180℃，未熔；1435℃，熔融
玄武岩质浮岩	0.22	1000℃，不知熔融否；1120℃，熔融；1295℃，爆炸
	2.4	1230℃，未熔；1360℃，熔融

从表4-2可以看出，低压条件下岩石容易熔融，随着压力的增大，岩石样品的熔融温度也随之升高。一般认为，2.4GPa的压力相当于80km左右的深度静岩压力。所以估计在岩石圈厚度较大时，如80km，热岩石圈底界的温度在1400℃左右，而在热岩石圈厚度较小时，如40km，热岩石圈底界的温度可能在1200℃左右。为方便图形显示和

问题说明，本书将 1300℃等温线确定为热岩石圈的底界面。

（3）岩石层划分

1998 年"东海深部地壳探测"课题组沿图 4-15 中的 *AB* 剖面进行了双船反射地震测量，完成了记录长度达 18s 的深反射地震剖面，并在该地震剖面上从上到下识别出了 T_1^0、T_2^0、T_2^4、T_3^0、T_4^0、T_5^0、T_g、T_m 8 个反射界面（高德章等，2006）。根据地层的反射特征并结合东海陆架地区的钻井资料，最终确定了反射界面和地层的对应关系（表 4-3）。

表 4-3　东海及邻区地震反射界面与地层的对应关系

地层		地震反射界面		
		东海陆架地区	冲绳海槽地区	菲津宾海地区
第四系		T_1^0	T_1^0	T_1^0
新近系	上新统	T_2^0	T_2^0	
	中新统	T_2^4	T_2^4	
古近系	渐新统	T_3^0	T_g	
	始新统	T_4^0		
	古新统	T_5^0		
中生界		T_g		

该地震剖面很好地揭示了中生界以上地层的分布情况。中生界及以下岩石层界面的划分使用了重力资料反演给出的结果（高德章等，2006）（图 4-16）。图 4-16 是本书对莫霍面以上岩石层的划分。其中俯冲带的形态还参考了臧绍先等（1989）和 Sibuet 等（1998）在该地区工作时的资料（图 4-16，图 4-17）。

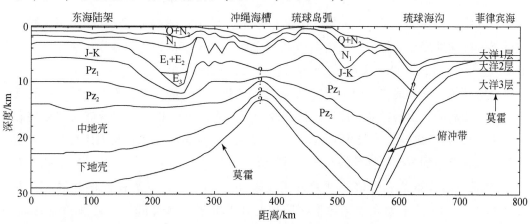

图 4-16　计算剖面莫霍面以上岩石层划分

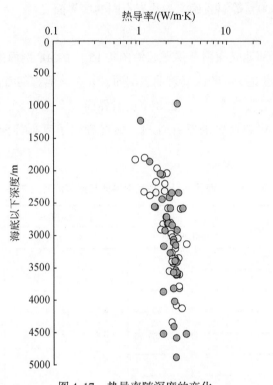

图 4-17　热导率随深度的变化

注：空心圆圈代表泥岩，实心圆圈代表砂岩

（4）岩石层的热导率

笔者在东海陆架地区搜集了 17 口钻井 57 个岩芯样品的热导率数据（栾锡武等，2002）。其中砂岩样品 10 个、泥岩样品 20 个、粉砂岩样品 30 个，代表了从古新统灵峰组、长江组到上新统三潭组的地层。最浅为 966m，最深为 4877m。图 4-17 显示了样品的热导率随深度变化的趋势。从图 4-17 可以看出，在 3000m 以上，地层的热导率大致在 2W/（m·K），3000m 以下在 2.5 W/（m·K）左右。

对古新统以下的地层，白垩纪-侏罗纪地层的热导率主要参照美人峰一井的砂岩样品、大巨山岛的火山岩样品和江苏地区侏罗纪火山岩样品的热导率测量值（王良书和施央审，1989），确定为 2.75W/（m·K）。古生界的热导率主要参照福建福鼎、青田和浙江永嘉等地的古生界样品的热导率测量值，取 2.95W/（m·K）。中地壳的热导率参照大巨山岛片麻岩、灵峰一井片麻岩及温州 6-1-1 井片麻岩样品的热导率，取 2.86W/（m·K）。下地壳的热导率参照华北和下扬子区参考值（王良书和施央审，1989），取 2.5W/（m·K）。大洋地壳、上地幔岩石层和软流层的热导率参照特科特和舒伯特（1986），Beck 等（1989）和周惠兰（1990）等给出的结果（表 4-4）。

表 4-4　岩石层的热导率和产热率取值

地层	$A_0/(\mu W/m^3)$	$K_0/[W/(m \cdot k)]$	备注
Q-N_2	1.48	2.0	本文
N_1	1.05	2.5	本文
E_3-E_2-E_1	0.74	2.66	本文
K-J	2.3	2.75	王良书和施央审，1989
Pz_1	1.7	2.95	王良书和施央审，1989
Pz_2	1.7	2.95	王良书和施央审，1989
中地壳（片麻岩）	0.9	2.8	王良书和施央审，1989
下地壳	0.4	2.1	王良书和施央审，1989
上地幔岩石层	0.04	4.19	Beck 等，1989；周惠兰，1990；特科特和舒伯特，1986
软流层	0.005	3.7	Beck 等，1989；周惠兰，1990；特科特和舒伯特，1986
大洋 2 层	0.74	2.66	Beck 等，1989；周惠兰，1990
大洋 3 层	0.4	2.1	Beck 等，1989；周惠兰，1990

（5）岩石层的生热率

本书测量了东海 88 个表层沉积物样品，25 个钻井岩心样品的放射性元素（U、Th、K）含量，并计算了得到了它们的生热率（栾锡武等，2003）。这些生热率数据代表了东海新生代地层的生热率（表 4-5）。

表 4-5　东海地区新生代地层的生热率

系	统	组	$A/(\mu W/m^3)$
第四系	全新-更新统	东海群	1.48
新近系	上新统	三潭组	
	中新统	柳浪组	
		玉泉组	1.05
		龙井组	1.01
古近系	渐新统	花港组	1.0
	始新统	平湖组	0.74
		瓯江组	

（6）海底热流和海底温度

海底热流数据来自中国科学院海洋研究所、日本、苏联、美国等国家和机构在东海及邻区所获得的实测数据，以及我国石油部门在东海测井所获得的热流数据（栾锡武等，2003）。东海陆架区热流值比较平稳，一般在 $60 \sim 70\text{mW}/\text{m}^2$，冲绳海槽的热流值高且变化大，最小为 $8\text{mW}/\text{m}^2$，最大超过 $2000\ \text{mW}/\text{m}^2$，其中异常热流值主要出现在海槽中轴的中央地堑中，菲律宾海地区热流值为 $50\text{mW}/\text{m}^2$，海沟区的热流值一般在 $30 \sim 40\text{mW}/\text{m}^2$。

海底温度资料来自中国科学院海洋研究所在冲绳海槽地区进行的海底温度测量和陆架区钻井的测温资料（栾锡武等，2003）。东海陆架的海底温度一般在 $18℃$，冲绳海槽的海底温度为 $2 \sim 6℃$，海沟的海底温度在 $2 \sim 3℃$，菲律宾海的海底温度为 $2 \sim 3℃$。在浅水的陆架地区，海底温度受季节变化，可能有较大的波动，冲绳海槽和琉球海沟及菲律宾海的海底温度不受季节变化的影响。

（7）底边界热流

在底边界，温度分布、温度梯度、热流值都是未知的，从而很难给出一个基于地球物理测量的可靠边界条件。这样无论给出何种边界条件，方程的解只能是问题的近似解。为得到尽可能可靠的解，给出的底边界条件必须最大限度地受到已知条件的约束，即底边界热流条件的给出应是有充分理由的。在海底观测到的热流主要由两部分构成：一是来自地幔的热流；二是地壳中放射性元素产生的热流。表示为

$$Q_0(x) = Q_A(x) + Q_H(x) \tag{4-105}$$

式中，$Q_H(x)$ 为底边界热流；$Q_A(x)$ 为岩石层中放射性元素衰变而产生的热流部分，表示为

$$Q_A(x) = \int_H^0 A(x, h)\,\mathrm{d}h \tag{4-106}$$

本书各构造单元推算的底边界热流如表 4-6 所示。

表 4-6　各构造单元的底边界热流

构造单元	东海陆架	冲绳海槽	冲绳海槽中轴	菲律宾海盆
海底热流/（mW/m²）	$60 \sim 70$	80	185	50
陆壳厚度/km	$29 \sim 20$	20	~ 12	12
岩石层自生热流/（mW/m²）	$30 \sim 17$	17	13	7
底边界热流/（mW/m²）	$30 \sim 53$	63	172	43

（8）有限元剖分

本书的计算剖面长 800km（图 4-15），计算深度 100km。在整个剖面上根据岩石层划分，共划分出 1908 个计算单元，节点总数 1035 个（图 4-18）。

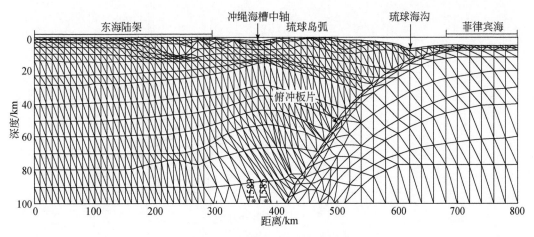

图 4-18　计算剖面的有限元剖分

4.8.3　弧后岩石圈破裂

（1）底边界热流效应

为更好地给定底热流边界条件，我们给出了 11 种不同的底热流边界条件。前 4 种为均一热流条件［图 4-19（a）］，即沿计算剖面底边界上的热流值是均一的，分别给定为 20mW/m²、30mW/m²、40mW/m² 和 50mW/m²。从图 4-19（c）可以看出，随着底部热流的增高，对应的岩石圈底界的深度由深变浅。底边界热流值每有 10mW/m² 的变化，岩石圈底界的深度可以有 10～20km 的深度变化。虽然给定的是均一底边界热流条件，但与之对应的岩石圈底边界的深度却有明显起伏变化。这种起伏变化主要表现在

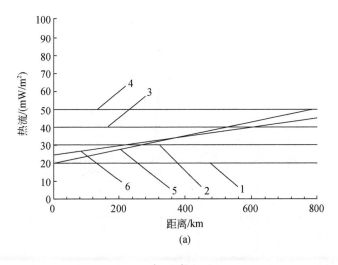

（a）

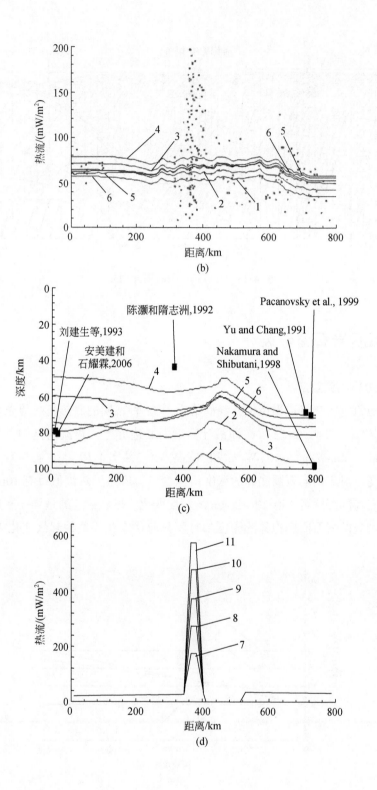

(b)

(c)

(d)

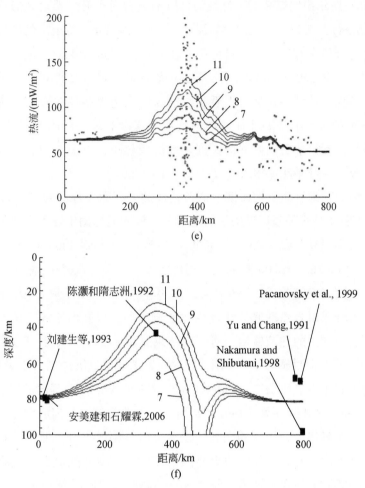

图 4-19　不同的热流底边界条件对应的岩石圈底界深度和海底热流计算结果

注：（a）、（d）为给定的不同底热流边界条件，用数字表示；（b）、（e）为计算热流值（线）和实际观测热流值（点）的对比；（c）、（f）为岩石圈底界（1300℃等温线），黑方框为岩石圈底界深度文献参考值

两个方面：一是剖面西部（东海陆架）岩石圈底界深度浅，而剖面东部（菲律宾海）岩石圈底界深度大，东西两端这种深度差可达 20km；二是在俯冲板片的岩石圈底界明显上隆，上隆的幅度在 10km 左右。

图 4-19（c）中的黑方块是不同学者根据地震波速、大地电磁等资料分别对中国东南沿海、冲绳海槽及菲律宾海地区岩石圈底界位置的估计（陈灏和隋志洲，1992；刘建生等，1993；安美建和石耀霖，2006；Pacanovsky et al.，1999；Yu and Chang，1991；Nakamura and Shibutani，1998）。从本书的计算结果来看，第 2 种底边界热流条

件（30mW/m²）所给出的结果能较好地吻合以前笔者对东海陆架地区岩石圈底界的估计值（80km±5km），而第 3 种底边界热流条件（40mW/m²）所给出的结果则能较好地吻合以前笔者对菲律宾海地区岩石圈底界的估计值（75km±15km）。由此，我们给出了第 5（从20mW/m²增大到50mW/m²）、第 6（从25mW/m²增大到45mW/m²）两种渐变的底热流边界条件，从结果显然可以看出，第 6 种底边界条件在岩石圈底界的深度以及海底热流方面对东海陆架和菲律宾海地区都和文献有较好的吻合 [图 4-19（c）]。但在冲绳海槽地区无论岩石圈底界的深度还是海底热流，以上 6 种底边界条件给出的结果都和文献及实测结果相差很大 [图 4-19（b），（c）]。

为拟合冲绳海槽地区较高的海底热流及较浅的岩石圈底界深度（45±5km）（陈灏等，1992），我们在第 6 种底边界条件的基础上，将冲绳海槽中轴下方两个底边界单元（单元编号分别为 1583 和 1585）的底边界热流值增大到 180mW/m²、280mW/m²、380mW/m²、480mW/m²和580mW/m²，分别对应第 7、第 8、第 9、第 10 和第 11 种底热流边界条件，同时把俯冲板片所在位置的底边界热流降为 0 [图 4-19（d）]。这主要考虑底边界热流变化对岩石圈底界深度变化的有效性，以及由于向下俯冲，俯冲板片所在的位置不会有向上的热流输出。对应的结果见图 4-19。从结果可以看出，岩石圈底界在冲绳海槽下方有明显抬升，在俯冲板片位置出现明显下冲。从图 4-19（f）可以看出，和第 8 种底边界热流条件（280mW/m²）对应的岩石圈底界的深度在冲绳海槽地区已经接近40km，这和陈灏等（1992）给出的结果非常接近。但问题是，虽然增加冲绳海槽下方的底边界热流，岩石圈底界的位置可以大幅度提升，但所计算得到的海底热流提升幅度并不大，和第 8 种底边界热流条件对应的海底热流在冲绳海槽地区最高为85mW/m²，和第 11 种底边界热流条件对应的海底热流在冲绳海槽地区最高也只有130mW/m²，这比冲绳海槽中轴区平均热流值要低很多 [图 4-19（e）]。但从岩石圈底界的位置来看，第 11 种底边界条件显然是不合理的。就是说通过提高冲绳海槽中轴位置的底边界热流，可以获得岩石圈底界抬升的效果，但仍难以匹配冲绳海槽高热流的观测条件。

（2）海底温度效应

为检验上边界海底温度变化对岩石圈底界及计算海底热流的影响，我们在海底温度实际观测的基础上设计了 4 种海底温度条件作为本书计算的上边界条件。第一种海底温度条件是将东海陆架、冲绳海槽以及琉球岛弧地区的海底温度全部给定为5℃；第二种海底温度条件是将东海陆架、琉球岛弧地区的海底温度给定为12℃，将冲绳海槽中轴的海底温度给定为100℃；第三种海底温度条件是将东海陆架、琉球岛弧地区的海底温度给定为16℃，将冲绳海槽中轴的海底温度给定为200℃；第四种海底温度条件是将东海陆架、琉球岛弧地区的海底温度给定为18℃，将冲绳海槽中轴的海底温度给定为300℃。上述4种情况中，中轴以外的冲绳海槽、琉球海沟和菲律宾海海底温度始终给定为3℃、2℃、2℃［图4-20（a）］。应当指出，海底温度变化时，底边界条件始终使用第8种底热流边界条件。

本书设计的4种海底温度边界条件，虽然相互之间温度可以相差10℃以上，但由此计算得到的岩石圈底界深度几乎没有明显变化，在冲绳海槽中轴，即使海底温度有300℃的温度差异，由此计算得到的岩石圈底界深度仍然没有明显差异［图4-20（c）］。

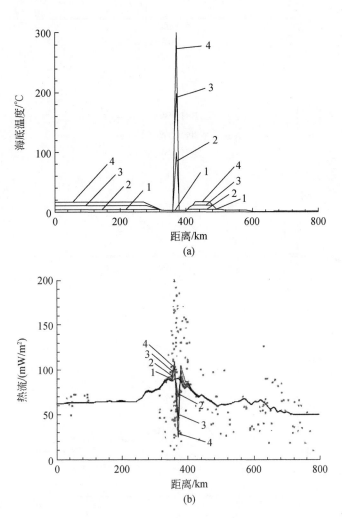

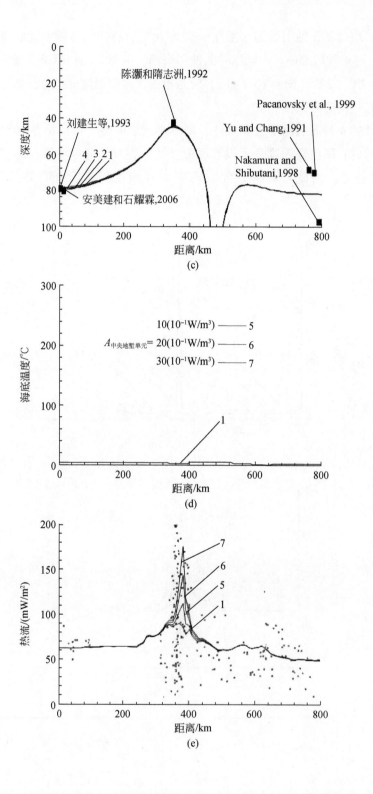

(c)

(d)

(e)

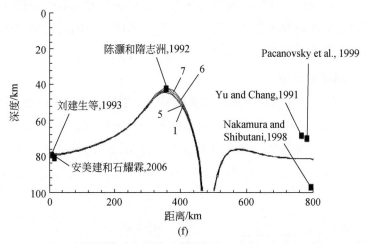

图 4-20   不同海底温度边界条件对应的岩石圈底界深度和海底热流计算结果

注：（a）为给定的不同海底温度边界条件，用数字表示；（b）、（e）为计

算热流值（线）和实际观测热流值（点）的对比；（c）、（f）为岩石圈底

界（1300℃等温线），黑方框为岩石圈底界深度文献参考值

　　较小的温度差对海底热流的影响同样不明显。在东海陆架和琉球岛弧地区，海底温度从5℃变到18℃，计算得出的海底热流没有明显变化［图4-20（b）］。当海底温度有300℃的温度变化时，计算得到的海底热流有明显变化。但令我们想不到的是，海底温度升高，并不能模拟得到冲绳海槽中轴很高的热流值，反而得出了极低的计算热流值。给定冲绳海槽中轴100℃、200℃、300℃的高温，相应计算的海底热流分别为60mW/m²、40mW/m²和20mW/m²。给定的海底温度越高，计算得到的海底热流值就越低。这些数据和冲绳海槽的低热流值吻合得较好［图4-20（b）］。

　　（3）岩浆热源效应

　　高热流是冲绳海槽中轴地区一个突出的地球物理观测事实。但无论是通过提高底边界热流的方法，还是通过提高海底温度的方法都无法模拟出冲绳海槽中轴的高热流。所以我们推测产生冲绳海槽高热流的真正原因可能是冲绳海槽中轴下方的岩浆活动。为模拟这种岩浆热源效应，我们将冲绳海槽中轴下方几个单元（图4-18）的放射性产热率提高到$10\times10^{-6}\,W/m^3$、$20\times10^{-6}\,W/m^3$和$30\times10^{-6}\,W/m^3$，这分别相当于将单元生热率提高约10倍、20倍和30倍（表4-3）。为描述方便我们分别称之为第5、第6、第7种上边界条件。严格地讲，这种改变只是计算区域内有限单元物理属性的改变，而不是上边界条件的改变。计算中，上边界条件我们使用第1种上边界条件［图4-20（d）］。

从计算结果可以看出，计算区域内有限单元生热率的增大对岩石圈底界的深度影响不大，但对海底热流影响很明显。第7种上边界条件对应的计算海底热流已经达到 $180mW/m^2$。这个数值和冲绳海槽中轴观测的海底热流相当。

（4）岩石圈温度场分布

图 4-21（b）给出了最终的温度场计算结果。该结果对应第 8 种底边界条件和第 7 种上边界条件，由此计算得到的岩石圈底界深度和文献给出的结果基本一致，而由此计算得到的海底热流和观测结果吻合得较好。通过和最终的计算结果进行对比，本书还给出了一个初始的温度场计算结果 [图 4-21（a）]。图 4-21（a）是第 6 种底边界条

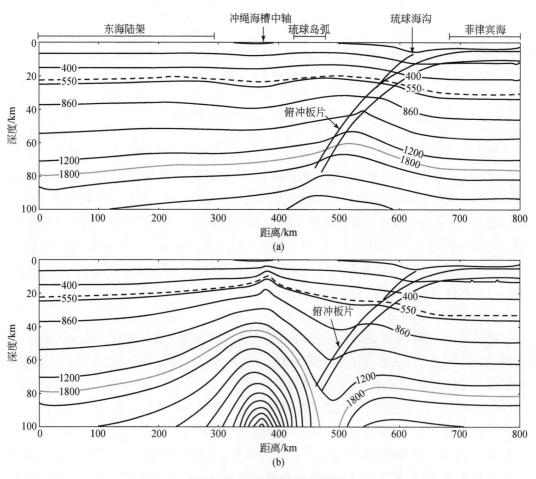

图 4-21　岩石圈的温度场结构

注：（a）为第 6 种底热流边界条件和第 1 种海底温度上边界条件的计算结果；（b）为第 8 种底热流边界条件和
　　第 7 种海底温度上边界条件的计算结果；等温线间隔 200℃，550℃等温线和 1300℃等温线是额外添加的

件和第 1 种上边界条件的计算结果。我们称为初始温度场，是因为第 6 种底边界条件是根据表 4-6 的估算给出的，第 1 种上边界条件是根据海底观测给出的。无论是底边界的热流还是上边界的海底温度沿剖面都没有很大横向变化，是比较合理的或者说是处于初始状态的上、下边界条件。

初始态的温度场结构并不复杂。等温线基本相互平行，并呈现出下（30km 以下）疏上（30km 以上）密的分布状态。1300℃ 等温线在剖面的最西端为 80km，由西向东缓慢抬升，在整个东海陆架范围内抬升幅度非常有限，约为 5km，在冲绳海槽下方，基本维持水平状态，过冲绳海槽以后，等温线继续向上抬升，到俯冲板片位置达到最高点，然后向菲律宾海地区缓慢下降。在剖面最东端，1300℃ 等温线的深度为 75km。整个剖面温度场结构的最大特点是等温线在俯冲板片的位置向上抬升，抬升的幅度达 20km。

图 4-21（b）给出的温度场结构要复杂得多。其突出的特点是等温线在冲绳海槽下急剧抬升。1300℃ 等温线（热岩石圈底界）在剖面最西端深度 80km，向东经东海陆架迅速抬升，到冲绳海槽下方达 40km，抬升的幅度约 40km。再向东等温线急剧下降，在俯冲板片的位置下降到 100km 以下。在冲绳海槽下方，等温线由深到浅，先密后疏，在 30km 以上，又重新变密。550℃ 等温线（居里等温面）（李春峰，2005）的形态和 1300℃ 等温线基本相似。在剖面最西部深度为 22km，这和侯重初和李保国（1985）用功率谱法计算的磁性下界面深度一致，向东逐步抬升，到冲绳海槽下方达到 10km，再向东又逐步下降到最东面的 30km。800℃ 等温线在剖面最西端深度为 37km，在冲绳海槽下方为 20km，在剖面最东端为 50km。550~800℃ 的等温线在俯冲板片的位置仍有明显的向上抬升现象。

4.8.4 弧后岩石圈破裂与热传导

如前所述，当给定均一底热流边界条件时，计算得到的岩石圈温度场结构主要表现为两方面特征：一是等温线西高东低；二是等温线在俯冲板片位置向上抬升。这主要是岩石层放射性生热效应导致的结果。放射性元素主要集中在地壳层中。由于东海陆架区地壳厚度比菲律宾海地壳厚度大得多，其放射性热贡献也高，在地球深部向上的热输出一致的情况下，其岩石圈底界深度和居里等温面深度都要比菲律宾海地区的浅。对于俯冲板片，由于所给的上下热物理参数是一致的，因此，在较深的地幔区，俯冲板片的生热率要比周围地幔物质的生热率高，从而会把该位置的等温线抬高 [图 4-21（a）]。实际上，海洋岩石圈在向下俯冲的过程中，部分表层的未固结沉积物会被海沟刮擦下来，而其余沉积物会随俯冲板片向下俯冲到一定深度。这些沉积物所携带的放射性元素必然要给俯冲板片提供额外的热量。这对俯冲过程中蛇纹岩脱水（张健和石耀霖，1997）、角闪岩脱水（周文戈等，2005）以及相应的俯冲带地震和岛弧火山作用都将起到非常重要的控制作用。

任何地质问题的模型计算都要给定合理的初始边界条件作为约束。为拟合冲绳海槽较浅的岩石圈底界深度（陈灏和隋志洲，1992），人为地将冲绳海槽下方两个单元底边界热流加大到 $280mW/m^2$。这一取值虽然能获得较理想的拟合效果，但已远高于东海陆架及菲律宾海地区的底边界热流取值，并难以用本书给出的式（4-106）来约束和解释。应该看到，本书使用了稳态热传导方程来进行热场结构计算。这样，在一个合理的初始边界条件下，计算区域内任何对流效应都难以模拟出。我们认为，本书所给定的"不合理"底边界高热流应该是冲绳海槽下方存在地幔上涌的有力证据。由于地幔物质上涌，大大提高了热传输效率，从而导致冲绳海槽下方岩石圈底界强烈抬升。本书所给的底边界高热流应该是这种热对流的等效。

冲绳海槽中轴发育多个现代海底热液活动区（图4-15）。热液喷口的温度一般可达300℃（栾锡武等，2006），因此我们在冲绳海槽中轴位置给定100~300℃的海底温度条件是有根据的。但想不到的是在给定很高海底温度边界条件的情况下，计算得到的海底热流却很低，海底温度越高，计算得到的海底热流越低。冲绳海槽中轴地区存在巨高热流的同时也存在极低热流值［图4-20（b）］。根据计算结果，在冲绳海槽观测到的低热流可能是由海底高温引起的。冲绳海槽中的全部低热流值（$<40mW/m^2$）如图4-22所示。从图4-22可以明显看出，冲绳海槽中除最南端的两个低热流值外，其他全部低热流值都紧密围绕冲绳海槽的热液高温喷口分布。这样基本可以得出海底的高温导致海底低热流的结论。这其中的原因应该有两个方面：一是在高温喷口处，由于存在向上的热流体流动，所以地温梯度很小，从而热流值很小；二是在热液喷口附近，由于存在向下的冷流体流动，同样由于地温梯度小，而导致海底热流值很低。

如前所述，冲绳海槽高热流的真正原因既不是底边界的高热流输入（等效于地幔物质上涌），也不是上边界的海底高温，而是冲绳海槽中轴下方的岩浆活动。实际上，最近海上调查发现的冲绳海槽中轴海山链（栾锡武等，2007）正是这种岩浆活动的产物。本书所给出的温度场分布结果也可以说明海槽中轴区的岩浆活动具备充足的物理条件。

考虑到冲绳海槽浮岩和英安岩的减压熔融结果（栾锡武等，2002）以及冲绳海槽橄榄拉斑玄武岩的地球化学分析结果（李巍然等，1997），我们认为，冲绳海槽下方热

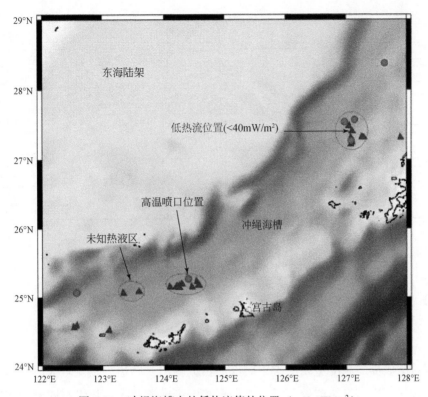

图 4-22　冲绳海槽中的低热流值的位置（$<40\text{mW}/\text{m}^2$）

岩石圈底界的深度应该和 1100℃ 等温线的深度相近，约 35km（图 4-23）。地球化学分析结果还显示，浮岩中的斑晶矿物在温度 800～900℃ 可出现熔融（陈丽蓉等，1993；翟世奎，1987），在冲绳海槽下方，这个深度为 18～24km。这样，在冲绳海槽地区，最深的岩浆源也只有 35km，而在更浅的部位（18～24km）还可能存在另一个岩浆源区（图 4-23）。

　　图 4-23 中阴影覆盖了冲绳海槽中轴和俯冲板片之间的岩石圈部分，设其总质量为 M（约 $3\times10^{13}\text{kg}$），所受的重力为 Mg（约 $3\times10^{14}\text{N}$）。在存在海沟后撤的情况下（石耀霖和王其霖，1993），Mg 产生一个向右的应力分量 σ_h（约 2100MPa）。在冲绳海槽中轴外，这个向右的应力分量比由岩石层载荷产生的垂向应力 σ_v（约 950MPa，岩石层厚度 35km）要大很多。根据 Byerlee（1978）对岩石脆性破裂条件的实验结果，这两个应力的差（$\sigma_v-\sigma_h$）足以拉断冲绳海槽中轴处（温度最高，最薄弱的位置）的岩石层，从而形成岩浆上升的通道。

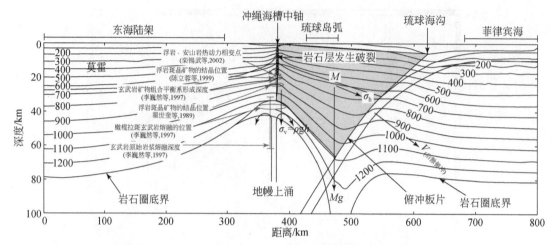

图 4-23　冲绳海槽中轴火山活动的岩浆源与岩浆通道示意图

4.8.5　弧后热液活动发育机制

热岩石圈底界的深度主要受控于底部的热流输出。底边界热流较大时，热岩石圈底界埋深较浅，底边界热流较小时，热岩石圈底界埋深较大。热岩石圈底界深度变化对底热流的变化非常敏感。

岩石层的放射性元素含量是影响热岩石圈厚度的另一个因素。当底边界热流输出相同时，地壳层的厚度大，热岩石圈厚度小；地壳层的厚度小，热岩石圈厚度大。和地幔相比，俯冲板片的放射性元素含量较高，在较深位置，俯冲板片所处位置的等温线有明显抬升，这对俯冲过程中的俯冲带地震和岛弧火山作用都将起到非常重要的控制作用。

本书所给定的"不合理"的底边界高热流应该是冲绳海槽下方存在地幔上涌的有力证据。地幔物质上涌，大大提高了热传输的效率，从而导致冲绳海槽下方热岩石圈底界强烈抬升。

海底温度的季节性变化对热岩石圈厚度和海底热流影响不大。当给特别高的海底温度时，可以计算得到很低的海底热流，且给定的海底温度越高，计算得到的海底热流越低。根据计算结果，我们认为，在冲绳海槽观测到的低热流是海底热液喷口位置的高温引起的。

热岩石圈底界深度在东海陆架西端为 80km，向东迅速抬升，到冲绳海槽下方达 35km，再向东又急剧下降，在俯冲板片的位置下降到 100km 以下，在菲律宾海地区，热岩石圈底界深度在82km。居里等温面的形态和热岩石圈的形态基本相似，在东海陆架西端深度为22km，在冲绳海槽下方为10km，再向东又逐步下降到30km。

　　冲绳海槽高热流的真正原因既不是底部的地幔物质上涌，也不是上边界的海底高温，而是冲绳海槽中轴下方的岩浆活动。本书所给出的温度场分布结果可以说明海槽中轴区的岩浆活动具备充足的物理条件。首先，冲绳海槽下方可能存在两个岩浆源：一个位于35km，是地幔物质发生熔融的位置；另一个位于18~24km，是一些斑晶矿物发生熔融的区域。其次，存在后撤俯冲的情况下，岩石层自身的重力分量完全能够拉断冲绳海槽中轴处的岩石层，从而形成岩浆上升的通道。

|第 5 章| 现代海底热液活动的成因模型

根据热液活动的基本特征可以推断要形成热液活动必须具备 3 个基本条件, 即热源、流体源和热液通道。关于热液流体的来源问题目前还普遍认为是下渗的海水。观测到的热液流体的流速可达每秒几厘米至几十厘米, 持续时间一般长达几年, 如此大量的流体不可能来自地球的深处, 单纯从热力学的角度也可以证明如果热液是地幔分异的产物, 那么流速和流量都不可能是目前观测到的量级。关于热液通道的问题, 起初认为热液流体是在岩石孔隙中循环流动的, 但 ODP 揭示的海洋地壳 2A 层以下即为致密的岩石, 空隙较小, 其中的达西流体流速只能在每年几个厘米的量级, 难以达到观测到的规模 (Honnorez et al., 1983), 热液循环是在地壳裂隙中进行的观点已被多数学者认可。重力可以作为力源驱动流体形成循环, 但它不会加热流体形成热液, 热液系统下面必须有一个热源——岩浆热源。

现代海底热液活动成因的基本简化模型是冷的海水沿海底裂隙下渗, 被岩浆热源加热后形成热液返回海底。本书由此给出 3 个热液活动的模型。

5.1 模型一: 热液活动等间距分布

笔者认为, 热液循环发生在地壳裂隙中, 裂隙位于 (洋中脊) 扩张轴的中轴谷, 裂隙沿扩张洋中脊轴的方向延展。热液活动在这种环境中的成长过程主要包括冷海水的下渗膨胀对裂隙 (指一条裂隙或几条裂隙相互贯通的裂隙) 的改造和稳定热液对流的形成两个方面。

5.1.1 冷海水的下渗膨胀对裂隙的改造

在中速、快速扩张的洋中脊下面地幔上涌是二维的, 沿整个扩张洋中脊段, 除扩张段两端的位置外, 浅地壳岩浆房普遍存在于扩张洋中脊的中下轴 (见第 4 章热液部分的讨论)。由于岩浆房对上覆岩浆层的烘烤改变了岩石层的物理属性, 岩浆流体的进一步向上迁移, 再加上构造拉张作用, 岩浆在向上迁移的过程中可以形成达到海底的地壳裂隙。前面已经讨论过，岩浆流体向上迁移的最快速度只不过是几米每秒，但岩石破裂形成后往往会以 40% 的声速向上传播，所以，裂隙到达海底时，裂隙中的大部分是没有岩浆填充的。此时，冷的海水会沿着裂隙快速向下和岩石浆流体接触，并被岩浆体加热。

冷的海水从原来的状态到接触到岩浆流体后被岩浆加热，经历了复杂的状态变化过程。设，海水在海底的温度为 2℃，所受到的压力为 20MPa，岩浆流体的温度为 1200℃，破裂深度为 2000m，岩浆流体顶面到海底的深度也为 2000m，破裂宽度为 1m。当海水与岩浆流体接触被加热以后，首先是相态的变化，即由液态转化为气态。但由于空间所限，汽化海水的体积并没有多大变化，从而压力会急剧增大。下面计算 1m³ 的海水，在体积不变的情况下由温度 2℃ 上升到 1200℃ 时，内压的变化。

根据阿伏伽德罗定律

$$P = nkt \tag{5-1}$$

式中，P 为气体的压强；n 为单位体积内的分子数；k 为玻尔兹曼常数；t 为气体的温度。已知水蒸气的摩尔质量为

$$\mu = 18 \times 10^{-3} \text{kg/mol}$$

玻尔兹曼常数为

$$k = 1.38 \times 10^{-23} \text{J/K}$$

单位体积内的分子数

$$n = \frac{m}{\mu} \text{Na} \tag{5-2}$$

式中，m 为 1m³ 海水的质量，取 1000kg；Na 为阿伏伽德罗常数，则

$$n = \frac{1000}{18 \times 10^{-3}} \times 6.022\,045 \times 10^{23}$$

设定气体被加热到 1200℃，则气体的内压为

$$P = \frac{6.022\,045}{18} \times 10^{29} \times 1.38 \times 10^{-23} \times 1473 = 680.1 \text{MPa}$$

一般深 2000m 的裂隙底部的内压为 40~60MPa。假定岩浆流体和周围岩石的密度差为 300kg/m³，岩浆流体能够上升至海底的流体静压力为

$$\Delta\rho gh = 300 \times 10 \times 2000 = 6 \text{MPa}$$

可见，海水被岩浆流体加热后，其内部压力远大于外部压力和岩浆流体的流体静压力，甚至也会大于周围岩石的破裂压力。在这种情况下，海水无论如何也不会能维持内外压力的平衡，这个巨大的压力一方面会阻止岩浆流体进一步沿破裂向上迁移，海水内部的气泡会骤然胀大，并在浮力的作用下迅速上升，使海水处于沸腾状态，另

一方面，破裂两侧的岩石又被进一步遭到破裂改造。这样，岩浆流体所具有的部分动能和热能被传递给海水并破碎岩石做功。整个过程会形成大量岩石碎屑，沸腾过程趋于平和后，形成的岩石碎屑在重力作用下沉降下来，覆于岩浆流体之上，在岩浆流体和海水之间形成一个隔离层。隔离层的出现避免了岩浆和海水的直接接触，从而避免了岩浆体通过海水的强烈的热散失，同时也避免了海水沸腾引起的强烈暴发，这有利于形成稳定的热液对流。由岩石碎屑构成的隔离层又是热液流体所携带的化学元素的主要源地，隔离层的厚度和顶部的温度是两个相互关联的量，两者会经过调整以达到热液对流的稳定存在。

5.1.2 稳定热液对流的形成

裂隙中的海水，从隔离层中汲取化学元素并被隔离层加热，由于热膨胀，通常靠近底部的热液密度小，靠近上部的热液密度大，从而造成密度梯度。这是一种重力不稳定的现象，冷流体趋于下沉，而热流体趋于上升，形成热对流。

这个动力学过程遵守质量守恒定律、能量守恒和动量守恒定律。假定热液在垂直裂隙壁的方向上没有流动，我们的注意力仅限于二维流体，即其速度限于 xz 平面内，z 方向向下为正，从海水底至隔离层顶部的距离为 b，坐标原点选在裂隙的中部，海底 z 值为 $-b/2$，隔离层顶部的 z 值为 $b/2$，其控制方程如下。

（1）流体运动的质量守恒与连续性方程

流体的质量守恒满足

$$\frac{\partial \rho}{\partial t} + \frac{\partial \rho u}{\partial x} + \frac{\partial \rho w}{\partial z} = 0 \tag{5-3}$$

式中，u、w 分别为 x、z 两个方向的运动速度分量；ρ 为流体密度。

（2）流速运动方程

$$\frac{\partial u}{\partial t} + u\frac{\partial u}{\partial x} + w\frac{\partial u}{\partial z} = -\frac{1}{\rho}\frac{\partial p}{\partial x} + \gamma \Delta u \tag{5-4}$$

$$\frac{\partial w}{\partial t} + u\frac{\partial w}{\partial x} + w\frac{\partial w}{\partial z} = -\frac{1}{\rho}\frac{\partial p}{\partial z} - g\frac{\Delta \rho}{\rho} + \gamma \Delta w \tag{5-5}$$

式中，$\Delta \rho$ 为流体的密度差；γ 为热液的运动黏度，$\gamma = \dfrac{\mu}{\rho}$，$\mu$ 为海水的黏度。

式（5-4）和式（5-5）的左边是与流体加速度有关的惯性力，右边是压力项和摩擦力项。实际上，裂隙被改造后，热液的流动是在岩石碎屑的空隙中进行的，但本书认为在裂隙中流动的热液流体并不是达西流体，因而不能用达西流速公式来描述热液活动，使用式（5-4）、式（5-5）能够说明稳定热液对流在裂隙中的形成问题。

（3）能量方程

$$\rho C_p \left(\frac{\partial T}{\partial t} + u \frac{\partial T}{\partial x} + w \frac{\partial T}{\partial z} \right) = K \Delta T \tag{5-6}$$

式中，T 为温度；C_p 为定压比热（在一定的压力下单位质量的海水温度升高 1K 时所吸收的热量）；K 为热导率。

设隔离层顶部的温度为 T_1，海底的温度为 T_0，假定 $T_1 - T_0$ 足够小，没有对流的出现，热液流体仍处在静止状态（$u = w = 0$），在稳定情况下 $\left(\frac{\partial}{\partial t} = 0 \right)$ 能量方程简化为

$$\frac{\mathrm{d}^2 T_c}{\mathrm{d} y^2} = 0 \tag{5-7}$$

式中，下标 c 为热传导解。满足边界条件的解为

$$T_c = \frac{T_1 + T_0}{2} + \frac{T_1 - T_0}{b} y \tag{5-8}$$

当 $T_0 - T_1$ 逐渐增大达到某一临界值时，热液流体处于一种不稳定的状态，有很小的温度扰动时就会发生对流。对流时的温度和对流启动时的传导温度差设为 T'

$$T' \equiv T - T_c = T - \frac{T_1 + T_0}{2} - \frac{T_1 - T_0}{b} y \tag{5-9}$$

T' 非常小。对流刚开始时，对流速度非常小，在分析其线性稳定时，能量方程写为

$$\frac{\partial T'}{\partial t} + \frac{w}{b} (T_1 - T_0) = \kappa (\Delta T') \tag{5-10}$$

式中，κ 为热扩散率。引入流函数 ψ，设

$$\rho u = - \frac{\partial \psi}{\partial z}, \quad \rho w = \frac{\partial \psi}{\partial x} \tag{5-11}$$

令，在稳定状态情况下式（5-4）、式（5-5）、式（5-10）变为

$$0 = - \frac{\partial P}{\partial x} - \frac{\mu}{\rho} \left(\frac{\partial^3 \psi}{\partial x^2 \partial z} + \frac{\partial^3 \psi}{\partial z^3} \right) \tag{5-12}$$

$$0 = - \frac{\partial P}{\partial z} - g \alpha_v T' + \frac{\mu}{\rho} \left(\frac{\partial^3 \psi}{\partial x^3} + \frac{\partial^3 \psi}{\partial z^2 \partial x} \right) \tag{5-13}$$

$$\frac{\partial T'}{\partial t} + \frac{1}{\rho b} (T_1 - T_0) \frac{\partial \psi}{\partial x} = \kappa (\Delta T') \tag{5-14}$$

式中，α_v 为热膨胀系数。去掉式（5-12）、式（5-13）中的压力项，得

$$0 = - g \alpha_v \frac{\partial T'}{\partial x} + \frac{\mu}{\rho} \left(\frac{\partial^4 \psi}{\partial x^4} + \frac{\partial^4 \psi}{\partial z^2 \partial x^2} + \frac{\partial^4 \psi}{\partial z^4} \right) \tag{5-15}$$

问题变成解 ψ、T' 的两个微分方程，用分离变量法可得满足式（5-14）、式（5-15）的解为

$$\psi = \psi_0 \cos\frac{\pi z}{b}\sin\left(\frac{2\pi x}{\lambda}\right)e^{t\beta} \tag{5-16}$$

$$T' = T'_0\psi_0 \cos\frac{\pi z}{b}\cos\left(\frac{2\pi x}{\lambda}\right)e^{t\beta} \tag{5-17}$$

上面给出的解在 x 方向上是周期性的，波长为 λ，β 值决定了扰动是否会随时间的推移而增大，当 β 为正时，扰动会不断增大，加热的底边界出现对流不稳定，当 β 为负时，扰动随时间衰减，热液趋于稳态。将式（5-16）、式（5-17）代入式（5-14）、式（5-15）求得 β

$$\beta = \frac{\kappa}{b^2}\left[\frac{\rho_0\,g\alpha_v b^3(T_1-T_0)}{\mu\kappa}\frac{\frac{4\pi^2 b^2}{\lambda^2}}{\left(\frac{4\pi^2 b^2}{\lambda^2}+\pi^2\right)^2}-\left(\pi^2+\frac{4\pi^2 b^2}{\lambda^2}\right)\right] \tag{5-18}$$

从式（5-18）可以看出，β 值只取决于无量纲波数 $2\pi b/\lambda$ 和 Rayleigh 数 Ra。

$$Ra = \frac{\rho_0\,g\alpha_v(T_1-T_0)b^3}{\mu\kappa} \tag{5-19}$$

即

$$\beta = \frac{\kappa}{b^2}\frac{Ra\,(2\pi b/\lambda)^2-\left[\pi^2+(2\pi b/\lambda)^2\right]^3}{\left[\pi^2+(2\pi b/\lambda)^2\right]^2} \tag{5-20}$$

使 $\beta=0$，有

$$Ra = \frac{\left[\pi^2+\left(\frac{2\pi b}{\lambda}\right)^2\right]^3}{\left(\frac{2\pi b}{\lambda}\right)^2} \tag{5-21}$$

图 5-1 给出了 Ra 和 $2\pi b/\lambda$ 关系曲线。曲线上部为非稳态区，下部为稳态区。从图 5-1 可以看出最小的 Ra 为 657.5，对应的波长为

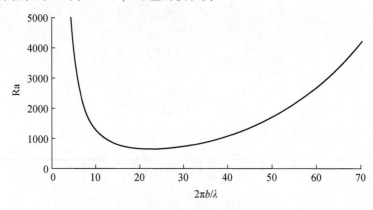

图 5-1　Ra 和 $2\pi b/\lambda$ 关系曲线（横轴扩大 10 倍）

$$\lambda = 2.8b \tag{5-22}$$

这意味着热液流体在沿扩张轴的裂隙中可以形成多个对流胞，而沿裂隙在海底表现出的热液活动区则是以 $\lambda = 2.8b$ 为波长等间距分布，$b = 2000\text{m}$ 时，波长为 5.6km。对于其他给定的 Ra 有两个 $2\pi b/\lambda$ 与之对应，在 Ra 较大时，如 Ra=5000 时，对应的两个波长分别是 25km 和 0.29km，长 50km 的扩张洋中脊段热液活动区可能分布的位置是在扩张段的中部和以 290m 为间距的位置。

5.2 模型二：热液喷口的自脉动

在某些扩张洋脊下面，地幔上涌是三维的。浅地壳岩浆房孤立存在于扩张洋脊的中轴下。炽热的岩浆由岩浆房继续向上迁移，在扩张轴的中轴或轴旁火山上形成火山喷发，并在海底形成火山口地形。热液活动是火山活动的后续过程。热液在这种环境中的成长过程主要是喷发岩石碎屑回落后受重力沉降作用形成裂隙和底部热源对岩石碎屑中热液流体的加温控制。

将火山口的地形简化为倒立的锥形，其中堆积了大量的岩石碎屑，岩石碎屑的空隙中充填了海水，倒立锥形体的顶面为海底面，一般为向下的弯曲面。火山喷发结束后，其中堆积的岩石碎屑在重力的作用下不断向下沉降，一方面封堵了海水和岩石空隙间海水的交换通道；另一方面在地形和重力的共同作用下在火山口的侧坡上形成一系列裂隙，它们成为海水和岩石间隙海水交换的新通道。

倒立锥形体的底部为恒温（为 500~600℃）的热源，加热上部的岩石碎屑和其中的海水，倒立锥形体的顶部为恒压面，压力设为 20MPa，其中的海水为冷海水，温度为 2℃，热液演化由此开始（图 5-2）。

由于底部热源的加热，岩石碎屑间隙中的海水温度不断升高，并汲取、淋滤了周围岩石碎屑中的化学元素和矿物成为热液流体。温度的升高，造成热液体积的膨胀，使倒立锥形体的压力升高，其顶面的内外压力出现不平衡，这种压力的不平衡造成锥形体内部的热液流体通过裂隙向外溢出，形成热液活动。开始阶段，由于温度的升高热液膨胀的幅度很小（图 5-3），倒立锥形体顶面内外的压力差不是很大，热液流体是溢流出海底的。在压力为 20MPa 热液流体被加热到 300℃ 时，其密度不到正常海水密度的 7/10，从 370℃ 开始，随着温度的继续升高，热液流体的密度急剧下降，从 370℃ 的 $0.7\rho_0$ 下降到 410℃ 时的 $0.2\rho_0$（ρ_0 为常温常压下的海水密度）。密度的降低意味着体积增大、压力上升，从而使倒立锥形体顶面内外的压力差很大。锥形体内的热液在压力差的作用下，通过火山口侧坡上的裂隙喷出海底，出现较为强烈的热液活动。由于此后温度升高密

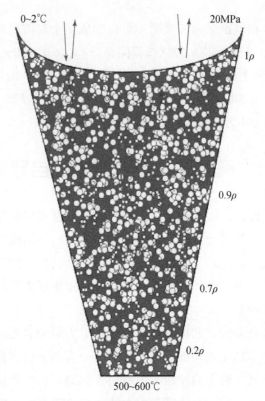

图 5-2　倒立锥形体示意图

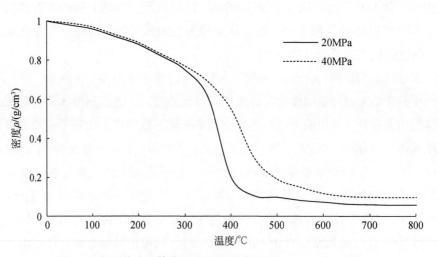

图 5-3　定压热液流体密度和温度的关系（Pitzer et al.，1984）

度变化很小，因此这种较强烈的热液喷发可以一直维持下去。热液的持续喷发，调整了倒立锥形体顶面内外的压力差。足够长的时间后，倒立锥形体内的热液通过喷流出海底，内外的压力再次出现平衡。在内压大于外压时，热液是单向从海底裂隙流出的，而没有海水通过裂隙流入倒立锥形体的岩石裂隙中。当顶面内外压力出现平衡时，热液和海水的接触面并不会静止不动，由于热液温度比海水温度高很多，密度也低很多，热液和海水的接触面出现很大的密度梯度，这是一种重力不稳定现象，下面热的流体趋于上升，上面冷的流体趋于下沉，形成热对流。

但这种热对流不会形成持续进行下去的稳定热对流。由于热液和海水的温度差别很大，热液和海水进行对流交换后，一定量的冷海水流入倒立锥形体内部后，其温度下降，温度的下降意味着密度的再次升高。如果温度降到370℃以下，倒立锥形体内的流体密度会出现跃增，短时间内体积缩小很大，压力也降低很多，从而倒立锥形体顶面的内外压力会对比倒转，外部的压力大于内部的压力，冷的海水大量流入倒立锥形体内，流体重新出现单向流动。这种冷海水的反向单向流动在持续一段时间以后，倒立锥形体顶面内外的压力会再次出现平衡。由此开始，倒立锥形体内的冷海水会被底部的恒温热源加热，进而使这种在火山口中的热液活动出现周期性的热液喷发。

很明显，这种热液喷发的周期和倒立锥形体的尺寸有关，也和底部恒温热源的温度有关。实际上，1979年4月，"Alvin"号在EPR 21°N进行深潜调查时，就在现场发现了自脉动的热液喷口（RISE Project Group，1980），著名TAG热液活动区的热液喷口的热液喷发就是周期性的。

5.3 模型三：短时的热液活动

模型三考虑的是当有岩浆溢流出海底形成熔岩流时，在熔岩流上发育的热液活动情况。

首先计算熔岩流的厚度。溢流出海底的熔岩流在海水压力作用下，显然是层流，设层流的厚度为 h，流速为 u（m/s），则

$$u = \frac{\Delta P}{3\eta}h^2 \qquad (5\text{-}23)$$

式中，ΔP 为岩浆流体溢流出海底后所受的压力梯度，主要是岩浆过压、地形引起的压力和海水对溢流岩浆的压力。岩浆过压主要是岩浆流体和围岩的密度差（设为300kg/m³）引起的浮力，在地形平坦的情况下

$$\Delta P = \Delta\rho g + \rho_w g \qquad (5\text{-}24)$$

式中，η 是熔岩流的黏滞系数；ρ_w 为海水的密度；h 是熔岩流的厚度；g 是重力加速度。

当 $\Delta P = 1300\text{Pa/m}$，取 $\eta = 300\text{Pas}$ 和 $\eta = 600\text{Pas}$。熔岩流的厚度和流速的关系如图 5-4 所示。

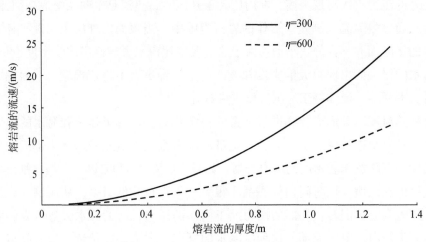

图 5-4　熔岩流的厚度和流速的关系

从图 5-4 可以看出，熔岩流的厚度、流速及其黏滞系数相互关联。根据前面的讨论，熔岩流的流速都在每秒几米的范围，从图 5-4 看出，熔岩流的厚度在这种条件下不会超过 1m。

炽热的岩浆溢流出海底或与海水接触后，要发生强烈的岩水反应，同时发生强烈的热交换。在较短的时间后，熔岩流的表面会形成一层玻璃隔层。玻璃隔层的形成阻止了熔岩流本身强烈的热损失，但同时也改变了熔岩流外层和内层的物性，如热膨胀系数，此后熔岩流进一步冷却，将出现裂隙。最后，熔岩流的全部剩余热量将通过裂隙传递给海水，结束整个热液活动过程。

由于熔岩流的厚度很薄，整个热液活动过程持续的时间很短，除非熔岩流是流到一个凹地形中，熔岩流才有较厚的堆积。这种热液活动的主要产物是巨型的热液柱，其次在海底也会形成一些成片的热液矿物。

第6章 热液柱与大洋底层流对富钴结壳的形成与分布的控制研究

6.1 热液柱的研究

6.1.1 热液柱的化学异常特征

热液流体喷出海底以后和海水混合,由于其富含化学物质,常常表现出一定的化学异常。主要的化学异常有如下几个方面。

6.1.1.1 现代海底热液活动区的 CH_4、^3He 和 Mn 异常

一般在深层海水中,CH_4 的浓度往往小于 10nl/kg,^3He 浓度仅为 $5.5×10^{-5}$nl/kg,而溶解 Mn 的浓度一般为 40ng/L。现代海底热液活动区的热液柱、^3He 和 Mn 含量都很高。如冲绳海槽伊是名和伊平屋热液活动区的热液柱 CH_4 的浓度分别为 8900nl/L 和 3800nl/L(Camo,1995)。EPR 21°N 热液活动区热液柱 ^3He 的浓度可达 0.083ppb[①](Lupton et al.,1980)。TAG 热液活动区热液柱 Mn 的浓度为 680μmol/kg(Rona and Scott,1993),JDFR 热液活动区热液柱 Mn 的浓度为 545μmol/kg(Lisitzin et al.,1997)。^3He 远远大于正常含量意味着来源于地幔的 ^3He 通过一定的途径被输送到海水里。关于 CH_4 的来源目前认为有两种:一为大分子有机质的低温降解;二为微生物 CH_4 的附加补给。蒲生俊敬(1986)认为 CH_4 的异常也与来自地幔的岩浆有关。这样热液活动即可以给地幔的 ^3He 上升的通道,也可以给热液生物的生存提供必要的环境。表 6-1 给出了几个热液活动区热液柱的 CH_4 和 ^3He 上升通道,也可以给热液生物的生存提供必要的环境。表 6-1 给出了几个热液活动热液柱的 CH_4 和 ^3He 和溶解 Mn 的测量值。

---

① 1 ppb=$1×10^{-9}$。

表 6-1　热液区的 CH_4、Mn 和 ^{3}He 异常

热液区	$CH_4/(nl/L)$	Mn	^{3}He/ppb	资料来源
EPR 21°N	—	849 μmol/L，960 μmol/kg，610 μmol/kg	0.083	Rona 和 Scott，1993；Lisitzin 等，1997；Lupton 等，1980
EPR 11°N ~ 13°N	—	808 ~ 2900 μmol/kg	—	Richards 等，1986
Galápagos	—	360 ~ 1140 μmol/kg	—	Richards 等，1986
JDFR	—	545 μmol/L	—	Lisitzin 等，1997
Guaymas	—	184 μmol/L	—	Lisitzin 等，1997
戈达脊	—	30 nM/L	0.104	Lupton 等，1998
TAG	—	680 μmol/kg	—	Rona 和 Scott，1993
中印度洋脊	3.3 nM①	9.8 nM	—	Gamo 等，1996
Loihi 海山	300 nl/kg	—	0.6	蒲生俊敬，1986
伊平屋脊西侧	3800 nl/L	—	—	Ladage 等，1992
Izena	8900 nl/L	—	—	Ladage 等，1992
Pacmanus	83 nl/L	99.7 nmol/（dm³），297 μmol/L	—	Binns 等，1993；Gamo 等，1993
马努斯海盆	6.47 nmol/（dm³）	500 ~ 700 μmol/L	—	Gamo 等，1993 Lisitzin 等，1997
Woodlark	—	5800 ~ 7100 μmol/kg	—	Fouquet 等，1993
劳海盆	—	—	—	—

从表 6-1 可以看出，热液柱和正常的底层海水相比，其中 CH_4 和 ^{3}He 和 Mn 的浓度有较大异常，一般地，三者异常的耦合出现是热液柱的典型特征。

6.1.1.2　现代海底热液活动区热液柱的 CTDT 异常和硅氧异常

CTDT 测量水体温度、盐度、密度和透光度，热液流体和海水混合后改变了原来海水的温度、盐度、密度、透光度和硅氧浓度，引起 CTDT 异常和硅氧异常。本书引用 Cascadia 盆地热液活动区的测量结果（Thomson et al.，1995）说明热液活动区热液柱的 CTDT 异常和硅氧异常特征。

1993 年在 Baby Bare 区进行了 CTDT 测量，发现了较大的温度异常和海水浊度异常，这种异常在水深 2587m 附近就可检测到，异常峰值位于 2610 ~ 2635m，温度异常

---

①　$1M = 1\ mol/dm^3$。

和光衰减在深度 2625m 处最大, 分别为 0.02℃/m 和 0.01/m, 典型的异常厚度为 20 ~ 30m。热液异常和透光异常偶合说明这种异常是热液成因的, 而不是海底沉积物的再悬浮现象。Cascadia 盆地地区, 正常情况下溶解氧的值从海面最大处开始降低, 在深度 1000m 处取得最小值, 而后缓慢增加。溶解硅在海面最小, 而后随海水深度的增大而增大, 直到溶解氧的含量最小处, 而后缓慢增大直到海底。然而, Baby Bare 热液区溶解氧和硅的含量都在水深 2400m 时开始迅速增加。硅异常可达 $50\mu mol/L$, 氧异常为 $0.5ml/L$。硅氧异常要求有额外的硅氧源, Cascadia 底层海流不可能是硅氧的补给原因, 而且在其他地方没有发现类似的异常现象, 热液才是直接的补给源。

Baby Bare 区深度 2000m 以下的热液边界层之上, 盐度、温度相关性很好, 为

$$< \theta > = 192.30 - 5.51 < S >$$

但在热液边界层顶部出现较大偏差, 这也成为证明热液存在的很好证据。

6.1.2 热液柱的物理特性研究

6.1.2.1 热液柱的形态研究

热液活动的突出表现是高温热液流体从海底流出。高温热液流体和周围的海水相比具有温度高、密度低的特点, 并富含化学物质, 从而在物理和化学特性方面都表现出很大的异常。高温、低密度的热液流体流出海底后, 在上升的过程中和周围海水混合形成热液柱 (hydrothermal plume)。热液柱是海底热液系统将自身热量输入海水的主要形式, 是研究现代海底热液活动环境效应的主要物理对象, 因此对其进行理论和实际的研究具有重要意义。日本、德国、美国等已相继在海上进行了有关热液柱的调查研究, 特别在化学异常方面已对热液柱有了一些基本的认识 (Gamo et al., 1996; German et al., 1998; Lisitzin et al., 1997)。本书主要从理论上对热液柱的基本物理形态进行探讨。

(1) 热液流体在海水中的浮力分析

热液流体和周围的海水相比具有温度高, 密度小的特点, 就黑烟囱喷口而言, 热液流体的温度一般可达 300 ~ 400℃ (RISE Project Group, 1980; Francheteau et al., 1981), 而密度只有正常海水密度的 7/10 左右 (Wilcock, 1998)。此时的热液所受的浮力为

$$b = - g \frac{\rho - \rho_0}{\rho_0} \tag{6-1}$$

式中, ρ 为正常海水的密度; ρ_0 为热液流体的密度; g 为重力加速度。

由于 ρ_0 小于 ρ，浮力 b 为负值，和重力加速度相比，方向向上，再加上热液流体从喷口喷出时具有初速度，热液流体从喷口喷出海底后将加速上升。由于存在很大的摩擦，热液流体加速上升的过程中要不断夹带周围的海水一起上升，同时也不断向周围的海水散热，使热液流体自身的温度不断下降

$$\rho_0 = \rho(1 - \alpha\Delta T) \tag{6-2}$$

式中，ΔT 为热液流体的温度和周围海水的温度差；α 为热膨胀系数。

可见随着温度降低，热液流体的密度增大，所受的浮力 b 值将要减小。当热液流体的密度和周围海水的密度相当时，热液流体所受的浮力不复存在，摩擦力很快会使热液流体的上升速度降为 0，使其不再上升，而到达一个中性浮力面（Helfrich，1994）。在这个中性浮力面上，浮力为 0，热液流体上升的速度为 0，从下面不断上升的热液流体在这个面上聚集并侧向扩散。

（2）热液流体在海水中运动的流体力学方程

热液流体从海底热液喷口喷出时夹带了大量的化学物质，进入底层海水后会形成很大的化学异常，如 CH_4 异常、Mn 异常、^{3}He 异常、硅氧异常等（Gamo et al.，1993；Stommel，1982），通过研究这些化学异常可以研究热液柱的基本特性。我们知道热液柱的成长发育符合流体力学的基本规律，从流体力学的基本规律出发，加上特定问题的初始边界条件，可以对热液柱的基本形态和基本特征进行简单描述。

在静止的底层海水中，热液柱在水平面上具有圆截面。在圆柱坐标系中下列方程组描写了热液柱的发育过程（特科特，1993）。

运动方程

$$\frac{\partial}{\partial z}(rw^2\rho) + \frac{\partial}{\partial r}(ruw\rho) = r\frac{T'}{T_c}\rho g + \frac{\partial}{\partial r}(r\tau) \tag{6-3}$$

连续性方程

$$\frac{\partial}{\partial z}(\rho w) + \frac{\partial}{\partial r}(\rho u) = 0 \tag{6-4}$$

能量方程

$$\frac{\partial}{\partial z}(rwT\rho) + \frac{\partial}{\partial r}(ruT\rho) = -\frac{1}{c_p}\frac{\partial}{\partial r}(rF) \tag{6-5}$$

式中，u，w 分别为热液柱运动速度的水平分量和垂直分量；T 为扰动状态下的温度；T_c 为周围海水的温度；$T' = T-T_c$ 为由于热量流入而引起的温度变化；c_p 为定压比热容，$\tau = K\frac{\partial w}{\partial r}$ 为切向应力的垂直分量；$F = K\frac{\partial T}{\partial r}$ 为水平方面的湍流热通量。

（3）方程的求解

式（6-3）~式（6-5）中的全部量都是半径为 r 圆周上的平均值。在热液柱问题

中，待求函数应满足如下边界条件

$$2\pi c_p \rho \int_0^\infty rwT'\mathrm{d}r = Q \tag{6-6}$$

$$\lim_{r\to\infty} r\rho u \neq \infty \tag{6-7}$$

$$\lim_{r\to\infty} rF = 0 \tag{6-8}$$

$$\lim_{r\to\infty} r\tau = 0 \tag{6-9}$$

$$\lim_{r\to\infty} rw = 0 \tag{6-10}$$

$$\lim_{r\to\infty} rT' = 0 \tag{6-11}$$

式中，Q 为单位时间内由热液喷口输入海洋中的热量（6.2节中给出热量的估算）。

将式（6-4）乘以 $-\dfrac{w^2}{2}$，将式（6-3）乘以 w，再将两式相加，得

$$\frac{\partial}{\partial z}\left(\frac{rw^3\rho}{2}\right) + \frac{\partial}{\partial r}\left(\frac{ruw^2\rho}{2}\right) = rw\frac{T'}{T_c}\rho g + w\frac{\partial(r\tau)}{\partial r} \tag{6-12}$$

将式（6-5）和预先乘以 $-T_c$ 的方程（6-4）相加，得

$$\frac{\partial}{\partial z}(rwT'\rho) + \frac{\partial}{\partial r}(ruT'\rho) = -\frac{1}{c_p}\frac{\partial}{\partial r}(rF) - rw\rho\frac{\partial T_c}{\partial z} - ru\rho\frac{\partial T_c}{\partial r} \tag{6-13}$$

上述方程可以给出数值解，但考虑到所给方程已经对问题进行了简化，在此只给出问题的近似解，可以用以下公式来逼近未知量的精确解

$$w = w_m e^{-r^2/2R^2} \tag{6-14}$$

$$T' = T'_m e^{-r^2/2R^2} \tag{6-15}$$

$$\tau = \frac{1}{2}\rho w_m^2 j(r/R) \tag{6-16}$$

式中，$R(z)$ 为与热液柱横截面成正比的量；w_m 为热液柱中轴上流体向上的运动速度；T'_m 为热液流体在热液柱中轴的温度和周围海水温度的差；$j(r/R)$ 为自变量 r/R 的未知函数。

将式（6-3）~式（6-5）中代入 w，T'，τ 的近似表达式，并对 r 从 0 到 ∞ 积分，考虑到边界条件，式（6-6）~式（6-11）后，可得到关于 w_m，T'_m 和 R 的常微分方程

$$\frac{\mathrm{d}}{\mathrm{d}z}(R^2 w_m^2) = 2R^2\frac{T'_m}{T_c}g \tag{6-17}$$

$$\frac{\mathrm{d}}{\mathrm{d}z}(R^2 w_m^3) = 3R^2 w_m\frac{T'_m}{T_c}g - cRw_m^3 \tag{6-18}$$

$$\frac{\mathrm{d}}{\mathrm{d}z}(R^2 w_m T'_m) = -2R^2 w_m\frac{\mathrm{d}T_c}{\mathrm{d}z} \tag{6-19}$$

其中，

$$c = \frac{\rho}{\sqrt{2}} \int_0^\infty e^{-x^2} \frac{\mathrm{d}}{\mathrm{d}x} \left[xj(x\sqrt{2}) \right] \mathrm{d}x \tag{6-20}$$

从式（6-17）和式（6-18）很容易得到 R（z），将式（6-17）乘以 $3w$，将式（6-18）乘以 -2，并把两式相加，得

$$\frac{\mathrm{d}R}{\mathrm{d}z} = c \tag{6-21}$$

$$R = cz \tag{6-22}$$

在 $\partial T_c / \partial z = 0$ 的条件下，由式（6-19）可知

$$R^2 w_m T'_m = A = \frac{Q}{\pi \rho c_p} \tag{6-23}$$

6.2 节将提到 Q 是可以确定的，因而常数 A 也是可以确定的，从式（6-23）和式（6-17）中消掉 T'_m，可得 w_m 的一阶常微分方程，积分后得

$$w_m = \left(\frac{3Ag}{2c^2 Tz} + \frac{B}{z^3} \right)^{1/3} \tag{6-24}$$

式中，B 为积分常数。

式（6-24）反映了热液流体向上的流速随高度的变化，进一步简化式（6-24）

$$w_m \propto \left(\frac{1}{z} + \frac{1}{z^3} \right)^{\frac{1}{3}} \tag{6-25}$$

（4）热液柱的形态

图 6-1 基本上反映了热液流体向上的流速随高度的变化。从图上可以看出热液流体的上升速度在开始阶段是很快的，喷出海底一段距离后，向上的流速迅速减低，但仅从图上看，在很长距离内，热液流体上升的速度一直保持一个很小的数值，上升速度

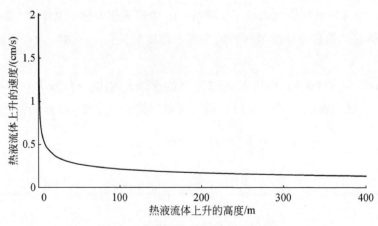

图 6-1　热液柱上升高度和上升速度

很难降为零，这是由于使用了条件：$\partial T_c / \partial z = 0$ 造成的。在这种条件下，底层海水属性均一，没有层结，热液柱在这种环境中会一直上升。而实际上，底层海水是有层结的，即 $\partial T_c / \partial z \neq 0$（RISE Project Group，1980），热液流体在上升到一定的高度后，遇到热液流体的密度和与周围背景海水密度相等的面，即浮力中性面，此时，由于浮力的消失，热液柱上升的速度会降为零。热液柱最终上升的高度与热液喷出时的速度、温度有关，和底层海水的 $\partial T_c / \partial z$ 值有关，即与浮力频率 N 有关

$$N = \left(-g \frac{\partial \rho}{\partial z} \right)^{\frac{1}{2}} \tag{6-26}$$

热液喷出海底后，初始速度很快，热液集中在很小的一个通道范围内，随着高度的增加，上升速度降低，要在单位时间内通过等量的热液流体，热液柱自然要在侧向上扩张，以拓宽热液通道，即拓宽热液柱占据的水平横截面的面积，从而保持单位时间内通过热液柱任意横截面的热液总量相等（图6-2）。

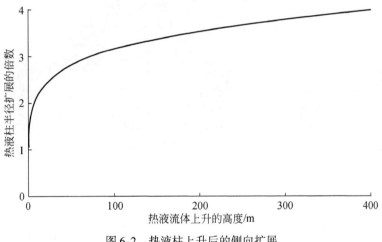

图6-2　热液柱上升后的侧向扩展

在热液流体上升到达中性浮力面后，热液流体不断地从热液喷口喷出并在中性浮力面聚集，由于背景海水的层结性，热液在中性浮力面不再继续向上升，而是随时间侧向不断扩展。此时，热液柱的基本形态已经形成（图6-3）。大致上，热液柱可分为两大部分，热液颈和热液透镜。热液颈是热液柱下部垂向延伸的部分，下面连接热液喷口，上面连接中性浮力面，热液颈随高度的增大在侧向上不断扩展，呈下细、上粗的形状，柱体顶部的半径可以是底部半径的几倍。热液柱通常的高度为几十到几百米，底部直径几十厘米，上部直径可达几米到几十米。热液透镜位于中性浮力面内，呈中间稍厚四周薄的透镜状，直径可达几千米甚至几十千米（Thomson et al.，1995）。和周围海水相比，热液颈部分的物理特性异常明显，热液透镜的物理特性异

常并不很明显，它表现出的主要是化学异常。

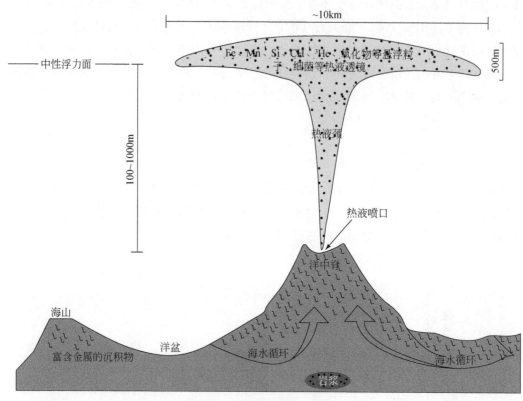

图 6-3　热液柱的基本形态

（5）讨论

　　热液柱由热液颈和热液透镜两部分组成，这是在不考虑底层流的前提下得出的。由于底层流的存在，热液柱肯定要发生变形。要了解热液柱在海洋中实际的形态特征则必须在描述热液柱的方程中加入大洋底的背景海流这一项，并有实测的洋底背景海流数据作为支持。由于目前很少有热液活动区近海底的背景海流数据，国内外基于实测的海底背景海流数据从理论上进行热液柱形态方面的研究尚不多见。根据一些海底海流数据我们可以对这个问题进行一些简单的定性分析。热液流体从喷口喷出时的流速一般在 1m/s 左右，而近海底的海水流速很小，一般在 0.01m/s（以 Cascadia 盆地为例）（Thomson et al.，1995）。和热液流体从喷口喷出时的流速相比，底层流基本可看作是静止不动的，而且热液流体从喷口喷出后上升到其中性浮力面只需要几分钟的时间，在这样短的时间内．底层流对热液柱的下部（热液颈部分）形状的影响是很小的。由于热液透镜部分不再有很高的流速，从长时间来看，底层流对其形态将有很大的影响。有可能在垂直于海流的方向上，热液透镜的形状不变，而在沿海流的方向上热液透镜将变为一条连续的长带，或形成一些断续的串珠（图6-4）。

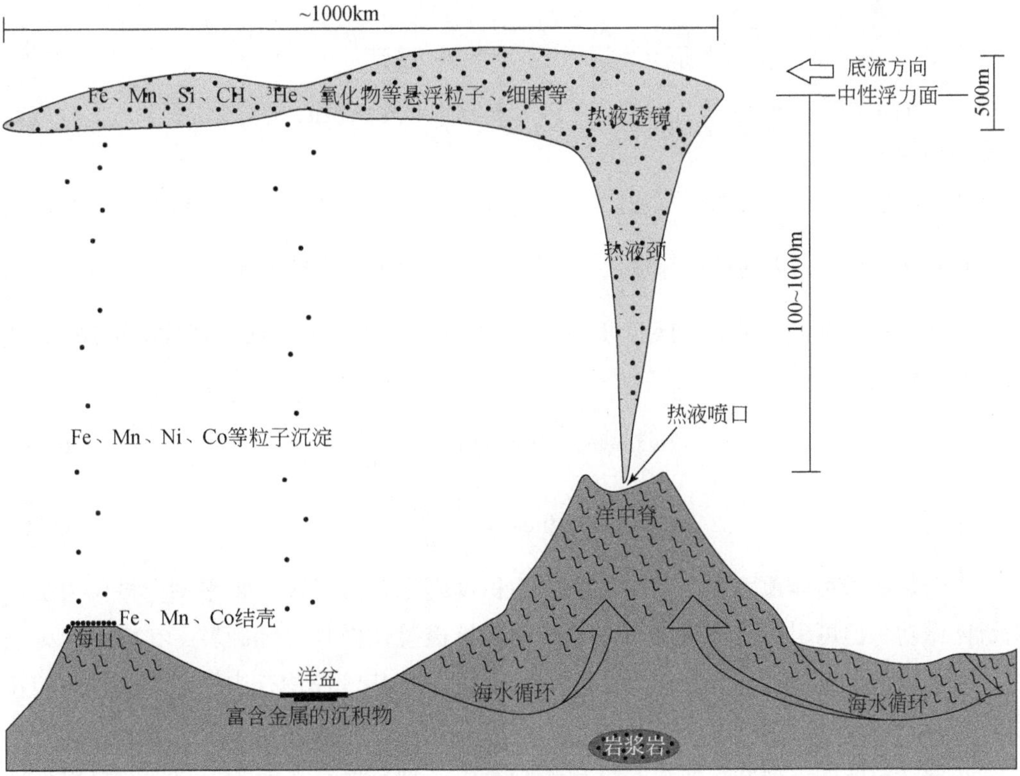

图 6-4　存在底流时的热液柱变形

（6）小结

现代海底热液系统以热液柱、热液漫溢和热液巨型脉动等多种形式向海水中输送热量，热液柱是其中较为重要的一种形式，是我们进行热液活动环境效应研究的基本物理目标，也是以后海上调查的首选调查物理目标。描述热液柱的流体力学方程的简化解基本上反映了热液柱的形态，在不考虑底层流的情况下，热液柱由两个部分组成：下部是上粗下细的热液颈，上部是呈透镜状的热液透镜。根据定性分析可推知，底层流不会对热液颈的形态有很大的影响，而上部的热液透镜则由于底层流的影响或变为连续的带状，或变为断续的串珠。

6.1.2.2　热液柱的旋转问题

热液柱顶部的热液透镜体部分，由于下部不断供给物质，随时间地推移有不断扩展的趋势，在一定时间后会出现热液透镜体旋转的现象。

在直角坐标系下，描述旋转系统下黏性流体运动方程为

$$\frac{\partial u}{\partial t} + u \frac{\partial u}{\partial x} + v \frac{\partial u}{\partial y} = 2\omega \sin\varphi v - 2\omega \cos\varphi w - \frac{1}{\rho} \frac{\partial p}{\partial x} + \gamma \Delta u \tag{6-27}$$

$$\frac{\partial v}{\partial t} + u \frac{\partial v}{\partial x} + v \frac{\partial v}{\partial y} = - 2\omega \sin\varphi u - \frac{1}{\rho} \frac{\partial p}{\partial y} + \gamma \Delta u \tag{6-28}$$

式中，x 方向向东为正，y 方向向北为正，z 方向向上为正。u，v 分别为 x，y 两个方向的运动速度。

式（6-27）和式（6-28）考虑了科氏力项而忽略了天体引潮力。科氏力项中 ω 为地球自转角速度，φ 为地球的纬度。$-\frac{1}{\rho} \frac{\partial p}{\partial x}$，$-\frac{1}{\rho} \frac{\partial p}{\partial y}$ 为压力梯度项。

热液透镜体演化一定时间后，达到定常状态，忽略摩擦力项，则式（6-26）、式（6-27）改写为

$$2\omega \sin\varphi v - 2\omega \cos\varphi w = \frac{1}{\rho} \frac{\partial p}{\partial x} \tag{6-29}$$

$$- 2\omega \sin\varphi u = \frac{1}{\rho} \frac{\partial p}{\partial y} \tag{6-30}$$

由于热液透镜体顶面不平而引起的压力梯度则主要由科氏力来平衡。科氏力虽不对流体做功，但可引起流体旋转。在北半球热液透镜体做顺时针旋转，在南半球则进行逆时针旋转。实际上，Lupton 等已在 1998 年的一次热液柱调查中发现了这种旋转特性（Lupton et al.，1998）。

热液透镜体的这种旋转使得热液柱本身有了一种自保持功能：一方面它可以保持自身的能量不向外散失；另一方面也保持了热液透镜形态的稳定性。

为了检验热液柱的旋转现象，Lupton 等专门设计了一种潜标，投放到热液活动区热液柱的范围内，利用潜标的随流运动来证实热液柱的旋转现象。

1996 年 2 月，美国地震台网观测到俄罗岗岸外 BLANCO 转换断层以南的戈达洋脊发生地震（图 6-5）。地震活动持续 3 周。1996 年 3 月，美国科学家迅速组织了科学观测航次，在发生地震的位置布置了 14 个海洋参数观测链。其中，4 个观测链在 1900 ~ 2500m 的深度范围内观测到了热液异常。其温度差为 0.12℃，并富含 ^{3}He、Mn、Fe 和其他热液示踪离子。美国科学家将这个热液柱命名为 EP96A 热液柱。其下方为一新的熔岩流喷溢区。

1996 年 4 月，美国科学家再次组织航次对地震区进行热液柱观测。在深度 1800 ~ 2400m 处发现了一个新的热液柱，命名为 EP96B1 热液柱。其分布范围、温度差以及离子浓度等都较前者要低。1996 年 4 月 15 日，科学家利用温度和离子浓度异常确定了 EP96B1 热液柱的中心位置，并在中心位置投放了专门设计的潜标（图 6-6），用以观测热液柱的涡旋特征。专门设计的潜标为 RAFOS 潜标，中性浮力，具有良好的随流特

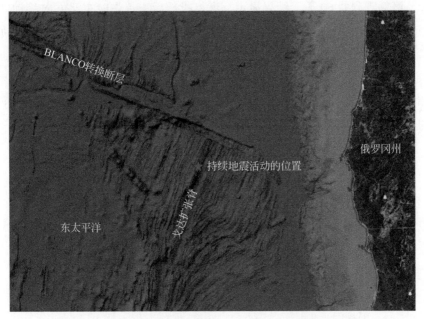

图 6-5　美国俄罗岗岸外戈达洋脊观测到持续地震的位置

性。潜标在配重的驱动下下潜到 2000m 后抛载,并下潜到 2200m 时定深。此时的潜标为中性浮力保持在水体中,随水体移动。他们在热液喷口周围布设了 4 个海底基站。潜标具有通信功能,可以和布设的海底基站进行联系。通过解算潜标和海底基站的通信信息可以知道潜标的位置。

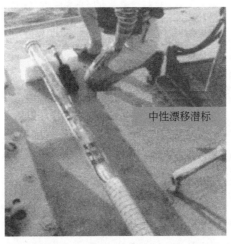

图 6-6　Lupton 等使用的中性漂移潜标(Lupton et al.,1998)

1996 年 6 月 10 日,第三观测航次在离最初投放位置 9km 的地方回收了此前投放的观测潜标。潜标观测共60天。结果显示，潜标投放后，首先向东北方向移动，而后转向北西，再转向西和西南，逐渐远离最初的投放位置。总体上，潜标的运动轨迹为以热液喷口为起始点的螺旋曲线。起止点距离8.8km，总航迹127km，平均运动速度为2.4cm/s（图6-7）。特别是，在60天的观测中，热液柱中悬浮体浓度，特别是溶解Fe、Mn离子的浓度都没有明显降低。中性浮力观测潜标的逆时针旋转运动，显示了北半球科氏力的作用。

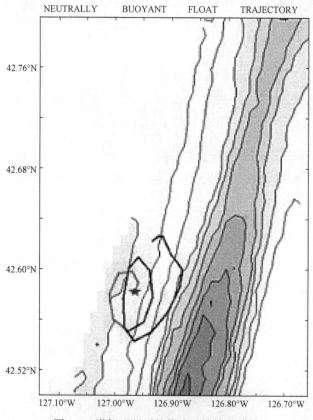

图6-7　潜标观测到的热液透镜体的旋转

　　在中国科学院装备项目的支持下，笔者研制了用于海底热液调查的观测潜标。该观测潜标特别设计，可用于热液柱的旋转跟踪。如图6-8所示，海底热液柱观测潜标大体上由浮筒、潜标主体和抛载系统三部分组成。浮筒集成了几乎所有的传感器，如声学通信Modem、超短基线系统信标机以及海面无线搜寻信标，为潜标提供浮力且为声通讯设备和超短基线信标机等感传设备提供支撑。超短基线定位系统用于科学考察船对潜标的水下定位，通过装配精确的GPS、电子罗经等仪器，科学考察船可以确定潜标的相对位置和绝对位置。声学通信Modem用于科考船与潜标之间的命令和信息传输。

CTD 用于记录温度、盐度和深度数据。海面无线搜寻信标用于平台回收时搜寻潜标位置。潜标主体中主要包括控制系统、液压系统和能源系统。抛载系统安装在潜标主体下端，利用熔断抛载的原理，有两个相同的抛载重块组成，可以实现两次抛载，当潜标到达指定深度之后抛掉下降重块（descending weight），潜标基本处于中性浮力状态时开始定深；当潜标完成任务并回收时，抛掉上升重块（ascending weight），开始上升。潜标主体内部安装有 CTD 传感器、电机、液压泵、电池包以及探出到主壳体之外的外皮囊等。电池包放置于潜标主体下部，利于重心下移，保持平台的姿态稳定。由于单活塞单行程液压泵的特殊结构，液压泵与控制器、电池包、传感器等混杂布置于主体内部。液压系统由内外皮囊、液压换向阀、螺帽旋转式滚珠丝杠、高压缸及动力系统组成。能源系统为 18V 和 24V 镍氢电池包。控制系统由电源管理电路和控制电路组成，控制电路将 ARM7 系列 LPC2292 芯片作为其 CPU。

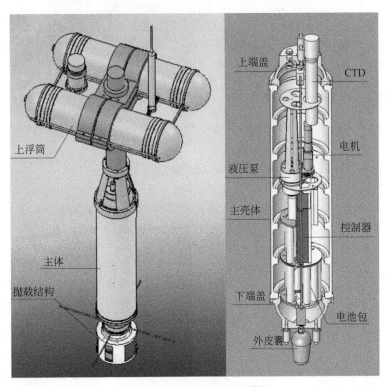

图 6-8　海底热液柱观测潜标

　　海底热液柱观测潜标的工作过程为：潜标供电后，潜标内部系统开始工作，CTD 开始测量，此时布放潜标，在抛载系统两个重块的作用下，潜标下潜到任务指定深度附近，此时甲板单元发出指令抛掉下降重块，潜标基本处于中性浮力，开始定深调节，潜标保持在指定深度开始漂流。在接收到上浮命令或者潜标工作时间到后，潜标接收甲板单元上的浮指令，抛掉上升重块，上浮到海平面，此时海面无线开始搜寻信标，科考船通过无线搜寻器开始搜寻并回收潜标。在潜标的下潜、定深和上浮过程中，CTD传感器一直工作，实时测量 CTD 数据，声学通信系统和超短基线定位系统交替工作，实现考察船对潜标的定位以及潜标与考察船之间的数据与命令传递。

热液柱观测潜标高 2480mm，主壳体直径 260mm，空气中重量 156kg，最大体积改变量为 145g，最大工作深度为 2500m。壳体材料采用 LY12CZ，其厚度为 14mm，长 900mm。液压泵为单柱塞单行程高压泵。电池包采用 24V 镍氢电池包 24Ah 和 24V 锂离子电池包 10Ah。两块抛载重物的重量均为 2kg（图 6-9）。

图 6-9　海底热液柱观测潜标实物

观测潜标已经完成了实验室水槽实验、湖试和南海的海试。潜标的下潜、抛载、定深、随流、上浮、回收等性能良好（图 6-10）。

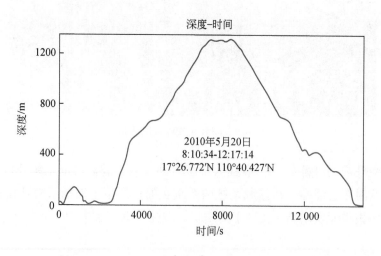

2010年5月20日
8:10:34-12:17:14
17°26.772′N 110°40.427′N

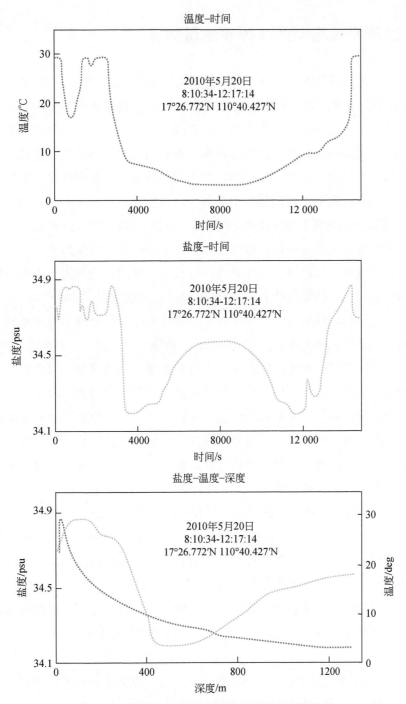

图 6-10　观测潜标在南海海试记录到的温盐深曲线

6.1.3 热液系统输向大洋的热通量估算

海洋是调节地球温度的一个巨大调节器。如果海洋的温度升高1℃，地球的温度将会升高6℃。有人推测，如果地球的平均气温升高6℃，地球上大部分的生命现象将不复存在。在进行世界大洋环流的数值模拟计算时，一般只是在大洋的上边界考虑太阳辐射和风等因素的影响，而把下边界看作水平绝热的边界，即无热量交换。在讨论大洋对全球气候的影响时，也没有考虑海底对大洋的热输送。长期以来，海底向海洋的热流输送问题一直没有引起人们足够的重视。1979年RISE Project Group在EPR 21°N深2600m的海底首次发现了温度高达350℃的黑烟囱（RISE Project Group，1980），向人们揭示了海底高温热源的存在。目前已知在大洋中的活动板块边界、板内火山和弧后盆地普遍存在这种高温热源。合理地估算现代海底热液系统向大洋的热流输入，有助于对热液活动对大洋环流乃至全球气候的影响产生新的认识。

热液系统输入海洋热通量的计算依赖于对热液系统多个物理参数的准确测定，如热液区的规模、热液流体的密度、定压比热容、热液流体的温度、热液流体的流速等。这些参数确定后，就可以准确计算出热液系统输入海洋的热通量，但由于热液活动区一般位于很深的大洋底，在这样的环境下测定这些参数是困难的。此外，由于受现代海底热液系统测量程度和测量手段的限制，我们对现代海底热液活动在大洋底的分布了解是很粗浅的，现在还不可能对热液系统的热通量进行准确计算，只能在现有资料基础上进行一个适当的估计。对一些调查程度较高的热液活动区，如胡安·德富卡热液活动区，一些学者对其热通量进行了详细的估算（Baker et al.，1996），但对全球的热液热通量，由于受到调查程度的限制，只有一些很粗略的估算（Lowell et al.，1995；Stein and Stein，1994）。估算方法主要有对热液烟囱和漫溢热液区热通量的估算、对热液柱热通量估算、用底层海水热异常估算热通量、对巨型热液柱热通量的估算、用热液柱覆盖率估计热通量和基于地壳结构的热通量的估算等。

热通量是单位时间内通过已知面积的物质所携带的热量总和，如果已知这些物质的密度、定压比热容以及与周围物质的温度差，则热通量可表示为

$$Q_h = \rho c_p v S \Delta T \tag{6-31}$$

式中，v 为物质的迁移速率；S 为已知的面积；ρ、c_p 分别为迁移物质的密度和定压比热容；ΔT 为迁移物质与周围物质的温度差。

（1）热液系统通过热液烟囱和热液漫溢输入海洋的热通量

热液烟囱一般是一个热液活动区标志性的地质现象，而且一个热液活动区中往往

有多个正在活动的热液烟囱。深潜器所观测到的烟囱喷口处的热液温度可以高达 300℃ 以上，所以通过持续不断的热液喷发，热液系统向海洋输入的这部分能量应是相当可观的。

设烟囱的直径为 d，向上喷出热液的流速为 w，热液流体的密度为 ρ_f，喷出流体的温度为 T，则单位时间内喷出热液的体积为

$$v = \frac{\pi d^2}{4} w \tag{6-32}$$

相对于冷的底层海水，该部分热液的过热为 $\rho_f c_p w (T - T_0) \pi \dfrac{d^2}{4}$，则单个热液烟囱输入海洋的热通量为

$$Q_h = \rho_f c_p w (T - T_0) \pi \frac{d^2}{4} \tag{6-33}$$

式中，T_0 为海底的正常温度；c_p 为热液的定压比热容。

取喷口的温度 $T = 350℃$，海水在海底的正常温度为 2℃，热液的密度取 $\rho_f = 980 \mathrm{kg/m^3}$（Pitzer et al.，1984），热液垂直向上的流速为 $w = 1\mathrm{m/s}$（Macdonald et al.，1980；Converse et al.，1984；Delaney et al.，1992），定压比热容量 $c_p = 4000\mathrm{J/kg℃}$，热液烟囱喷口的直径为 $d = 0.1\mathrm{m}$，则单个热液烟囱输入海洋的热通量为

$$Q_h = 980 \times 4000 \times 1 \times (350 - 2) \times 3.14 \times \frac{0.1^2}{4} = 10.7\mathrm{MW} \tag{6-34}$$

假设已发现的 494 处热液活动区，平均每处有 10 个这样的烟囱，则全球由烟囱向海洋输送的总的热通量为

$$\sum Q_h = 10.7 \times 494 \times 10 = 53\mathrm{GW} \tag{6-35}$$

热流系统除以集中高温的形式通过热液烟囱向海洋输送热量外，更多则是以低温大面积的漫溢热水的形式向海洋输送热量。热液漫溢区主要分布在渗透性很强的海底裂隙群的上方，温度不高，通常为几度或几十度，漫溢流速很低，为每秒几百米或更低，但涉及的范围通常很大（Rona and Speer，1989；Rona et al.，1992c）。以前人们往往只注意黑白烟囱这种强的热液释放热量形式，热液漫溢热量损失没有引起足够的重视。从生物的角度来看，漫溢热流似乎更为重要，因为它是海底热液生物群落生存的主要环境。同样可以用式（6-33）对漫溢热液区的热流通量进行估算。假设漫溢区的温度异常为 2℃，热液漫溢的流速为 $1\mathrm{cm/s}$，涉及直径为 100m 的海底范围，如 Tamayo 转换带低温热液区（Gallo et al.，1984）、EPR 21°N 的漫溢低温热液区（Woodruff and Shanks，1988），可以算出单个热液活动区的漫溢热通量为

$$Q_h = 980 \times 4000 \times 0.01 \times 2 \times 3.14 \times \frac{100^2}{4} = 615\mathrm{MW} \tag{6-36}$$

则全球 494 个热液活动区的热液漫溢热通量为

$$\sum Q_h = 494 \times 615 = 304 GW \qquad (6\text{-}37)$$

海底热液系统通过热液烟囱和热液漫溢两种形式向海洋输入总的热通量为 357GW。

（2）从热液柱上升模型计算出的热通量

热液进入海底后，由于其温度高，密度小，在浮力的作用下会继续向上迁移，形成热液柱。对轴对称的浮力热水柱，假设其初始动量为零，从点源开始上升，Turner 和 Campbell（1987）计算了它上升的最大高度

$$z_{max} = 5.0 \left(\frac{B_0}{\pi}\right)^{\frac{1}{4}} N^{-\frac{3}{4}} \qquad (6\text{-}38)$$

式中，N 为周围背景海水的 B-V 频率。

$$N = -\frac{g}{\rho_0} \left(\frac{d\rho}{dz}\right)^{\frac{1}{2}} \qquad (6\text{-}39)$$

式中，ρ_0 为正常海底的海水密度；ρ 为海水密度，是位置函数；g 为重力加速度；z 向上为正。设 B_0 正比于源的热能量 Q_h，则

$$B_0 = ag\frac{Q_h}{\rho c_p} \qquad (6\text{-}40)$$

式中，α 为流体的热膨胀系数。将式（6-40）代入式（6-38）得

$$Q_h = \left(\pi\rho\frac{c_p}{ag}\right) N^3 \left(\frac{z_{max}}{5}\right)^4 \qquad (6\text{-}41)$$

式（6-41）虽不能对非点源的热液活动区的热通量进行精确计算，但可以用来进行量级的估算。取 $\rho_0 = 1027 kg/m^3$，$\alpha = 1.5 \times 10^{-4}/k$，$N$ 以 Cascadia 盆地为例，$N = 6.91 \times 10^{-4}/s$（Thomson et al.，1995），$Z_{max} = 150 m$（Turner et al.，1987），则

$$Q_h = \frac{3.14 \times 1027 \times 4000}{1.5 \times 10^{-4} \times 9.8} \times (6.91 \times 10^{-4})^3 \times \left(\frac{150}{5}\right)^4 = 2.3 MW \qquad (6\text{-}42)$$

（3）从底层海水的热异常估算的热通量

由于热液活动区对上部海水的持续加热会在海底形成一个底热异常边界层，这样的底热边界层可由 CTD 等测量仪器准确测到。既然这个底热边界层是由热液活动所引起，这样通过计算底热边界层的热通量就可以相应地估算热液系统所输出的热通量。

设底边界层的厚度为 d，温度异常为 $\Delta Q(y, z)$，它是位置函数，z 方向向上，y 方向垂直流向。时间平均的海洋热通量为

$$Q_h = \rho c_p \int_0^l \left(\int_0^d u\Delta\theta dz\right) dy \qquad (6\text{-}43)$$

式中，d 为底边界层的厚度；$\Delta\theta(y, z)$ 为温度异常，它是位置函数，z 方向向上，y

方向垂直流向并对整个热液区积分；u 是热异常边界层运动速率；ρ 为底层水的密度；c_p 为底层水的定压比热容。

由于底边界层的水流速度很小，通常取为常数，因此如果能够确定底边界层的温度异常 $\Delta\theta$，则底边界层的热通量就可计算出。底边界层的温度异常 $\Delta\theta$ 由 CTD 测定的温度–盐度关系确定。

由于

$$\Delta\theta(s)\,\mathrm{d}s = \Delta\theta(z)\left[\frac{\partial s}{\partial z}\mathrm{d}z + o\left(\frac{\partial s}{\partial z}\right)^2\mathrm{d}z\right] \tag{6-44}$$

忽略高阶项，热通量为

$$Q_h = ul\rho c_p \int_{sb}^{st} \Delta\theta(s)\left(\frac{\partial s}{\partial z}\right)^{-1}\mathrm{d}s \tag{6-45}$$

式中，S_b、S_t 是异常边界层底和顶的盐度。据式（6-45）在确定了底热边界层的尺寸和温–盐–密度分布的情况下，其热通量就可以估算出。

以 Cascadia 盆地为例，取 $\rho c_p = 4.3\,\mathrm{MJ(m^3 \cdot \text{℃})}$，$y$ 方向积分的长度取盆地中火成岩露头的直径 $l = 0.31\,\mathrm{km}$，底热边界层的厚度 $d = 50\,\mathrm{m}$，流速取 $u = 0.01\,\mathrm{m/s}$，温度、盐度的资料取自 Thomson 等的测量值（Rona and von Herzen，1996）。由此计算出

$$Q_h = ul\rho c_p \int_{sb}^{st}\Delta\theta(s)\left(\frac{\partial s}{\partial z}\right)^{-1}\mathrm{d}s = 0.01\times310\times4.31\times10^6\times0.1\times50 = 64.6\,\mathrm{MW} \tag{6-46}$$

这是一个热液活动区引起的上覆底边界层的热通量。假定其他所有已知的热液活动区都在其上方引起类似的底热边界层，则全球 494 个热液活动区总的热通量约为 32 GW。

（4）巨型热液柱热通量的估计

巨型热液柱为在短时间内巨量的热液由地壳内突然喷发进入海洋而形成的大型热液柱。Baker 等（1987）首次在 JDF 脊 Cleft 段的北部发现了一个巨型热液柱，其温差为 0.12℃，厚 700m，高 1000m，直径达 20km，第二年他们在该发现地以北 45km 处又发现了一个热液柱，但规模相对较小。巨型热液柱的形成和岩墙的侵入、熔岩流事件或是热构造活动有关。据 Baker 等估计，单个巨型热液柱所含的热量为 $10^{16} \sim 10^{17}\mathrm{J}$。假如每年全球有 10 个巨型热液柱出现，则巨型热液柱向海洋的热通量为

$$Q_h = \frac{10\times10^{17}}{365\times24\times60\times60} = 30\,\mathrm{GW} \tag{6-47}$$

这一数值高于全球烟囱的热通量总和。

（5）用洋中脊热液柱覆盖率估计的热通量

只有对全球海底热液活动区的分布有全面的了解，才能准确估算海底热液系统输

向大洋的热通量。由于受大洋底调查程度的限制，目前我们对现代海底热液活动区的调查研究远没有达到全面了解的程度，但已知的热液活动区的分布表现出某些规律，在目前的条件下我们仍可以根据这些规律，推测全球海底热液活动区的分布情况，从而根据已知热液活动区的热通量（平均）估算全球海底热液系统的热通量。

设某几段洋中脊的总长度为 L，其中有 n 处热液活动区，平均每处热液活动区上的热液柱覆盖的长度为 1，则 n 处热液活动区的热液柱覆盖总长度为 nL，用 P 表示两者的比值，即

$$P = \frac{nl}{L} \tag{6-48}$$

容易看出，P 是一个无量纲的量，它反映了扩张洋脊上热液活动出现的频度和影响范围，称为扩张洋脊热液柱的覆盖率（Baker et al., 1996）。例如，在大西洋中脊 27°N ~ 30°N 处 330km 的脊段上有 3 个热液活动区（Murton et al., 1994），在大西洋中脊 36°N ~ 38°N 处 270km 的脊段上有 9 个热液活动区（German et al., 1996），这 12 个热液活动区的热液柱平均覆盖长度为 8km，则这 600km 长的脊段的热液柱覆盖率为 $P=0.16$。再如，在大西洋中脊 63°N 处 750km 长的脊段上只发现了一个热液活动区，则 $P=0.01$（German et al., 1994）。大西洋中脊 27°N ~ 30°N 和 36°N ~ 38°N 的洋中脊 P 值较大，说明该段洋脊发生热液活动的概率较高。热液活动在扩张洋脊上出现的频度与该段洋脊的扩张速率密切相关。一般来说，洋脊的扩张速率越高，出现热液活动的频率也越高。Baker 等（1996）注意到了扩张洋脊的扩张速率与热液活动出现频率之间的关系，并把扩张洋脊的扩张速率 U_s 与扩张洋脊热液柱覆盖率 P 之间的关系定义为线性关系，即

$$P = \alpha u_s \tag{6-49}$$

式中，α 为常数，取为 0.004Ma/km。

根据式（6-49），若给定某段洋中脊的长度和扩张速率，就可以计算出该段洋中脊上热液柱覆盖的长度

$$nl = L\alpha u_s \tag{6-50}$$

式（6-50）反映了热液活动在扩张洋脊上的空间分布，即脊段上某点是热液活动区的概率为 αu_s。目前全球扩张洋脊各段的长度和扩张速率是已知的（Detrick et al., 1990），这样利用简单求和的方法即可得到全球扩张洋脊上热液柱覆盖的总长度。如果已知热液柱覆盖区在单位长度上的热液通量，就可以求出全球热液通量。

每个热液活动区输入大洋的热通量应是高温热液烟囱输入和热液漫溢输入热通量的和。根据本书的计算知每个热液活动区输入大洋的热通量为 716MW，每个热液活动区热液柱覆盖的脊长按 8km 计算，则热液柱覆盖区单位长度洋脊上的热通量为 88MW，

将此值乘以 αu_s，即得扩张速率为 u_s 的扩张洋脊单位长度的热通量，由此可以计算出全球总的扩张洋脊热液系统输向海洋的热通量约为 1086GW（表 6-2）。

表 6-2　不同扩张速率的扩张洋脊的热通量

全球扩张速率/（km/Ma）	脊长/km	热通量（据覆盖率）/GW	热通量（据热结构）/GW
10	14 800	52	28
30	15 700	165	90
50	6 000	105	57
70	10 700	263	144
90	6 400	202	110
110	600	23	12
130	400	18	10
150	4 900	258	141
总和	59 500	1 086	592

资料来源：Baker et al.，1996。

（6）基于地壳结构的热液通量估计

1985 年，Lowell 和 Rona（1985）指出，要维持热液系统持续不断的热流输出，需要岩浆热源的存在。扩张洋脊上的多道地震测量、ESP 剖面和 OBS 陈列观测（Kent et al.，1990；Sinton and Detrick，1992）基本为人们建立起了扩张洋脊的地壳结构模型，该模型揭示了扩张洋脊地壳结构中岩浆热源的存在，从而建立了扩张洋脊岩浆热源和热液系统的关系，这样要了解海底热液系统输入大洋的热通量，可以从了解扩张洋脊岩浆由内向外的热通量入手。对实际地壳结构情况作一些简单假设可以对扩张洋脊岩浆由内向外的热通量进行粗略估算。

在扩张洋脊主要考虑两种热源，即侵入潜热和侵入过热。当岩浆房中含有过量的岩浆体时，就必须有岩墙的侵入。此时的扩张轴具有最高的热通量，之后的热能量逐渐降低，直到下一次的岩墙侵入为止。对于整个循环周期来说岩墙的侵入时间是短暂的。

我们用扩张洋脊的半扩张速率来平均整个循环周期中热液损失的情况，设扩张洋脊的扩张速率为 u_s，则扩张洋脊的热液通量为

$$Q_h = u_s h_d \rho L (l + c_p \Delta T) \tag{6-51}$$

式中，h_d 为岩墙的厚度；ρ 为岩浆的密度；l 为岩浆的潜热；c_p 为定压比热容；ΔT 为岩浆从侵入到准稳态时温度的降低；L 为扩张洋脊的长度。

根据地震资料揭示的洋中脊地壳结构模型（Rubin，1993；Henstock et al.，1993；Detrick et al.，1987），取岩墙的厚度为2km，岩浆密度为$3000kg/m^3$，岩浆潜热为$400kJ/kg$，定压比热容为$1kJ/(kg \cdot ℃)$，岩浆侵入后温度降低600℃。根据表6-2给出的扩张洋脊的长度和扩张速率可计算出全球扩张洋脊上的热液热通量约为592GW。

从前面的计算结果来看，不同的计算方法有不同的计算结果（表6-3）。单个热液烟囱的热通量约为10.7MW，而根据Cascadia盆地热液柱的参数计算得到的热液柱的热量为2.3MW，两者基本为同一数量级。一般热液活动区通过热液漫溢输出的热通量为615MW，明显比热液烟囱的热通量高。根据热液烟囱计算的全球热液系统输向海洋的热通量仅为53GW，而根据热液漫溢计算得到的热通量为304GW，后者要比前者大，这也许说明热液系统向海洋输出热量的主要形式是热液漫溢，而广为我们观测到的热液烟囱的形式虽然突出，但它并不是热液系统向海洋供热的主要形式。两者之和约为357GW，这应该是整个热液系统输向大洋的热通量。这一估计值比长江三峡建成后，26台机组的总输出功率（18.2GW）还高。从底层海水热异常估算得到的热通量只有32GW。实际上，热液从海底进入海洋后，引起的水体温度、盐度异常往往是很难精确测量的，所以这种计算方法也必将有较大的计算误差。通过概率估算和地壳结构估算的热通量分别为1086GW和592GW，比由烟囱和漫溢计算的结果要大，这可能是由于我们对现代海底热液活动的调查程度还很低，目前可能还有很多的热液活动区没有被我们发现。

表6-3　不同方法计算的全球海底热液系统热通量总和

估算方法	热通量总和/GW
一、从热液烟囱和热液漫溢区估算的热通量	357
二、从热液柱上升模型计算出的热通量	6
三、从底层海水的热异常估算的热通量	32
四、巨型热液柱的热通量	30
五、用洋中脊热液柱覆盖率估计的热通量	1086
六、基于地壳结构的热液通量估计	592
长江三峡建成后，全部26台机组总输出功率	18.2

由前面的计算方法知，不同的计算方法，其结果不同，热液通量最小为6GW，最大为1086GW。实际上，热液系统输向大洋的热通量应该是海底所有高温喷口和低温漫溢热水区的热通量总和，即方法一给出的结果，当然前提是我们已经了解每一处热液喷口和低温漫溢热水区的热参数。鉴于我们目前对现代海底热液活动调查认识的程度有限，要由该方法给出一个真实的热通量值是困难的。用方法五的目的是通过统计规

律来估计现代海底热液活动区的总数目，从而根据它来估算总的热液通量。在还没有完全掌握热液活动在海底详细分布的情况下，这是从整体上了解热液热通量的好思路。这种方法的局限性在于热液活动在海底分布是否存在统计规律性和能否找出这种统计规律性。用方法二至方法五是企图从另外几个侧面去反映热液通量。方法六计算的实际上是扩张中心通过地壳冷却引起的热通量，这部分热通量即是热液系统的热源，它最终还是通过高温热液喷口和低温漫溢热水输入到海洋中。从热液系统进入海洋中的热量首先要在海水层底部引起一个底热异常边界层，这即是方法三所要计算的热通量。因此，从理论上来说，这六种方法应给出同样的计算结果。计算结果的差异，反映了目前我们对现代海底热液活动的认识水平。正是由于我们对热液活动调查的局限性才造成了不同的方法估计结果的差异。我们认为，本书提出的几种方法用于估算热液系统输向海洋的热通量是有效的，但问题在于，要对现代海底热液系统向海洋的热量输送进行精确计算，还依赖于对热液系统精确、全面、长期的观测，在目前条件下还难以做到这一点，原因是我们对整个世界海底的热液调查仍然很少，在这种情况下不同的计算方法给出不同的计算结果也是难以避免的。

假设太阳辐射每天能引起全球 10% 的海洋面积表层 1m 的水体温度变化 1℃，则太阳辐射输入海洋的热通量约为 425TW，这一结果远高于由概率估计和地壳热结构估计得到的热液系统向大洋的热输出。应该看到，与太阳辐射向海洋的热输入不同，热液系统向海洋的热输入大部分集中于扩张洋脊的中轴很小的范围内，而太阳辐射则较为平均。虽然热液系统向海洋的热输入比太阳辐射要低得多，但鉴于其供热方式不同，因而它对海洋的影响乃至对全球气候变化的影响还应进一步研究。

6.2 大洋底层流的研究

6.2.1 北太平洋大洋环流

6.2.1.1 大洋环流模拟

大洋富钴结壳的生长、发育主要受控于两大环境：一是海底环境；二是海底以上的大洋水体环境。构成海底环境的主要因素是海底深度、海底地形、海床类型等；大洋水体环境则主要是指海水的温度、盐度、密度、含氧量以及大洋环流状况。对于持富钴结壳基岩成因论者，海底环境对于富钴结壳的成因是重要的，因为基岩成因论认为富钴结壳的成矿元素来源于海底；而对于持富钴结壳水成因论者，大洋水体环境则是重要的，因为这一观点认为富钴结壳的成矿元素来源于海底上覆的水体。根据我们对富钴结壳的调查研究，越来越多的数据显示，富钴结壳水成因占有主导地位。

本书认为，大洋富钴结壳是水成因的，成矿元素主要来源于热液活动区。这样在热液活动区和富钴结壳成矿区之间的大洋水循环就显得非常重要，因为，如果大洋水循环的方向是背离富钴结壳成矿区的，则上述理论显然不能成立。

为了检查是否存在从东北太平洋海隆热液活动区到中国 CC 矿区之间的大洋环流，我们对北太平洋的大洋环流进行了数值模拟。利用多年气候平均强迫场驱动大洋环流模型（MOM），模式的分辨率为 1×1，20 层。模式积分 50 年，取最后 10 年的平均结果分析。

6.2.1.2　环流计算结果

从我们的模拟计算结果可以看出，根据北太平洋大洋环流特征，在横向上，该区域可以分为：赤道流区域，该区域控制了赤道到 5°N 的范围；低纬度流区域，范围为 5°N 到夏威夷以南的区域和夏威夷以北的区域。纵向上，该区域可以分为上层水体区、中层水体区和底层水体区，水深一般在 2000m 以上，4000m 以上和 4000m 以下。由于 CC 矿区位于夏威夷东南侧，所以本书只关心低纬度流区域。

从图 6-11 ~ 图 6-15 可以看出，在水深 1500m 处，在夏威夷南侧，有一股自西向东贯穿整个太平洋的海流，这和北太平洋的赤道流相反。在 CC 区以西的区域，海流仍然

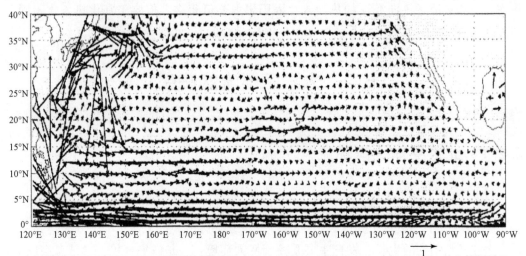

图 6-11　1500m 水深北太平洋大洋环流模拟计算结果

注：该图显示 1500m 水深北太平洋的流场

自西向东，但 CC 区以东，则由于赤道流的带动，海流由东向西流，但流速明显小于南侧的赤道流。在水深 2200m 处，海流基本格架没有很大变化，但低纬度区域自西向东的海流明显减弱。在水深 3000m 处，自西向东的流场变为基本统一的自东向西的流场。东北太平洋海隆区域的流场也自北向南，在低纬度地区汇成自东向西的流场。

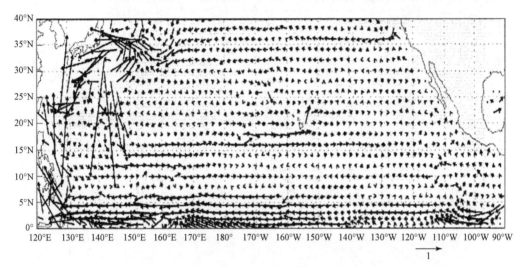

图 6-12　2200m 水深北太平洋大洋环流模拟计算结果

注：该图显示 2200m 水深北太平洋的流场

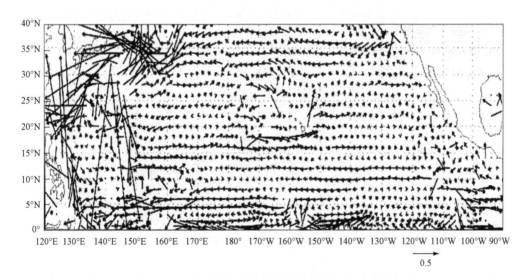

图 6-13　3000m 水深北太平洋大洋环流模拟计算结果

注：该图显示 3000m 水深北太平洋的流场

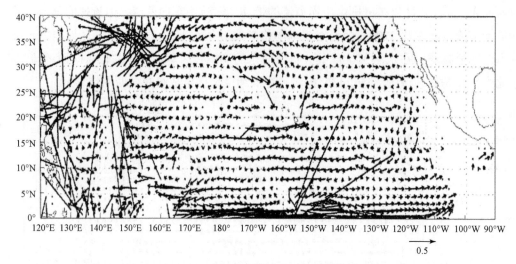

图6-14　3600m水深北太平洋大洋环流模拟计算结果

注：该图显示3600m水深北太平洋的流场

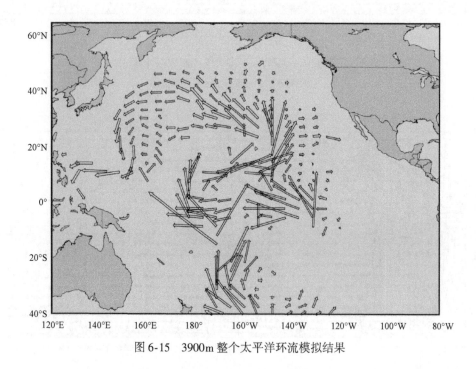

图6-15　3900m整个太平洋环流模拟结果

　　再往深处，在水深3600m处，这个自东向西的流场减弱，到水深3900m处则变为自西向东的流场。更深处主要由南极底流控制。

6.2.2 太平洋中的南极底流

6.2.2.1 南极底流的调查研究

南极底流位于世界大洋（大西洋、太平洋及印度洋）底层，是源自南极大陆边缘的一股低温、高盐、高密度的海水。它是迄今为止海洋学家发现的大洋中最重的海水，其温度一般位于冰点附近，在−1.9～+0.3℃，主要分布于4000m以下的大洋底层。

早在20世纪60年代，海洋科学家就推测在大洋的底层可能存在一股源自南极的冷水。全球大洋环流实验（WOCE）项目通过对世界大洋的调查证实了南极底流的存在，并用粗线条勾画出南极底流的空间展布形态（Orsi et al.，1999）。针对南极底流进一步的调查结果加深了人们对南极底流的认识（如 Schlosser et al.，1991；Roether et al.，1993；Bayer et al.，1997；Rintoul and Bullister，1999）。对太平洋，特别是西太平洋南极底流的分支调查研究方面，日本海洋学家做了大量调查。1991～1999年，日本科学家专门组织了多个航次的南极底流调查（图6-16），确认了南极底流西太平洋的分支

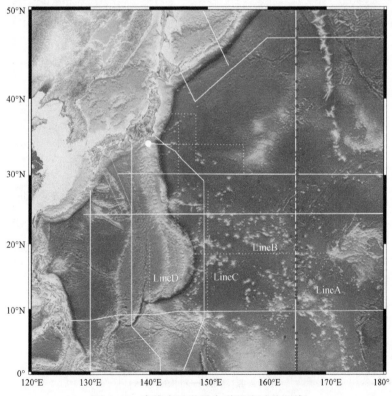

图6-16　直线表示世界大洋环流试验测线

注：红点表示1991～1999年，日本东京大学物理海洋系在165°E的CTD测站

形态。图6-16中的直线是世界大洋环流实验的调查测线，圆圈是日本科学家的南极底流调查站位，图中标出的测线 A、B、C、D 4条测线是日本1999年1月14日到3月4日的CTD调查测线。

6.2.2.2 南极底流的路径

罗斯海是世界大洋底层水的主要形成地，位于南大洋的太平洋领域，太平洋的底层水更新的非常缓慢。这主要是因为其地形造成的，北极底层水的入口被非常狭窄的白令海峡阻挡，在罗斯海形成的大部分南极底层水被环极地流和太平洋–南极海隆的共同作用阻挡住向北流，转而流向德雷克海峡。从接近底层水的势温度来看这一点是很明显的。在图6-17中可以看出南极底流以低于0℃进入新西兰的南部并继续向东流。

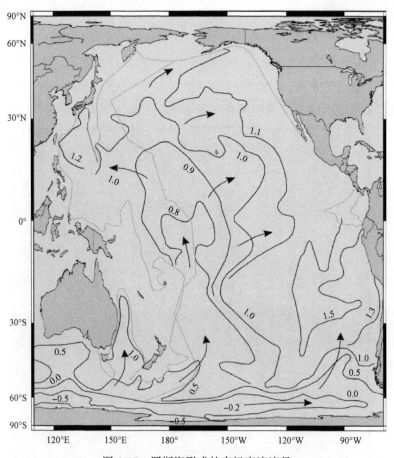

图6-17 罗斯海形成的南极底流流径

注：箭头指示流经方向，图上标注了底层水的温度分布

资料来源：Mantyla 和 Reid，1983

在罗斯海的南极底流的形成可以由温度低于–0.5℃的水域指示出（图 6-17）。南极底流流入太平洋盆地有 3 条路径，均起源于环极地流的北部侧翼。西侧的一条，向北流入澳大利亚东部，被接近 20°S 的地形阻挡，在珊瑚海和塔斯曼海以外消失。东侧的一条，沿着 110°W 以东的东太平洋海隆流动，被靠近 40°S 的智利海隆阻挡，也对大多数盆地的底层水更新没有影响。这就剩下了中间的一支作为底层水的主要供给点。南极底流进入新西兰高原东部的西南太平洋盆地和塔斯曼海隆，然后向北流，直到进入西北太平洋盆地，通过萨摩亚狭窄的深水道（大约在 10°S，169°W），进入马里亚那海沟西部的盆地。这股底流的大部分以狭窄的西边界流的形式在水深 3500m 处流动。

另外，南极底流还有一条更直接的路径流入太平洋（图 6-18）。这条南极底流形成于威德尔海，自威德尔海向外流向萨摩亚，自萨摩亚水道向北流入中太平洋后分成两支，其中有一支沿线状海山向北流；另一支向东转，穿过夏威夷南面莱恩岛链一个深水道注入东太平洋海盆，基本从西向东流；继续向西移，又在中太平洋海山东南侧分两支，一支向东北方向沿中太平洋海山南断裂带流向夏威夷群岛东南端，另一支一直向东穿过开辟区西区，流到东区北部逐渐消失（张国祯等，2001）。

图 6-18　威德尔海形成的南极底流流径

6.2.2.3　南极底流的物理化学性质

南极底流是一股低温、高盐度、高密度、富含氧、二氧化碳和营养盐的底层流。大洋底层水（离底10m）的温度一般在1.476~1.506℃，南极底流的温度一般在0~1℃。如图6-18所示，在南极底流的形成地——罗斯海附近，底层水的温度为-0.5℃，盐度为34.6~34.7g/kg海水，大洋海水的密度的变化很小，一般只有后三位有效数字的变化，南极底流的密度大约为1.028 27kg/m³。南极底流的含氧量在5~6ml/L（Demidova，1999）。图6-19为太平洋南部43°S地区海水表层到底层的温度、盐度、溶解氧含量的分布情况。图6-20为太平洋西部海水表层到底层的温度、盐度、溶解氧含量的分布情况。

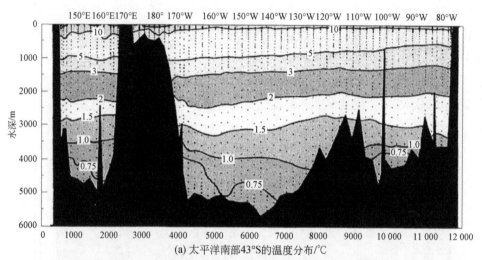

(a) 太平洋南部43°S的温度分布/℃

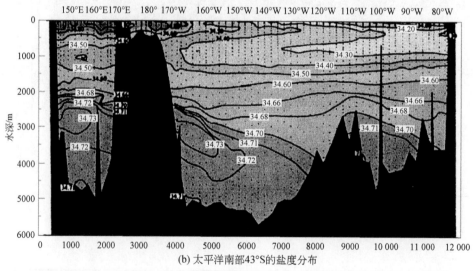

(b) 太平洋南部43°S的盐度分布

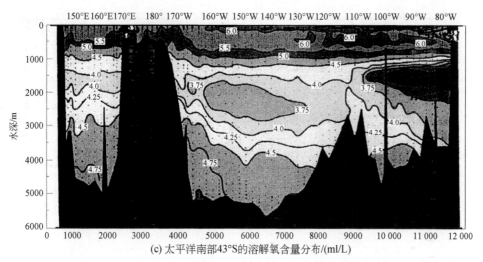

(c) 太平洋南部43°S的溶解氧含量分布/(ml/L)

图 6-19　太平洋南部 43°S 的温度分布、盐度分布和溶解氧含量分布（Reid，1986）

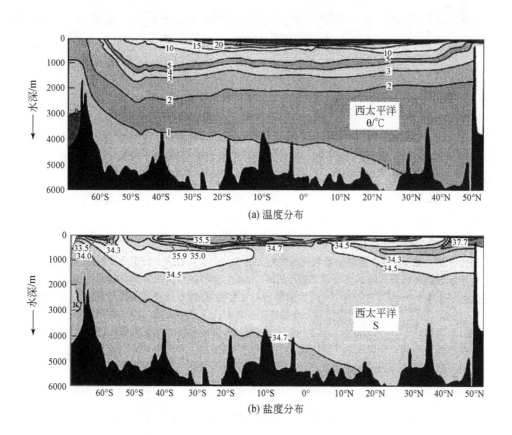

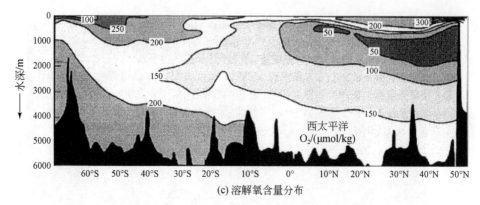

(c) 溶解氧含量分布

图 6-20 太平洋西部的温度、盐度和溶解氧含量分布

6.2.2.4 南极底流的成因与机制

南极底流的形成有两个控制因素。首先可能也是最重要的一点是，在冰形成的时候，南极大陆架的盐水会释放出盐分，陆架水的盐度增加。然后与周围的水团在陆架坡折处混合这种盐度高、密度大的水沿着陆架斜面下沉，侵入全球大洋最深处。当全球变冷，南极底流活动加强，含更多的溶解氧，同时，在冷水下沉过程中发生了同位素的分馏，保留更多重的 ^{18}O，使其 $\delta^{18}O_2$ 值增大。其次，由于大洋的气水界面有很强的冷却作用从而使表层水的密度增加。这些都能引起深层水的对流和更新。另外，风力和科氏力对表层水的共同作用会引起表层水在陆架边缘处向下运动，引起下降流（如图 6-21）。在南极附近形成的下降流成为南极底流的来源（Goosse et al., 2001）。

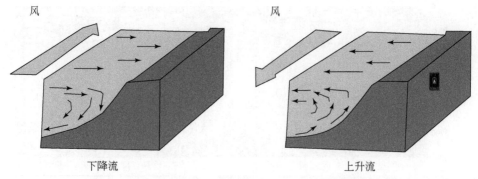

图 6-21 在风力和科氏力的共同作用下形成的上升流和下降流

6.3 大洋富钴结壳的研究现状与意义

6.3.1 研究意义

富钴结壳是继多金属结核矿产之后又一重要的海底矿产资源。由于其富含 Co、Mn、Cu、Ni、Pt 和稀土元素等有用金属，资源量大，具有很高的经济价值。一些发达国家纷纷投巨资资助大洋富钴结壳的调查和研究工作。自 20 世纪 80 年代以来富钴结壳的调查和研究大有蓬勃兴起之势。

目前，陆地上的钴资源主要是作为铜、镍金属矿床的伴生元素存在，且全球分布极不均匀。钴被称为 21 世纪的新金属，在现代工业中的应用领域越来越大，需求也会越来越大。就我国来说，根据 1990 年的统计结果，我国国内产钴量为 400t，而年消耗钴的数量为 1000t，大部分依靠进口。据预测我国可供开采的钴量为 30 年。海底富钴结壳中的钴资源量很大，而且有人预言，海底富钴结壳可能要先于多金属结核进行商业开发。

除富钴结壳的巨大潜在经济价值外，富钴结壳还具有重大的科学研究价值。富钴结壳主要分布于 CCD 以上，OMZ 以下 500~3500m 的平顶海山、海台顶部和斜坡上。在太平洋，这些海山、海台普遍分布于整个热带和亚热带太平洋区域，包括莱恩群岛和基里巴斯、中太平洋海山、马绍尔群岛、土阿莫土群岛和麦哲伦海山区等。这些海山、海台和海隆大多受断裂构造的控制，起源于位于现法属玻利尼西亚的超级地幔柱爆发区，形成时代为中晚白垩纪（Pringle and Duncan，1995）。

富钴结壳是在一定的地质背景和古海洋背景下形成的，并且往往形成于深海海山上或深海盆地中，因而对其成矿环境和机理的研究，具有较高的科学价值，可使科学家进一步深入了解和认识地内深部物源、海山运动、海底水-岩反应、金属成矿富集过程及其中的微生物成矿作用等问题，而这些问题迄今仍未得到完善解决，是当前地学和海洋学领域的研究热点。

此外，富钴结壳作为一种水成的沉积矿产，其本身在漫长的生长过程中记录了丰富的古海洋环境信息，特别是可以弥补沉积物间断引起的古海洋环境记录缺失。因此，富钴结壳也成为地质学家研究新近纪以来古海洋学演化的主要研究对象之一。例如，利用富钴结壳研究大洋构造演化（同位素示踪）、古气候学、古海洋海水的化学和同位素特征、古环流模式（同位素示踪）、古海水化学、古季风（记录在风成碎屑颗粒中）、大陆的古侵蚀速率（同位素示踪）、热液活动史（同位素、化学示踪）、古海水pH和温度（同位素示踪）、地外物质输入史（同位素、化学示踪）等，目前使用的同位素示踪剂包括铍、钕、铅、铪、锇、锂、硼及铀系，化学示踪剂包括钡、钴、铂、锂和稀土等（Albarede et al.，1998；Hein et al.，1992；Burton et al.，1997；Chabaux et al.，1997；Christensen et al.，1997；Godfrey et al.，1997；Abouchami et al.，1999；Burton et al.，1999；Frank et al.，1999a，b，2006；李延河等，1999）。特别是它们的形成往往与南极底层水的强盛和流经以及水道的开合密切相关（任向文，2005），因而可用于研究南极底层水等深层水的循环及水道的开合。

可以看出，在我国开展海底富钴结壳的调查和相关的研究工作意义是明显的。由于我国在海底富钴结壳的调查和研究方面起步较晚，对它的成因机制、分布规律、约束因素等方面不是很清楚，因此，开展有关海底富钴结壳的成因及分布规律方面的研究非常必要。

6.3.2 国内外研究进展

6.3.2.1 国外研究历史

任向文和徐兆凯曾对富钴结壳的研究历史进行过较全面的总结（任向文，2005；徐兆凯，2007）。近代关于水溶液中铁锰沉积的研究最早见于1734年。Emmanuel Swedenborg在一本关于铁元素的专著中，第一次总结了铁锰沉淀固结的成因。富钴结壳研究的另一个重要的进展是1873年英国"挑战者"号考察船在考察过程中发现了深海结核和结壳。"挑战者"号利用拖网不仅发现了常见的深海（4500～6000m）铁锰结核，还在较浅的地方发现了其他类型的铁锰氧化物结壳。1947～1948年瑞典深海探险队在太平洋中部和西部赤道地区得到了大量的铁锰结核和结壳资料（Landergren，1964）。之后，间断性的调查仍有进行，但在这一时期的结核调查主要是探险性和学术性的，当时的测试手段不可能精确地揭示结核和结壳的成分和潜在的资源价值，加之海上调查技术限制，在随后的60年内，对富钴结壳没有进行进一步的深入研究。

从20世纪70年代开始，富钴结壳才从结核中区分出来，成为了单独的一类铁锰矿产，其潜在的经济价值也得到了认可。20世纪70年代后期，由于国际水域深海结核地理位置的政治微妙性导致了投资集团纷纷停止了为开采结核所做的准备工作。由于一些滨海国家的经济专属区（200n mile）内广泛发育有富钴结壳，促使这些国家将对矿产资源的兴趣转向了本国领海。

20 世纪 80 年代以来，富钴结壳引起了世界各发达国家的极大关注，相关调查研究蓬勃兴起。德国率先在 1981 年对中太平洋夏威夷南面的莱恩群岛的富钴结壳进行了航次调查。这一航次综合运用大型拖网、地震剖面测量和海底照相技术，对富钴结壳的研究取得了突破性的进展。1983 年起美国也积极参与了富钴结壳的调查研究，特别是对中部太平洋海山进行了详细调查，90 年代初已初步完成夏威夷海山富钴结壳的开采、运输、冶炼及加工等各项准备工作，目前仍在继续深入开展此项工作。1982 年起，日本实施了对西太平洋富钴结壳的勘查和研究，目前日本正积极开发研究富钴结壳的开采技术，并开始在太平洋海域进行试采。1987 年俄罗斯开始开展富钴结壳的调查研究，现已初步完成了位于国际海域两个富钴结壳矿床的详查工作，1998 年已向国际海底管理局提交了作为专属开辟区的申请，并于 2000 年编制了世界大洋矿产资源分布图，对富钴结壳的分类、成矿作用和成矿史等也进行了详细研究（许东禹，2002）。1989 ~ 1991 年，韩国与美国合作，在西太平洋海域开展了 3 个航次的调查研究，集中进行对富钴结壳的勘查和铁锰结核的勘探，1994 年通过先驱投资者登记申请，现正着手独立开展此项工作。此外，法国等国家单独或与其他国家合作也进行过大洋富钴结壳的调查研究。总之，近年来，发达、较发达国家及少数发展中国家对富钴结壳资源的争夺日益激烈，对富钴结壳的勘探范围也由此而进一步扩大，取得了一系列新发现和新进展。研究显示，结壳中富含钴、铁、铈、钛、磷、砷等，但贫锰、镍、铜、锌。但由于研究时间相对较短，目前研究区还主要集中在海山区，对沉积物表层及其中富钴结壳的报道相对较少（武光海等，2001a）。

6.3.2.2　我国结壳调查史

由于种种原因，我国的富钴结壳调查工作起步很晚，与发达国家相比，晚了十几年。虽然"海洋四号"船于 1987 年在中太平洋约翰斯顿岛附近海山采获了富钴结壳（厚 8 ~ 10cm），在我国南海也发现了富钴结壳，但实际的调查工作却始于 1997 年，由"海洋四号"船在执行 DY95-7 航次铁锰结核调查任务的同时，对西太平洋国际海底进行了前期侦察性调查。在随后的 DY95-8、DY95-9、DY95-10 等航次中，由"海洋四号""大洋一号"船对西太平洋和中太平洋的部分海山继续进行了前期调查。2003 年中国大洋矿产资源研究开发协会组织实施了 DY105-12、DY105-14 航次，重点对马尔库斯海脊、威克海隆、中太平洋海山区富钴结壳的分布状况和资源前景进行了调查。2006 年，由中国大洋矿产资源研究开发协会组织实施的中国首次环球大洋科考，也对西太平洋和中太平洋的富钴结壳资源进行了调查研究。

迄今为止，我国已经对北太平洋近赤道海域的二十余座海山进行了调查，取得了大量的样品和资料。利用地质拖网、浅钻、电视抓斗等手段，取得了大量的可供研究的样品。此外，还获得了大量的重力、磁力、多波束、海底照相摄像、浅地层剖面、ADCP、CTD 等资料。但是目前资料存在精度不高、综合分析研究程度较差、理论研究程度低的问题。这些问题极大地限制了我国对富钴结壳的勘探和开发，也与我国海洋大国地位很不相称。在"十三五"期间，作为海洋大国，我国还需进一步加大对富钴结壳的调查力度。

6.3.3　研究现状

在海上调查的基础上，国内外的学者对大洋富钴结壳进行了成因、分布等方面的研究，并在多方面取得了新的认识（何高文，2001）。例如，以前认为富钴结壳的成矿物质主要来自固结的玄武岩，富钴结壳的成因只和原地的玄武岩有关，但经过对麦哲伦海山的富钴结壳化学成分分析表明，富钴结壳的稀土元素和玄武岩的稀土元素之间不存在重要的成因联系。富钴结壳的稀土元素主要来自海水，而不是玄武岩（王嘹亮等，2002）。另外，CC 区多金属结核的化学分析数据表明，其铅同位素组成与东太平洋海隆的热液硫化物铅同位素组成几乎一致，说明多金属结核继承了热液硫化物的成分特点，因而初凤友等（2001）提出，洋中脊活动有可能直接向太平洋矿区提供成矿物质。这一观点正在被人们认识和接受。应该指出，这是大洋富钴结壳研究中的一个关键所在，今后必将吸引更多的人加入到此问题的讨论中来，此问题（成矿物质来源问题）的解决，有助于我国乃至世界的富钴结壳研究迈上一个新台阶。

目前，富钴结壳的研究主要集中在海山结壳的分布特征及其与海山构造和板内热点的关系、结壳成矿物质来源、基岩对铁锰结壳形成分布的影响、结壳成因机制及其古海洋学应用等领域，据此可以反演结壳的成因环境，也可进一步探讨结壳发育区古海洋环境的变迁乃至世界大洋环流模式的变化及古地理、古气候的变化，从而将结壳生长与古海洋环境乃至全球古气候变化联系起来。近年来，铁锰结壳研究已成为古海洋学和全球变化研究领域中一个非常活跃的热点课题，并且也将是今后进一步深入研究的一个重要方向。尽管当前已在海山结壳研究上取得了一定的成果和认识，然而，由于复杂的海底环境和有限的科学技术条件，在上述研究领域中仍有许多重要问题亟待解决，尤其是在结壳成因和形成机制的综合性研究及结壳的古海洋环境应用方面（武光海等，2001b；任向文，2005；徐兆凯，2007）。其中的热点与难点主要集中在结壳成因和古海洋环境记录作用上，特别是在典型指标的提取和高分辨率古海洋环境记录的反演方面。

和富钴结壳相比 PLUME 问题算是个老问题。因为 PLUME 的研究是和现代海底热液活动连在一起的（金翔龙，2001）。早在 1979 年，RISE Project Group 就在 EPR 21°N 发现了 PLUME（RISE Project Group，1980）。后来在东太平洋海隆、南太平洋海隆、大西洋中脊、印度洋中脊和西太平洋边缘弧后盆地地区都发现了 PLUME（Gamo et al.，1996，1993）。1996 年美国在东太平洋海隆实施了专门的 PLUME 调查航次。该航次对一个 PLUME 进行了 60 多天的观测，获得了大量关于 PLUME 水体异常、PLUME 形态的数据，并观测到了 PLUME 的旋转现象（Lupton et al.，1998）。Speer 对 PLUME 的形态和行为进行了数值研究，并进一步讨论了 PLUME 的自旋现象（Speer，1989，1997）。关于 PLUME 和大洋富钴结壳关系的讨论目前还很少。

南极底流在本问题中显得非常重要。Halbach（1968）早期对南极底流有过描述，认为南极底流在萨摩亚水道向北流入中太平洋后分成两支：一支沿海山向北；另一支沿莱恩岛链的深水道进入到东太平洋海盆，后又分为两支。由于南极底流的分支和流向的不同在中、东太平洋区造成不同的海底冲刷模式和沉积特征，这在浅地层特征和"东""西"两小区都有表现（张国祯等，2001）。我国不少学者对南极底流对沉积特征、环境影响等方面都给予了很高的关注（周怀阳等，2001；王春生，2001；高爱根等，2001）。

另外，大洋协会组织的多个航次的大洋调查以及深水多波束技术的应用使我们国家获得了更详尽的海底地形资料（杨胜雄等，2001），这使我国今后更精确的大洋环流模拟研究成为可能。

6.4 PLUME 与南极底流对富钴结壳成因的控制作用

6.4.1 大洋富钴结壳成因机制的探讨——水成因证据

富钴结壳是生长在海底岩石或岩屑表面的一种结壳状自生沉积物，主要由铁锰氧化物构成，色黑似煤，质轻性脆，结构疏松，表面常布满花蕾似的瘤状体，厚度一般为几毫米至十几厘米。资料显示，富钴结壳金属钴含量可高达 2%，是陆地最著名的含钴矿床中非含铜硫化物矿床含钴量的 20 倍。据不完全统计，仅太平洋西部火山构造隆起带上，富钴结壳矿床的潜在资源量可达 10 亿 t，钴金属量达数百万吨，经济总价值已超过 1000 亿美元。因此，大洋富钴结壳被认为是未来潜在的钴的来源（Halbach et al.，1983；Halbach and Puteanus，1984a；Manheim，1986）。

早在20世纪50年代，美国中太平洋考察队在开展大洋基础地质考察时，就发现了太平洋水下海山上铁锰质壳状氧化物的存在。此后，美国、俄罗斯亦曾分别对夏威夷群岛和中太平洋海山上的铁锰氧化物开展过调查。1981年，德国"太阳"号科考船率先对中太平洋富钴结壳开展了专门调查，真正拉开了大洋富钴结壳调查研究的序幕（Halbach et al.，1982）。我国在这方面的调查研究起步较晚，开始阶段主要是学术跟踪和搭乘国外考察船进行海上调查研究（许东禹，1986）。自1997年开始，我国的"海洋四号"和"大洋一号"等科学考察船完成了多个航次的富钴结壳海上调查工作，在麦哲伦海山区、马绍尔群岛和中太平洋海山区都发现了资源前景较好的结壳矿区（何高文，2001）。

大洋富钴结壳的调查研究不仅仅是富钴结壳的勘探与开发问题，它更牵扯到大洋形成与演化、深海生物资源、环境保护、全球气候变化等问题。目前，大洋富钴结壳的调查研究已成为全球诸多领域科学家关注的热点问题之一。

关于大洋富钴结壳的成因目前仍存在争论。根据成矿物质来源方向，主要有基岩成因（detrital）或称成岩成因（diagenous）和水成因（hydrogenous）两种观点（Hein et al.，2000）；而根据成矿过程则主要有化学成矿和生物成矿两种观点（Halbach，1986）。基岩成因观点主要认为富钴结壳的成矿物质来源于下伏的基岩，并在基岩的环境下形成，结壳的发育受到基岩控制。这种认识的提出主要受到铁锰结核成岩成因（或基岩成因）观点的影响。Mero（1965）较早地提出了大洋铁锰结核成岩成因的观点，这种提法得到了后来学者的支持（Glasby，1977）。由于大洋铁锰结核和大洋富钴结壳在成分上的相似性，人们在进行大洋富钴结壳成因研究时也提出了基岩成因（或称成岩成因）的观点（Cronan，1980；侏佛宏，1997），但后续的工作则使人们更倾向于富钴结壳水成因的观点（Hein et al.，1988）。和基岩成因不同，富钴结壳水成因的观点认为富钴结壳在上覆海水中形成并沉淀到基岩表面，成矿物质是来源于上覆海水的。水成因的观点又可细分为热液成因和非热液成因两种。热液成因认为主要成矿元素来源于热液活动喷口，而非热液成因认为主要成矿元素来源于结壳周围的海水，两者因为成矿元素供应的差异，生长速率有很大不同（Hein et al.，1997；Kuhn et al.，1998），但从根本上讲，两者都认为结壳成矿物质来源于上覆的海水，而非下伏的基岩。尽管如此，近些年仍然给出有关于结壳基岩成因的证据，如陈建林等（2004）对取自中太平洋多座海山的富钴结壳样品做了结壳和基岩类聚分析，认为结壳和基岩之间存在着"亲缘关系"。刘英俊（1984）也认为结壳中的金属元素与基性火山岩本身所赋存的元素很类似。本书在综述前人工作的基础上，从以下几个方面给出了富钴结壳水成因的证据。

（1）富钴结壳的分层与年龄

对"大洋一号"采自太平洋海山的富钴结壳样品观察显示，所采集到样品多数显示出很好的分层特征，即富钴结壳样品根据宏观构造从下（基岩）而上可分为多个层。图6-22是苏新等（2004）对采自中太平洋海山的富钴结壳样品根据其宏观的构造特征分为5层。而马维林等（2002）则首先把结壳样品分为3层，继而又根据结构、颜色等特征，把每一层细分为多个亚层（表6-4）。

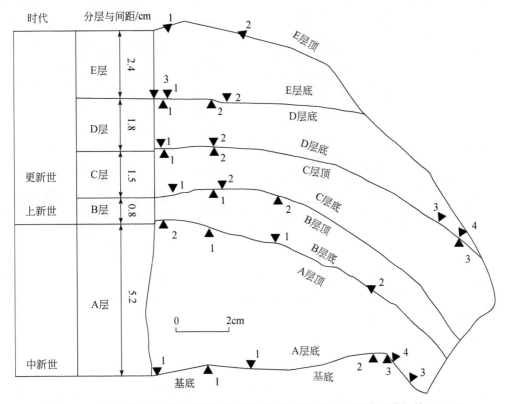

图 6-22　中太平洋海山富钴结壳样品根据超威化石的分层与年代（苏新等，2004）

根据钙质超微化石遗迹分析可以看出，每层的形成时代各不相同，且由下而上结壳年龄由老到新逐渐变化，下部老结壳的形成时代和上部新结壳形成时代差别极大。结壳的形成经历了一个漫长的地质过程，苏新等（2004）给出结壳最底层的时代为中新世（图6-22），而马维林等（2002）给出的结壳最老时代为古新世（表6-4）。这些结壳自中新世或古新世以来经过上新世、更新世持续生长，这样，最先生成的富钴结壳将下伏基岩全部覆盖后，新一层的富钴结壳仍可以在最下面一层老结壳基础上继续向上生长。结果是结壳分层生长，老的结壳层在最里面，靠近基岩，而新的结壳层在外面。可以设想，如果富钴结壳成矿物质主要来源于下伏的基岩，当最先生成的富钴结壳将基岩全部覆盖后，来自基岩的成矿物质，在有最先生成的老结壳层阻隔后继续向上供给就存在一定困难。所以从结壳分层以及年代排列的关系来看，结壳应该是水成因的，这是结壳水成因的证据之一。王嗥亮等（2002）对麦哲伦海山富钴结壳的壳层划分和年代测定也有同样的结论。

表6-4　富钴结壳的分层与年龄

样品分层		化石事件	地质年代和年龄估计
Ⅲ层	顶层	LO *Helicosphaera inversa*	更新世，≥0.16Ma
	中层	未见年代标志化石	—
	底层	FO *Emiliania huxleyi*	更新世，≤0.26Ma
Ⅱ层	顶层	LO *Helicosphaera sellii*	更新世，≥1.47Ma
	中层	FO *Hephyrocapsa*（*medium*）	更新世，≤1.67Ma
	底层	FO *Gephyrocapsa sinosa* FO *Pseudoemiliania lacunosa*	上新世，≤4.20Ma
Ⅰ层	顶层	未见化石	—
	上白色层	LO *Ericsonia Formosa* LO *Discoaster saipanensis*	渐新世，≥34.2~32.8Ma
	下白色层	FO *Dictyococcites bisectus*	始新世，≤38.0Ma
	底层	*Fasciculihus pileatus*，*F. clinatus*	古新世，59.7~55.3Ma
基底层	顶层	未见化石	—

资料来源：马维林等，2002。

（2）富钴结壳的分层与生长速率

朱克超等（2001）对麦哲伦海山区的富钴结壳样品也进行了年代分层，并在此基础上进行了结壳生长速率研究，发现三层结构的富钴结壳样品各层的生长速率并不相同，外层结壳的生长速率可以比内层结壳的生长速率低，也可以比内层结壳的生长速率高，这是富钴结壳水成因的另外一个证据。因为若富钴结壳为基岩成因，那么靠近基岩部分结壳的生长速率要高于靠近外层结壳的生长速率。另外，若是基岩成因，那么靠近基岩的成矿物质应更加丰富，会有较高的生长速率，而当基岩被结壳全部覆盖后，内层结壳物质来源不及外层结壳物质来源丰富，因而生长速率将比外层结壳低。对富钴结壳生长速率各层变化不一原因的一个很好解释就是大洋富钴结壳成矿物质来源于上覆的海水，当海水中成矿物质丰富且成矿水动力条件合适时，富钴结壳的生长速率就高，而当海水中的成矿物质相对匮乏且成矿水动力条件不利于富钴结壳生长时，其生长速率就会降低。

（3）富钴结壳的生长间断

[10]Be 方法可以对 10Ma 以来新生成的富钴结壳的年龄进行较为精确的测定（Frank，2002）。但目前对老于 10Ma 部分的结壳年龄还没有一个很好的方法进行测定。钴含量模型可以对 10Ma 以前的结壳年龄进行一个经验的估计（Frank et al.，1999a），但这种方法的一个假设前提是结壳在生长过程中钴元素一直稳定、持续地输入到结壳中，钴的输入既没有间断也没有数量的变化，因而 Klemm 等（2005）认为上述方法是不准确的，特别是在结壳生长存在间断的情况下。他们用锇同位素技术对中太平洋海山的富钴结壳样品进行分层及年龄测定时就发现结壳样品在 47～13.5Ma 存在结壳生长间断或者剥蚀。

武光海等（2001b）对采自中太平洋海山的富钴结壳样品进行了观测，发现在富钴结壳内生长存在间断，即发现富钴结壳相邻的两层在形成时间上并不连续，而是中间有一个很大的时间跳变。在对这种生长间断进行进一步的研究时，参照对地层接触关系的描述方法将这些生长间断进一步划分为不整合间断（受到过剥蚀）和假整合间断（没有受到剥蚀）。研究发现，在假整合间断的情况下，两个假整合富钴结壳层之间通常会有一薄层磷钙质或硅铝质碎屑。

富钴结壳生长间断的发现成为结壳水成因的重要证据之一。富钴结壳若为基岩成因，那么在其整个生长过程中，下伏的基岩一般不会发生很大变化，其上赖以生长的富钴结壳的生长也不会发生很大变化，生长应该是连续稳定的。而富钴结壳生长间断的存在说明其生长环境发生过突然改变，使结壳停止了生长，甚至进一步受到了剥蚀，而后在合适的条件下又继续生长。造成这种改变的原因可能是上覆海水中成矿物质的变化或者成矿水动力环境的改变。

（4）富钴结壳的主量元素及其成因

对富钴结壳样品进行的 X 射线衍射、透射电镜、红外光谱和穆斯堡尔谱等分析表明（Halbach，1986；武光海等，2001b；潘家华和刘淑琴，1999；赵宏樵等，2005），富钴结壳的主要金属组分有锰、铁、钴、镍、铜等元素，其中锰、铁为主量元素。因而探讨富钴结壳中锰、铁两种元素的来源，对于弄清富钴结壳的成因是有帮助的（Boantti et al.，1972）。

已经有很多关于富钴结壳主量元素组分的测量数据（Aplin and Cronan，1985；Hein et al.，1988，1990；Valsangkar et al.，1992；Koschinsky and Halbach，1995；Banakar et al.，1997；Wen et al.，1997；Dutta et al.，1998）。数据表明，富钴结壳中锰和铁主要以锰相矿物和铁相矿物存在（Koschinsky and Hein，2003）。在锰相矿物中水羟锰矿物占主导地位，主要成分为 δMnO_2，为低结晶程度的锰矿物，多与针铁矿和

硅酸盐岩矿物密切共生，仅见少量钙锰矿；而铁相矿物中则主要是针铁矿和纤铁矿，说明结壳成矿的主要矿相是水成富集过程（Halbach et al.，1983；Segl et al.，1984；Hein et al.，1988；Manhaim et al.，1988；Frank et al.，1999a）。

在水成富集过程中，铁元素主要来源于海水中钙质浮游生物骨骼溶解后形成的铁氢氧化物胶体粒子，锰元素的来源则主要与海水中的最低含氧带（OMZ）有关（Halbach and Puteanus，1984a）。而 Klinkhammer 等（1980）在中太平洋的调查发现，海底上覆的海水中含有大量的锰和铁元素。这为富钴结壳水成因提供了前提保障。

Mn/Fe 值也被用来指示结壳中主量元素是来自于基岩还是海水（Dutta et al.，1998；Jauhari，1990）。Rajani 等（2005）指出，在 Mn/Fe 值很小的情况下（如小于1.5），可以认为结壳中锰、铁元素是水成因的。Banakar 等（2003）对中印度洋结壳的计算结果显示，其 Mn/Fe 值为 0.5~1.2，从而推断中印度洋中钴结壳成矿元素来源于海水。

此外，元素含量分析还表明，结壳中成矿金属元素的含量及其比值均小于海水中的含量和比值，这也从另一个方面说明它们主要源自海水（陈建林等，2004）。

（5）富钴结壳中钴元素的富集机制

对太平洋海山富钴结壳样品的化学分析统计结果显示（Banakar et al.，1997；Segl et al.，1984；赵宏樵和姚龙奎，2001），结壳中钴元素含量变化为 0.49%~0.98%，平均为 0.67%，是结壳中除锰和铁以外金属元素含量最高的。所以探讨富钴结壳中钴元素的富集机制有利于了解富钴结壳的成因机制。赵宏樵（2003）对中太平洋海山富钴结壳样品中钴元素地球化学分析发现，钴与锰含量之间呈正相关关系，相关系数在 0.72 左右，何高文（2001）认为这是典型的水成成因的结壳特征。钴与锰含量的正相关可能是由于在较强的氧化条件下，Co^{2+} 氧化为 Co^{3+}，从而类质同象替代水羟锰矿中的 Mn^{4+}（Manheim and Lane-Bostwick，1988）。由此可以认为，钴在富钴结壳中的富集主要受锰水成矿作用过程的控制。Klemm 等（2005）根据他们的测量结果也认为结壳中的钴主要来自上覆的海水，而来自下部基岩的成分很少，几乎可以忽略不计。

（6）富钴结壳中铂元素的富集机制

姚德等（2002）对中太平洋海山和麦哲伦海山富钴结壳样品中铂元素的含量进行了测试，结果发现，结壳中铂元素的含量普遍较高，为 $153×10^{-9}~618×10^{-9}$，平均为 $347×10^{-9}$。而石学法等（2000）对采自中太平洋海山和麦哲伦海山区结壳中铂元素的初步测量发现，铂元素含量变化范围大，为 $5.6×10^{-9}~1426.8×10^{-9}$，平均含量也较高，达 $267×10^{-9}$。太平洋其他区域，如夏威夷群岛、马绍尔群岛、法属波利尼西亚等区域富钴结壳中铂的含量更高（Halbach et al.，1984b；Hein et al.，1988；Halbach et al.，1989b）。由此可以看出，大洋富钴结壳实际上是富钴含铂型的。所以对铂元素的富集机制的研究有利于探讨富钴结壳的成因机制。

林盛中等（2001）的研究发现，铂与钴、镍、锰均呈密切的正相关关系，并且钴、镍、铂3个伴生元素都与主元素锰密切相关。这说明铂、钴、镍与锰是"共生元素"，铂、钴、镍应该是与 δMnO_2 共沉淀生成的。已有不少研究证明钴、镍是被胶体 Mn（OH）$_4$-Fe（OH）$_3$ 吸附富集而成的。自然铂也能由胶体 Mn（OH）$_4$（$MnO_2 \cdot 2H_2O$）吸附形成。林盛中等（2001）完成的富钴结壳物质从海水中吸附可溶性铂的实验结果为铂的吸附成因提供了实验支持，他们认为，富钴结壳中铂与钴、镍伴生元素一样，都是被沉淀中的结壳物质铁锰氢氧化物胶体吸附而得以在结壳中富集。因而，铂与铁、锰一样都是水成因的。

（7）富钴结壳中稀土元素的富集机制

王嘹亮等（2002）对采自麦哲伦海山的玄武岩基岩样品和其上生长的富钴结壳样品同时进行了稀土元素分析，见表6-5。对比发现，结壳的稀土元素与玄武岩的稀土元素存在极微弱的正相关关系，成对元素间的相关系数最大为0.38，最小为0.13。由此可以看出，两者之间不存在重要的成因联系。赵宏樵（2003）对中太平洋海山富钴结壳样品的稀土元素含量分析结果表明，结壳样品中稀土元素含量异常高，相对于正常深海沉积物和多金属结核明显富集，特别是轻稀土元素（LREE）更加富集。分析发现，富钴结壳中稀土元素与海水中稀土元素的配分模式呈明显的镜像关系，与锰及 Mn/Fe 呈正相关关系。由此推断，富钴结壳中稀土元素的来源和其中锰等元素一样可能来自上覆海水的缓慢沉积，而不是来自下伏的玄武岩。

表6-5 结壳中稀土元素与对应玄武岩基岩中稀土元素间的相关系数

富钴结壳 玄武岩	La	Ce	Pr	Nd	Sm	Eu	Gd	Tb	Dy	Ho	Er	Tm	Yb	Lu	Y
La	0.14	0.01	0.14	0.18	0.23	0.26	0.31	0.29	0.33	0.38	0.38	0.36	0.35	0.34	0.40
Ce	0.23	0.31	0.20	0.17	0.10	0.01	0.10	0.05	0.10	0.16	0.11	0.07	0.07	0.07	0.21
Pr	0.22	0.13	0.13	0.17	0.22	0.20	0.19	0.20	0.21	0.24	0.28	0.27	0.27	0.25	0.35
Nd	0.27	0.18	0.20	0.23	0.28	0.27	0.25	0.25	0.26	0.28	0.32	0.31	0.30	0.27	0.40
Sm	0.27	0.18	0.15	0.19	0.23	0.22	0.17	0.19	0.20	0.24	0.27	0.26	0.25	0.25	0.34
Eu	0.28	0.19	0.17	0.20	0.24	0.20	0.17	0.19	0.21	0.24	0.26	0.26	0.24	0.24	0.33
Gd	0.26	0.13	0.18	0.21	0.27	0.25	0.24	0.25	0.26	0.29	0.33	0.32	0.31	0.29	0.38
Tb	0.25	0.16	0.18	0.22	0.25	0.21	0.20	0.22	0.24	0.24	0.28	0.28	0.29	0.27	0.29

富钴结壳 玄武岩	La	Ce	Pr	Nd	Sm	Eu	Gd	Tb	Dy	Ho	Er	Tm	Yb	Lu	Y
Dy	0.27	0.15	0.20	0.24	0.28	0.27	0.26	0.26	0.28	0.30	0.32	0.32	0.31	0.29	0.39
Ho	0.28	0.15	0.24	0.28	0.33	0.34	0.33	0.33	0.34	0.36	0.36	0.35	0.33	0.30	0.43
Er	0.26	0.13	0.24	0.28	0.33	0.33	0.35	0.35	0.37	0.38	0.38	0.37	0.35	0.32	0.42
Tm	0.25	0.12	0.21	0.24	0.30	0.32	0.33	0.32	0.34	0.35	0.35	0.33	0.31	0.28	0.42
Yb	0.23	0.09	0.19	0.22	0.28	0.30	0.31	0.31	0.32	0.34	0.34	0.32	0.30	0.28	0.43
Lu	0.19	0.04	0.15	0.19	0.28	0.27	0.29	0.29	0.31	0.33	0.32	0.31	0.29	0.27	0.42
Y	0.15	0.02	0.21	0.23	0.29	0.35	0.34	0.33	0.33	0.34	0.32	0.26	0.24	0.20	0.36

资料来源：王嘹亮等，2002。

(8) 富钴结壳中氦同位素的来源

自然界中氦主要由三部分组成：一是元素合成阶段形成的原始氦，称为原始氦；二是宇宙射线与物质相互作用产生的宇宙成因氦，称为宇宙氦；三是放射性元素衰变及其诱发的核反应产生的放射性成因氦，称为放射氦（王先彬，1989）。不同成因的氦其同位素组成明显不同。宇宙氦的 ^{3}He/^{4}He 值最高，达 $n \times 10^{-1}$；放射氦的 ^{3}He/^{4}He 值很低，小于 1×10^{-8}；原始氦的 ^{3}He/^{4}He 值介于前两者之间，一般为 $n \times 10^{-5} \sim n \times 10^{-4}$（Nier and Schlutter，1992）。实验测量发现，自然界中，宇宙尘、陨石中的氦主要是宇宙成因的；地球样品中的氦主要是放射性成因的；而地幔物质中的氦则是原始成因的（Nier and Schlutter，1992）。李延河等（1997，1999）对西太平洋马绍尔地区富钴结壳样品的氦同位素进行了测量，结果发现，富钴结壳样品中含有丰富的氦，^{4}He 含量均在 1.0×10^{-7} 之上，^{3}He/^{4}He 值较高，大部分为 $2.34 \times 10^{-6} \sim 13.3 \times 10^{-5}$，^{4}He 含量变化较小（$1.07 \times 10^{-7} \sim 28.6 \times 10^{-7}$），^{3}He 含量变化较大（$0.173 \times 10^{-12} \sim 14.5 \times 10^{-12}$）。这种 ^{3}He、^{4}He 的变化和大部分地球样品的 ^{3}He、^{4}He 的变化规律相反，而和宇宙尘的变化相似（Nier and Schlutter，1992），说明富钴结壳的氦同位素异常应该与宇宙尘的注入相关。图 6-23 是李延河等（1997，1999）将富钴结壳的测量结果和多金属结核、宇宙尘、大洋中脊玄武岩和陆壳物质的氦同位素含量比较形成的 ^{3}He-^{3}He/^{4}He 图。从图 6-23 可以看出，多金属结核、富钴结壳及深海沉积物的氦同位素数据点均沿着宇宙尘与陆壳物质的混合曲线分布，表明海底多金属结核和富钴结壳的氦同位素异常均是由宇宙尘注入引起的，而不是来自下伏的基岩。

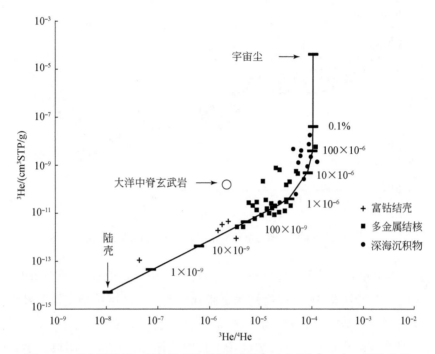

图 6-23　多金属结核、富钴结壳和深海沉积物^{3}He 含量与^{3}He/^{4}He 值的关系

（9）富钴结壳中^{187}Os/^{188}Os 值

为更准确地测定富钴结壳的生长年龄，Klemm 等（2005）将锇同位素技术应用于富钴结壳的年龄测定，并给出了钴结壳中锇同位素的水成因证据。Klemm 等使用了北中太平洋盆地多金属软泥沉积、东太平洋海隆多金属碳酸盐岩壳沉积，以及东南太平洋、地中海、南大西洋和赤道太平洋等大洋区域过去 72Ma 的测量数据，给出了过去 72Ma 以来大洋水的^{187}Os/^{188}Os 值曲线（图 6-24）。他们发现中太平洋海山富钴结壳样品的锇同位素测量结果和海水的^{187}Os/^{188}Os 值曲线非常吻合，从而指出钴结壳中的锇同位素是来源于海水的。

调查发现，不同的岩石种类发育结壳的情况并不相同，即使对同一种岩石，风化程度不同，结壳发育的状况也不相同。例如，陈建林等（2004）对多种基岩类型样品中的钴、镍、铬与钒元素的含量进行了统计，发现玄武岩中上述 4 个元素含量平均值都远高于燧石、风化火山岩及碳酸盐岩。聚类分析结果显示，玄武岩、风化火山岩和富钴结壳的关系最为密切，相比之下，磷块岩、碳酸盐岩则与富钴结壳的关系不密切。玄武岩基岩上生长的富钴结壳厚度大，而其他基岩类型上生长的富钴结壳厚度小。详细的观测还发现，中太平洋海山的风化玄武岩与富钴结壳关系密切，其上生长的富钴结壳厚度更大。我国"大洋一号"和"海洋四号"等调查船在北太平洋多个航次的富

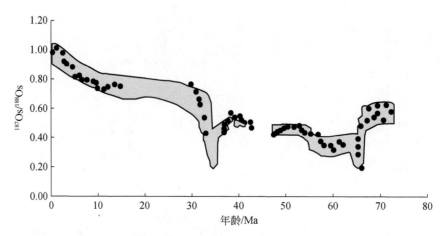

图 6-24　世界大洋海水与富钴结壳$^{187}Os/^{188}Os$ 值的比较

钴结壳调查基本上也可以得出这样的结论，即凡是生长良好的富钴结壳所附着的岩石大都已经风化，风化强烈的岩石（特别是玄武岩）上生长的富钴结壳厚度较大。这样看来，结壳的发育对基底岩石种类和状况似乎存在着某种选择。关于大洋富钴结壳与基底岩石的关系，基底岩石对富钴结壳生长的控制作用已经引起很多学者的重视并进行了多次讨论，从而有富钴结壳基岩成因的看法。

但上述成果并不足以得出富钴结壳基岩成因的观点。对西太平洋麦哲伦海山、马绍尔海山和中太平洋海山区域广泛的富钴结壳地质调查发现，富钴结壳附着生长的基底岩石种类并不统一，而是多种多样的。除玄武岩之外，还有凝灰岩、礁灰岩、粗火山碎屑岩、鲕粒灰岩、有孔虫灰岩、磷块岩等都可以作为富钴结壳生长的基底岩石，说明结壳的生长发育并不依赖于某一种特定的基底岩石。毕竟，除风化强烈的玄武岩之外，其他一些岩石，如表面坚硬的燧石之上也有富钴结壳的生长。锰结核生物成因的观点可对上述观测结果给予解释，即富钴结壳也可能是超微生物的建造体。超微生物的生长繁衍需要附着物与活动空间，显然，疏松多孔、本身经海水淋滤又可释放出微生物生命活动所需营养的风化火山岩等均有利于微生物的栖息和生长发育，而致密坚硬、表面光滑的岩石则不利于微生物的生长。风化玄武岩上生长发育得很好的结壳说明了这一点。

另外，调查还发现，在风化作用强烈的玄武岩海山上，富钴结壳并不是随处可见的，而其分布是有一定规律的。首先，富钴结壳的分布和坡度有关。调查数据显示，坡度为0°~4°的区域为贫结壳区，坡度为4°~7°的区域为结壳与结核共生区，坡度为7°~10°的区域为过渡区，当坡度在15°以上时，结壳覆盖率很大，即富钴结壳一般产于海山的斜坡部位，在平顶山平坦的中央部位和倾斜度大于45°的陡坡上富钴结壳变得很薄,甚至仅为铁锰氧化物薄膜,或根本不发育任何结壳。其次,富钴结壳的分布和方位有关。调查发现,同一座海山上的不同位置,富钴结壳发育的情况不同。赵宏樵(2003)对中太平洋海山的调查发现,同一座海山的南坡、西坡上富钴结壳的发育要优于北坡。梁德华和朱本铎(2003)对麦哲伦海山链的调查还发现,在同一个区域,不同位置上的海山发育结壳的情况不同。他们对位于马里亚纳盆地和皮嘉费他盆地之间的7座海山的调查发现,海山链中,位于东南部的海山较位于西北部的海山富钴结壳生长得好。应该指出,海山链中不同的海山或同一座海山的不同方位所出露的基岩种类以及基岩的风化程度大致是相同的。富钴结壳在海山链的不同海山,以及同一座海山不同的方位表现出的这种分布差异再次说明,基底岩石并不是控制富钴结壳形成的因素。

一般来说,若富钴结壳为基岩成因,富钴结壳的发育厚度应该出现不均匀性,特别在一些岩石断裂区、裂缝中、陡坡处应该能观测到富钴结壳堆、较大的结壳块体等一些特殊的结壳形式。但迄今为止,研究者在海山区所观测到的富钴结壳,不论在陡坡区还是在裂缝区,其厚度基本是均匀的。这种观测事实并不支持富钴结壳基岩成因的观点。

因此,综上所述,我们得出以下几点结论:①富钴结壳的分层构造、各层的年代顺序变化、各层生长速率差异以及生长间断的存在不支持富钴结壳基岩成因的观点;②富钴结壳中的两大主量元素铁、锰是水成富集的,其他主要元素如钴、铂、稀土元素、氦同位素、锇同位素也是水成富集的,从而说明富钴结壳是水成成因的;③富钴结壳的形成与基岩无关;④因为富钴结壳的形成与基岩无关,因而富钴结壳不一定只生长在岩石裸露的海山上,在沉积物覆盖的海山区也可能找到富钴结壳。

6.4.2 南极底流与大洋铁锰氧化物矿床分布的对应关系

大洋铁锰结壳是一种层状的水生沉积成因的自生铁锰氧化物矿床,主要形成于海山或海台顶部或斜坡裸露基岩上。海底地形影响着沉积速率、沉积物分布、底层流的特性以及海底沉积环境,因此直接控制着多金属结核的形成、富集和分布。大量的深拖资料表明,海底多金属结核的分布及覆盖率之间的变化往往是突变的,并没有从低覆盖率到高覆盖率的过渡带,这一现象说明结核覆盖率分布受到地形的极大控制(Piper and Blueford,1982;潘国富和华祖根,1996)。

南极底流的强弱变化对生物生产力、沉积速率和环境的氧化还原条件有重要的影响。大面积的多金属结核分布区往往都与强底流侵蚀区相吻合,由于它带来了丰富的氧，为结核的生长提供了氧化条件，还由于它的侵蚀、溶蚀、搬运作用为结核的生长提供了大量的成矿物质和成核物质，在一定的底层水动力条件下，海底不被或很少被沉积物掩埋，造成沉积间断，使结核能够长期处于沉积界面上持续生长（韩喜球等，1999）。

通过对深海多金属结合的表面类型及其分布规律和结核的叠层石包壳的显微形态学和形成环境的综合研究，提出海底水体能量环境、溶解氧含量和微生物种类决定了结壳表面类型和分布规律。"S"型结核主要生长在水动力较强，氧化程度较高的地区，"r"型结核主要生长在水动力相对较弱、氧化程度相对低的地区。层叠石的形态学特征和海上资料均支持上述结论（韩喜球和方银霞，2000）。

调查研究发现，富钴结壳富集区主要分布在太平洋近赤道带。在太平洋成矿区内，划分了 3 个主要的成矿带：西太平洋成矿带、中太平洋成矿带、南太平洋成矿带（图 6-25）。

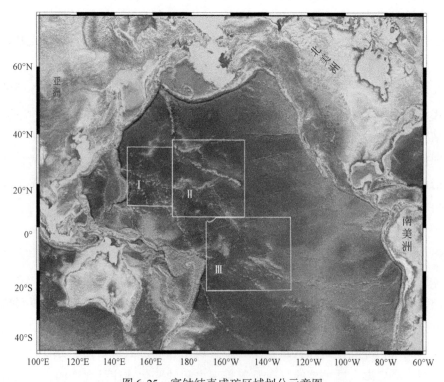

图 6-25　富钴结壳成矿区域划分示意图

注：Ⅰ是西太平洋成矿带；Ⅱ是中太平洋成矿带；Ⅲ是南太平洋成矿带

在西太平洋成矿带主要有麦哲伦海山矿田、马尔库斯-威克矿田；中太平洋成矿带包括威克-内克（即中太平洋海山）矿田、马绍尔群岛矿田、莱恩群岛矿田、夏威夷矿田等；南太平洋成矿带主要有土阿莫土矿田、库克矿田等。

从冲蚀谷的区域分布来看，西太平洋区冲蚀谷要比东太平洋区发育，反映西区的底流作用比东区强劲。这一点与沉积间断的区域变化也相符合。从东区到西区，渐新世和中新世沉积间断持续时间逐渐加大，从东区分别缺失早渐新统和早中新统（甚至全部中新统），调查现场对上覆水、间隙水化学要素的测定结果也表明西区海底氧化程度较东区高。这些特点都反映了西区的沉积动力环境较东区强，底流流速自西向东减弱，氧化程度也有所降低（韩喜球和方银霞，2000）。

太平洋海山区西坡和南坡结壳发育优于北坡，其原因也与南极底流作用有关，南极底流在此区的流向基本是从西南向东北流经本区，南坡直接受到南极底流的冲刷，使生物碎屑等沉积物很难在坡上沉积，并提供了丰富的氧，使氧化环境加强而有利于富钴铁锰的形成和富集（吕文正，2001）。

6.4.3 南极底流对大洋铁锰氧化物矿床成因的控制作用

中太平洋结核形成于新近纪古新世至第四纪更新世。大体划分为两个阶段：第一阶段从第三纪古新世到中新世；第二阶段从上新世到第四纪更新世。中太平洋火山活动可以为多金属结壳提供成矿物质来源（何高文和陈圣源，2002）。25Ma 以来太平洋铁锰结壳形成是由 AABW 活动所带来的富氧底层水控制的。

富钴结壳的形成是"物理化学成矿"的结果。在海水中存在一个最低含氧带（OMZ），在此带内，来自内源、外源和水成等多种来源的 Fe、Mn 等成矿元素含量丰富。在最低含氧层下方，由于氧化作用，Fe、Mn 首先形成水合氧化物胶体，同时 Pt 也可能在此时从海水中分离出来；在 Fe、Mn 氧化物沉淀过程中，由于表面吸附作用，具有合适表面电荷的钴和镍等离子，被吸附到胶体颗粒表面，逐步富集成矿；在微生物和上升流的作用下，磷酸盐组分加入到结壳中，形成夹层，因此，富钴结壳是多组分分阶段物理化学成矿的产物。按形态可以分为层状结壳、砾状结壳、结核状结壳（何高文，2001）。

结核类型、表面特征以及矿物组成的差异反映了结核在形成环境和生长过程上的不同。目前，普遍认为 CCFZ 区的结核主要为水生成因和成岩成因。前者是指海水中的成矿元素通过胶体絮凝、生物作用等形式直接沉淀或富集在成核颗粒上而形成结核，由此形成的结核 Mn/Fe 值小于 2.5，富含 Fe、Co 和 Pb，而贫 Ni、Cu 和 Zn。表面较光滑（"S"型），矿物以 δMnO_2 为主。后者指底层水以及海底表层沉积物间隙水中的成矿元素通过早期成岩作用而形成多金属结核，由此形成的结核 Mn/Fe 值大于 4.0，富含 Mn、Ni、Cu、Zn，而贫 Fe 和 Co，表面呈粗糙状（"r"型），矿物以钡镁锰矿为主。由于区域沉积环境的差异，多金属结核的表面类型及其在东、西两区的分布各有特点，总体上，西区以"S"型结核为主，粒径较小，丰度高但品位较低；东区以"r"型和"S+r"型为主，粒径较大，品位高但丰度低（周怀阳等，2001）。

研究表明，渐新世之后，即结壳新壳层的形成环境主要是由 AABW（Antarctic Botrom Water）维持的，而 AABW 增强往往又是生物初级生产力增大的时期，此时因生物物质分解耗氧造成最低含氧层的较好发育，有利于结壳新壳层的连续稳定生长（武光海等，2001b）。

结核是在冷的底层水的侵蚀作用下，在沉积物侵蚀和再沉积作用过程中生长起来的。在结核断面的构造特征上，见有间断面，其间断面大部分发育在与沉积物直接接触的底部，而且底部生长层厚度比同期生长的与上部海水直接接触的生长层薄得多，这说明与沉积物接触的部分受到氧化作用连续生长。据 Lyle（1982）的公式估算的结核生长速率表明，底部的生长速率往往小于顶部，而侧部的最大（许东禹等，1993）。

富钴结壳多生长在水深 1600～3000m，坡度为 50°～10°的山顶缓坡地带，而且通常只会在山体一侧富集，在海山平顶内部一般不产生结壳，也不会形成绕山体的环状结壳带（初凤友等，2005）。

一般认为太平洋海底底层水来自南极大陆边缘北上过赤道的南极底层水，即 AABW，占太平洋底层水的 71%（Kennet，1982），根据离底 200m 和离底 8m 处海水流速的不同和流向与海底地形走向的一致性，可以认为海底底流的流向受到海底地形的影响。当海水向北流动时，受到科氏力的影响，海水对沟槽东侧形成较大的冲刷，至少对形成结核的核心的分布起到控制作用，同时对结核的形成过程也会产生影响（周怀阳等，2001）。

南极底流流速较大，自西向东减弱。从水道中测得其流速为 5～16cm/s，平均 9cm/s。Kennet 和 Watteins 认为太平洋深水区底层水的流速小于 10cm/s 时可以使钙质沉积物沉积下来，流速为 10～15cm/s 则妨碍这种沉积作用，从而使锰结核形成，当流速大于 15cm/s 时则无沉积物堆积。研究表明较低的沉积速率和较强的底层流作用是形成锰结核的有利因素，较低的沉积速率可形成铁锰结核矿场（章伟艳等，2001）。

6.4.4 结核和结壳内部构造特征形成与南极底层流的作用

结核和结壳，尤其是深海平原结核和结壳之间存在着明显的差别，其成矿环境的不同造成了其物质组成上的差异，但例外的是两者内部构造特征有着惊人的一致性。这说明控制它们内部构造形成的因素是共同的。在海底，结核和结壳生长的充分条件是南极底流的发育和活动。它不仅是控制结核和结壳生长的根本因素，而且还是决定结核和结壳生长的水动力条件的主要因素，南极底层流活动强弱是决定结核和结壳内部的构造类型的主要因素。在大洋底，底流运动形式的变化除应具有同样的模式外，还能够造成表层沉积物的泛起。其中最容易引起的是细粒黏土物质。细小的黏土颗粒在水体中的运动形式必将由流体的运动形式所控制。在流速很低时，沉积物不被翻起或翻起程度很小，水体中原有的黏土颗粒表现为正常的向下沉降运动，这时结核和结壳形成的是平行纹层状构造。在流速加大，黏土颗粒最终将被卷入到旋涡中心，流体环绕其运动，矿物质则环绕其沉淀，形成了结核和结壳内部的柱状结构。当流速继续增加时，水体中黏土颗粒含量增加，其或被快速卷入到多个旋涡中心或是随流体发生振荡，这样，多同心圆状和不规则纹层状构造就形成了（张丽洁等，1998）。

6.4.5 模型研究

（1）模型的建立

目前的调查结果显示，富钴结壳主要分布于海山顶部和侧坡上。在 CC 区，往往海底山的西侧坡结壳要比其他坡发育。我们认为结壳的这种分布和南极底流的分布有关。为了模拟南极底流遇到海山的流场分布情况，我们建立了海山模型，如图 6-26 所示。

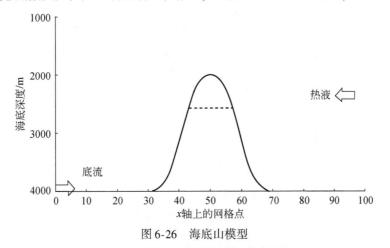

图 6-26　海底山模型

注：箭头显示模型中加入的底流位置和热液源位置

海底深度为 4000m，海山底部直径 40km，顶部直径 20km，高 2km。我们使用 COX 模式对模型进行了数值模拟。在模型的西侧底边界加入一个冷源，从而模拟南极底流的效果，在模型东侧边界 2500m 深的位置加入一个热源，代表热液活动区由 PLUME 输运过来的热液流体。背景的温度、盐度、密度取正常海水的数值，从上到下共分 21 层。冷源和热源的温度差和流速取值见表 6-6。

表 6-6　冷源和热源参数取值范围

参数	温度差/℃	流速/(cm/s)
冷源	0 ~ -1.5	1 ~ 15
热源	0 ~ 0.05	0 ~ 0.3

（2）模拟结果

根据表 6-6 对冷源和热源给的多个取值范围进行了实验。模拟实验结果表明（图6-27，图6-28），冷源遇到海山后，在流速比较低的情况下（5cm/s 以下），底流会绕过海山继续向前流动，流场没有明显的变化，海山周围的等温线也没有明显起伏变化。但当冷源的温度较高时（5cm/s 以上）海山周围的流场会出现明显变化。围绕海山流场出现旋转，底流控制的低温区也会在海山迎底流一侧的低温区沿侧坡向上爬坡。这一结果和通过南极底流区域的一条实测剖面的测量结果相吻合（图 6-29）。

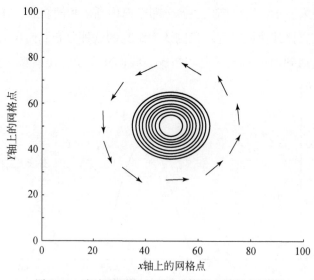

图 6-27　底流遇到海山后形成绕海山旋转的流场

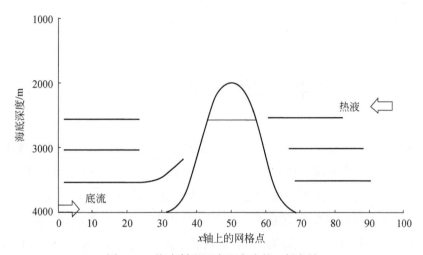

图 6-28　海底低温区在迎底流的一侧爬坡

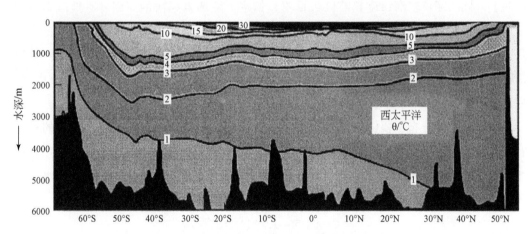

图 6-29　南极底流遇到海山后爬坡的实测剖面

第7章 结 论

到目前为止，在全球共发现 400 多个热液活动区，热液活动区分布表现出一定的规律性。在经向上，主要集中在东太平洋海隆、西太平洋边缘弧后盆地、大西洋中脊、印度洋中脊和夏威夷火山这些一级构造活动带上，除大西洋中脊和印度洋中脊热液活动区相差 120°外，印度洋中脊热液区、西太平洋边缘弧后盆地热液区、夏威夷火山热液区、东太平洋海隆热液区、大西洋中脊热液区之间都大致相差 60°。若东非大裂谷中也存在热液活动，那么，全球的热液活动区在经向上则呈现出 60°分带的分布格局。在纬向上，低纬度带较高纬度热液区数目明显偏多，除调查频次的原因外，地球本身似乎还存在着能量不均衡耗散的问题。热液活动区所处的地形为海底中的高地形，主要是扩张脊和海底火山。具体地讲，热液活动区又处于这些高地形中的低地形中：热液活动区主要集中在扩张段中部地形膨胀的高地形中的中轴峡谷，及火山顶部的火山中，主要是火山口侧坡和底部。

热液活动的分布主要构造环境为扩张脊的中轴谷、火山口和不发育中轴谷的扩张脊。热液活动区在水深分布方面，本书首先得出的结论是热液活动区可以出现在热液水深段上，同时，水深分布又表现出一定的统计规律，热液活动区主要出现在水深段为 2600m。热液活动的分布和扩张速率有相关关系，通过公式

$$y = 0.004\ 56 + 1.8616 \times 10^{-4} \times u_s$$

已知扩张速率和扩张脊的长度可以计算热液活动区的数目。

热液活动区位于构造活跃的部位，通常表现出高热液，频地震的特征。

中、快速扩张脊上的热液区下存在明显的轴地壳岩浆房，这成为热液活动的热源；在慢扩张脊上的热液区下则存在和岩浆房有关的地震低速区和重力低密度区，热液活动的热源为固结的高温岩石。

岩浆流体因受浮力的作用而向上迁移，加上构造应力的共同作用，可以在地壳中形成破裂，破裂的宽度很小，一般为 1m 左右，接近破裂末端宽度有所加大，岩浆在此暂时堆积，并有侧向扩张的趋势。扩张轴区的海底裂隙可以分为三种类型：岩浆喷发裂隙、构造拉张裂隙和热收缩裂隙。与热液活动对应的裂隙为岩浆喷发裂隙，其宽度大，密度小，出现的部位为轴高地形。

在扩张轴中，冷海水沿裂隙下渗和热的岩浆或热的岩石接触后，在海水和热源之间会形成一个隔离层，海水从隔离层中汲取化学元素并被隔离层加热后，形成热液对流。对流的具体模式和热源及裂隙的尺度有关，具体地说，和瑞利数有关，瑞利数较大时，可能出现两种对流模式：一种是冷的海水从扩张段的两端进入热液系统，被加热的热液从扩张段的中部海底喷出，另一种是沿海底裂隙形成等间距的多个热液活动区。

在火山口中，由于特殊温压条件下海水的特性，热液活动会出现自脉动现象，即热液喷口并不是持续地喷发，而是在喷发一段时间后会出现间歇，间歇后再喷发。

热液柱的发育和成长是热液活动不可分割的一个组成部分。热液柱可分为两个部分：热液颈和热液透镜体。热液颈呈下细上粗的柱状，高度可达几百米，热液透镜体为薄透镜状。热液透镜随时间的推移不断侧向增大，增大到一定程度会出现旋转的现象，北半球为顺时针旋转，南半球为逆时针旋转。热液透镜体侧向延伸的距离可达几公里。

全球热液烟囱和热液漫溢的热通量总和估计为357GW，这一估计值比长江三峡建成后，26台机组的总输出功率（18.2GW）还高。根据全球热液柱覆盖率计算得到的全球热液通量为1086GW，根据岩浆热侵入的估算结果为592GW。这些估算结果彼此之间有较大差异，一方面说明对现代海底系统的热液热通量估算，不同的方法估算结果相差很大；另一方面也说明我们目前对热液活动区在全球分布情况的了解还远远不够，单个烟囱和单个热液漫溢区热液通量的总合估算值偏小的原因很可能是在海洋中还是有很多的热液烟囱没有被发现。

北太平洋环流模拟显示，在夏威夷以南的低纬度区，太平洋的中层海水和其上层的水体和下层的水体不同，是从东向西流的。这个中层流可以把高度为2500m的东太平洋海隆的热液流体从东向西搬运。这个通道成为大洋富钴结壳成矿元素的输运通道。

南极底流自萨莫亚水道向北分成两支：一支向东流经东北太平洋海盆；另一支向西流经西太平洋区域。南极底流在遇到海底山的情况下，当底流的速度较大时，一方面，由于底流的作用，在海底山周围形成绕海山旋转的流场；另一方面，底流控制的低温区会沿迎底流的一坡向上爬坡，在海底山迎底流的一坡形成一个侧坡低温控制区。低温的南极底流和携带大量成矿元素的热液PLUME在海山相遇，使得PLUME的温度降低，从而其携带的成矿元素沉淀下来，成为富钴结壳成矿物质来源。

参 考 文 献

安美建，石耀霖. 2006. 中国大陆岩石圈厚度分布研究. 地学前缘，13（3）：23-30.

陈灏，隋志洲. 1992. 海底电磁调查与研究//喻普之，李乃胜. 东海地壳热流. 北京：海洋出版社.

陈建林，马维林，武光海，等. 2004. 中太平洋海山富钴结壳与基岩关系的研究. 海洋学报，26（4）：
 71-79.

陈丽蓉，翟世奎，申顺喜. 1993. 冲绳海槽浮岩的同位素特征及年代测定. 中国科学：化学 生命科
 学 地学（3）：324-329.

初凤友，孙国胜，李晓敏，等. 2005. 中太平洋海山富钴结壳生长习性及控制因素. 吉林大学学报，
 35（3）：73-80.

初凤友，郑玉龙，李家彪，等. 2001. CC区多金属结核矿带物源机制——兼论海底成矿系统. 中国大
 洋矿产资源研究开发学术研讨会论文集，4：6-7.

杜同军，翟世奎，任建国. 2002. 海底热液活动与海洋科学研究. 中国海洋大学学报自然科学版，
 32（4）：597-602.

高爱根，王春生，王自盘，等. 2001. 中国开辟区小区后口小型底栖动物生态研究. 中国大洋矿产资
 源研究开发学术研讨会论文：383-389.

高爱国，何丽娟. 1994. 冲绳海槽南奄西海丘海底热液活动的若干特征. 海洋科学，18（5）：34-38.

高爱国，何丽娟. 1996. 冲绳海槽伊是名海洼的热水活动特征. 海洋科学，20（1）：26-29.

高爱国. 1996. 海底热液活动研究综述. 海洋地质与第四纪地质，16（1）：103-110.

高德章，赵金海，薄玉玲，等. 2004. 东海重磁地震综合探测剖面研究. 地球物理学报，47（5）：
 853-862.

高德章，赵金海，薄玉玲，等. 2006. 东海及邻近地区岩石圈三维结构研究. 地质科学，41（1）：
 10-26.

桂忠彦，大岛章一，获野卓司. 1986. 冲绳南奄西海域地质、地球物理诸性质. 水路部研究报告，21：
 21-47.

韩喜球，方银霞. 2000. 东太平洋多金属结核的叠层石包壳及其沉积环境意义，海洋学报，22（5）：
 73-81.

韩喜球，沈华梯，张富元，等. 1999. 东太平洋1787站柱芯碎屑组分的分布及其古海洋学意义. 沉积
 学报，17（2）：204-208.

郝天珧，徐亚，胥颐，等. 2006. 对黄海-东海研究区深部结构的一些新认识. 地球物理学报，49
 （2）：458-468.

何高文，陈圣源. 2002. 试谈富钴结壳的成矿机制. 南海地质研究，（13）：35-40.

何高文. 2001. 西太平洋富钴结壳资源. 北京. 地质出版社.

侯重初，李保国. 1985. 直接计算磁性下界面深度的功率谱法. 物化探计算技术，7（3）：3-11.

胡圣标，何丽娟，汪集旸.2001. 中国大陆地区大地热流数据汇编（第三版）. 地球物理学报，44
　　（5）：611-626.

季敏.2004. 现代海底典型热液活动区环境特征分析. 青岛：中国海洋大学. 硕士学位论文.

江为为，刘少华，朱东英.2001. 东海冲绳海槽地质地球物理调查回顾与研究现状. 地球物理学进展，
　　16（4）：75-84.

金翔龙.2001. 海底矿产资源调查研究的现状分析及对我国大洋工作的建议. 中国大洋矿产资源研究
　　开发学术研讨会论文，1-4.

李春峰，周祖翼，葛和平，等. 东海陆架盆地西湖凹陷的理论地壳热流值与地壳厚度. 科学通报，
　　待刊。

李春峰.2005. 居里等温面的探测方法. 地球物理进展，20（2）：550-557.

李乃胜.1990. 冲绳海槽的地质构造属性. 海洋与湖沼，21（6）：536-543.

李乃胜.1995. 冲绳海槽地热. 青岛：青岛出版社.

李巍然，王先兰.1997. 冲绳海槽南部橄榄拉斑玄武岩研究. 海洋与湖沼，28（6）：665-672.

李延河，李金城，宋鹤彬.1999. 海底多金属结核和富钴结壳的 He 同位素对比研究. 地球学报，20
　　（4）：378-384.

李延河，宋鹤彬，李金城，等.1997. 太平洋中部多金属结核与海底热液活动的关系. 科学通报，
　　42（19）：2084-2086.

梁德华，朱本铎.2003. 麦哲伦海山链富钴结壳成矿区域地质背景. 南海地质研究，（14）：84-90.

梁瑞才，吴金龙，刘保华，等.2001. 冲绳海槽中段线性磁条带异常及其构造发育. 海洋学报，23
　　（2）：69-78.

林盛中，刘玉山，陈淑卿，等.2001. 中西太平洋富钴结壳中铂族元素的含量及富集机制的研究. 中
　　国大洋矿产资源研究开发学术研讨会论文集（内部资料）：309-313.

刘建生，李国华，颜彬，等.1993. 中国大陆岩石圈厚度特征研究及其在金刚石原生矿预测中的作
　　用. 地质科技情报，（06）：85-94.

刘英俊.1984. 元素地球化学. 北京：科学出版社.

吕文正.2001. 中太海山区富钴结壳分布特征及其资源远景初步评价. 中国大洋矿产资源研究开发学
　　术研讨会论文集，4：280-281.

栾锡武，高德章，喻普之，等.2001. 中国东海及邻近海域一条剖面的地壳速度结构研究. 地球物理
　　学进展，16（2），28-34.

栾锡武，高德章，喻普之，等.2002. 我国东海陆架地区新生代地层的导热率. 海洋与湖沼，33（2）：
　　151-159.

栾锡武，高金耀，梁瑞才，等.2006. 冲绳海槽宫古段中央地堑的形态与分布. 地质学报，
　　80（8）：1149.

栾锡武，秦蕴珊，张训华，等.2003. 东海陆坡及相邻槽底天然气水合物的稳定域分析. 地球物理学
　　报，46（4）：467-475.

栾锡武, 喻普之, 付永涛, 等. 2002. 冲绳海槽浮岩的高温高压纵波速度. 岩石学报, 18 (3): 401-407.

栾锡武, 岳保静. 2007. 冲绳海槽宫古段中央地堑中的海底火山及其地质意义. 海洋与湖沼, 38 (3): 266-271.

栾锡武, 翟世奎, 干晓群. 2001. 冲绳海槽中部热液活动区构造地球物理特征分析. 沉积学报, 19 (1): 43-47.

栾锡武, 张训华. 2003. 东海及琉球沟弧盆系的海底热流测量与热流分布. 地球物理学进展, 18 (4): 670-678.

栾锡武, 赵一阳, 秦蕴珊, 等. 2003. 我国东海陆架地区新生代地层岩石生热率研究. 沉积学报, 21 (4): 634-639.

栾锡武. 2006. 热液活动区数目和洋脊扩张速率的关系及其在冲绳海槽的应用. 海洋地质与第四纪地质, 26 (2): 55-64.

栾锡武. 1997. 琉球沟弧盆系海底热流分布特征及冲绳海槽热演化的数值模拟. 海洋与湖沼, 28 (1), 44-49.

栾锡武. 2004. 现代海底热液活动区的分布与构造环境分析. 地球科学进展, 19 (6): 931-938.

马维林, 金翔龙, 陈建林. 2002. 中太平洋海山区富钴结壳地质特征. 东海海洋, 20 (3): 11-23.

潘国富, 华祖根. 1996. CC 区多金属结核分布特征及其与地质地理环境因素之间的关系. 海洋与湖沼, 27 (4): 405-413.

潘家华, 刘淑琴. 1999. 西太平洋富钴结壳的分布、组分及元素地球化学. 地球学报, 20 (1): 47-54.

蒲生俊敬, 袁晓茂. 1986. 夏威夷附近烙希海山的海底热液活动. 海洋科学 (日), (6): 54-58.

蒲生俊敬. 1991. 中部沖縄トラフ, 伊平屋海凹地 (クラムサイト) における熱水性マウンドの構造的, 鉱物学的および化学的な特徴からみたマウンドの成長過程について. 第 7 回「しんかい2000」研究シンポジウム報告書: 163-184.

千叶仁, 中島和夫, 蒲生俊敬ほか. 1993. 冲绳トテフ南奄西海底热水活动: 热水四地球化学的特徵, 第 9 四しんかひシンホミテム报告书: 271-282.

橋本惇, 藤倉克則, 堀田宏. 1990. 南奄西海丘における深海生物群集の観察. 第 6 回「しんかい2000」研究 シンポジウム報告書, 东京, 6: 167-180.

秦蕴珊. 1992. 东海地质. 北京: 科学出版社.

任向文. 2005. 西太平洋铁锰结壳成矿系统. 青岛: 中国科学院博士学位论文.

石学法, 彭建堂, 卜文瑞. 2000. 太平洋铁锰结壳铂族元素的初步研究. 矿物岩石地球化学通报, 19 (4): 339-340.

石耀霖, 王其允. 1993. 俯冲带的后撤与弧后扩张. 地球物理学报, 36 (1): 37-43.

苏新, 马维林, 程振波. 2004. 中太平洋海山区富钴结壳的钙质超微化石地层学研究. 地球科学, 29 (2): 141-147.

唐勇，和转，吴招才，等．2012. 大西洋中脊 Logatchev 热液区的地球物理场研究．海洋学报，34
　　（1）：120-126.

陶春辉，李怀明，黄威，等．2011．西南印度洋脊 4939E 热液区硫化物烟囱体的矿物学和地球化学特
　　征及其地质意义．科学通报，Z2：2413-2423.

陶春辉，李怀明，金肖兵，等．2014．西南印度洋脊的海底热液活动和硫化物勘探．科学通报，
　　59（19）：1812-1822.

陶春辉，李怀明，杨耀民，等．2011．我国在南大西洋中脊发现两个海底热液活动区．中国科学（D
　　辑），41（7）：887-889.

特科特，舒伯特．1986．地球动力学：连续介质物理在地质问题上的应用．北京：地震出版社．

特科特．1993．分形与混沌在地质学和地球物理学中的应用．北京：地震出版社．

田中武男，满泽巨彦，堀田宏．1989．冲绳トラフ伊平屋小海岭东部的1988 年度潜航调查について．
　　第5回「しんかい2000」研究シンポジウム报告书．海洋科学技术ヤンター一，东京，6：267-282.

田中武男ほか．1990．伊是名海穴の热水现象とその分布．第六回"しんかい2000"研究シンポジウム
　　报告书，11-26.

王春生．2001．中国开辟区巨型底栖动物的研究．中国大洋矿产资源研究开发学术研讨会论文．东京，
　　5：363-368.

王良书．1989．油气盆地地热研究．南京：南京大学出版社．

王嘹亮，梁德华．2002．麦哲伦海山区富钴结壳成矿条件分析．南海地质研究，13：24-34.

王先彬．1989．稀有气体同位素地球化学和宇宙化学．北京：科学出版社．

王兴涛．2004．现代海底热液活动的热液循环及烟囱体研究．青岛：中国海洋大学博士学位论文．

吴世迎，陈穗田，张德玉，等．1991．马里亚纳海槽海底热液活动和热液硫化物研究．中国科学（B
　　辑），（2）：198-205.

吴世迎．1991．马里亚纳海槽海底热液烟囱和菲律宾海沉积物．北京：海洋出版社．

吴世迎．1995．马里亚纳海槽海底热液烟囱物研究．北京：海洋出版社．

吴世迎．2000．世界海底热液硫化物资源．北京：海洋出版社．

武光海，周怀阳，陈汉林．2001a．大洋铁锰结壳研究现状与进展．高校地质学报．7（4）：379-389.

武光海，周怀阳．2001b．富钴结壳生长过程中铁锰氧化物矿物组合的变化．矿物学报，21（2）：
　　137-143.

向思源．2016．大洋一号"神器考"．海洋世界，（10）：44-49.

徐世浙．1994．地球物理中的有限单元法．北京：科学出版社．

徐兆凯．2007．东菲律宾海铁锰结壳（核）成因与古海洋环境响应．青岛：中国科学院博士学位论
　　文．

许东禹，姚德．1993．锰结核生长的古海洋环境与事件．海洋地质与第四纪地质．13（2）：6.

许东禹．1986．中太平洋海山区富钴结壳的研究．海洋地质与第四纪地质．6（1）：65-74.

许东禹．2002．俄罗斯大洋固体矿产资源调查研究进展．海洋地质前沿，18（10）：21-28.

杨胜雄，何高文，关永贤，等．2001. SEA BEAM 多波束资料精细处理及中国多金属结核开辟区（东区）地形图集编制．中国大洋矿产资源研究开发学术研讨会论文．

杨同玉．2015."大洋一号"第 34 航次科考凯旋．海洋与渔业，(7)：31.

姚德，张丽洁，Wihshire J C，等．2002. 富 Co 铁锰结壳铂族元素与铼-锇同位素组成及其意义．海洋地质与第四纪地质，22（3）：53-58.

业治铮，张明书，潘志良．1983. 冲绳海槽晚更新世和全新世沉积样品的初步研究．海洋地质与第四纪地质，3（2）：1-26.

叶正仁，Bradford，Hager H. 2001. 全球地表热流的产生与分布．地球物理学报，44（2）：171-179.

臧绍先，宁杰远．1989. 琉球岛弧地区的地震分布、Benioff 带形态及应力状态．地震学报，11（2）：113-122.

翟世奎，干晓群．1995. 冲绳海槽海底热液活动区玄武岩的矿物学和岩石化学特征及其地质意义．海洋与湖沼，26（2）：115-123.

翟世奎，李怀明，于增慧，等．2007. 现代海底热液活动调查研究技术进展．地球科学进展，22（8）：769-776.

翟世奎．1987. 冲绳海槽浮岩中斑晶矿物结晶的 P-T 条件．海洋科学，11（1）：26-30.

翟世奎．1994. 海底岩石圈内流体作用的研究．海洋科学中若干前沿领域发展趋势的分析与探讨（第一版）．北京：海洋出版社．

张国祯，陈圣源，张子健．2001. 开辟区地质基线综合评价．中国大洋矿产资源研究开发学术研讨会论文：359-360.

张佳政，赵明辉，丘学林．2012. 西南印度洋洋中脊热液活动区综合地质地球物理特征．地球物理学进展，27（6）：2685-2697.

张健，石耀霖．1997. 活动海岭俯冲对岛弧地质过程的影响．地质力学学报，3（2）：1-10.

张丽洁，戚长谋．1998. 海底沉积铁锰矿床形成机制与讨论．海洋地质与第四纪地质，(2)：76-81.

章伟艳，张富元，马维林．2001. 东太平洋多金属结核分布的二维趋势面分析．海洋学研究，19（1）：28-35.

赵宏樵，姚龙奎．2001. 富钴结壳中 Co 元素的地球化学特征．中国大洋矿产资源研究开发学术研讨会论文集（内部资料）：314-318.

赵宏樵，曾江宁，俞元挺，等．2005. 富钴结壳主要成分的 x 荧光快速测定．海洋学研究，23（2）：17-23.

赵宏樵．2003. 中太平洋富钴结壳稀土元素的地球化学特征．东海海洋，21（4）：34-40.

赵金海．2004. 东海中、新生代盆地成因机制和演化（上）．海洋石油，25（4）：6-14.

赵金海．2005. 东海中、新生代盆地成因机制和演化（下）．海洋石油，25（1）：1-10.

赵一阳，鄢明才．1994. 冲绳海槽海底沉积物汞异常：现代海底热液效应的"指示剂"．地质化学，23（2）：131-139.

赵一阳，翟世奎，李永植，等．1994. 东海弧后盆地现代海底热水活动的地球化学记录//欧阳自远．

中国矿物学、岩石学与地球化学研究新进展. 兰州：兰州大学出版社.

赵一阳，翟世奎，李永植，等. 1996. 冲绳海槽中部热水活动的新纪录. 科学通报. 41（14）：1307-1310.

郑翔，阎军，张鑫，等. 2015. 冲绳海槽中部热液区及典型喷口区地形地貌特征. 海洋地质前沿，31（3）：14-21.

中村光一，浦辺徹郎，丸茂克美ほか. 1988. 伊是名海穴で発見された現世の「黑矿」について，63年度三矿学会で讲演：45-53.

中村光一，丸茂克美，青木正博. 1990. 冲绳トラフ伊是名海穴海底热水性矿床地带におるブラックスモーヵと二酸化碳素に富む流体涌出变质带（ポットマーヶ）の発见，第6回「しんかい2000」研究シンポジウム报告书，海洋科学技术ヤンタ一，33-50.

周怀阳，倪建宇，武光海. 2001. 热带东北太平洋中国开辟区多金属结核差异的环境条件制约. 中国大洋矿产资源研究开发学术研讨会论文集，75-76.

周惠兰. 1990. 地球内部物理. 北京：地震出版社.

周文戈，谢鸿森，刘永刚，等. 2005. 2.0GPa 块状斜长角闪岩部分熔融——时间和温度的影响. 中国科学：地球科学，35（4）：320-332.

朱克超，赵祖斌，李扬. 2001. 麦哲伦海山 MD、ME、MF 海山富钴结壳特征. 海洋地质与第四纪地质，21（1）：33-38.

侏佛宏. 1997. 太平洋西北部海山的玄武岩，Fe—Mn 结核和结壳的化学成分. 海洋地质，（1）：80-91.

Abouchami W, Galer S J G, Koschinsky A. 1999. Pb and Nd isotopes in NE Atlantic Fe-Mn crusts: Proxies for trace metal palaeosources and palaeocean circulation. Geochim. Cosmochim. Acta, 63: 1489-1505.

Albarede F, Simonetti A, Vervoort J D, et al. 1998. A Hf-Nd isotopic correlation in ferromanganese nodules. Geophys Reslett, 25: 3895-3898.

Allmendinger R W, Riss F. 1979. The Galápagos rift at 86°W 1, Regional Morphological and Structural Analysis. Journal of Geophysical Research Atmospheres, 84: 5379-5389.

Anderson O L, Grew P C. 1977. Stress corrosion theory of crack propagation with applications to geophysics. Rev. Geophys. , 15: 77-103.

Aplin A C, Cronan D S. 1985. Ferromanganese oxide deposits from the Central Pacific Ocean: I. Encrustations from the Line Islands Archipelago. Geochim. Cosmochim. Acta, 49（2）: 427-436.

Arrhenius G, Bonatti E. 1963. Neptunism and vulcanism in the ocean. Progress in oceanography, 3: 7-22.

Atkinson B K. 1984. Subcritical crack growth in geologic materials. JGR, 89: 4077-4114.

Bach W, Banerjee N R, Dick H J B, et al. 2002. Discovery of ancient and active hydrothermal systems along the ultra-slow spreading Southwest Indian Ridge 10°-16° E. Geochemistry Geophysics Geosystems, 3（7）: 1-14.

Baker E T, Chen Y J, Morgan J P. 1996. The relationship between near-axis hydrothermal cooling and the spreading rate of mid-ocean ridges. Earth and Planetary Science Letters, 142 (1): 137-145.

Baker E T, Edmonds H N, Michael P J, et al. 2004. Hydrothermal venting in magma deserts: The ultraslow-spreading Gakkel and Southwest Indian Ridges. Geochemistry Geophysics Geosystems, 5 (8): 217-228.

Baker E T, Massoth G J, Feely R A. 1987. Cataclysmic hydrothermal venting on the Juan de Fuca Ridge. Nature, 329: 149-151.

Baker E T, Feely R A. 1994. Hydrothermal plumes along the EPR8°40′ to 11°50′N: Plume distribution and relationship to the apparent magmatic budget. EPSL, 128: 1-17.

Baker E T, Hammond S R. 1992. Hydrothermal venting and the apparent magmatic budget of the Juan de fuca Ridge. JGR, 97: 3443-3456.

Ballard R D, Andel T H V, Holcomb R T. 1982. The Galapagos Rift at 86°W: 5. Variations in volcanism, structure, and hydrothermal activity along a 30-kilometer segment of the Rift Valley. Journal of Geophysical Research, 87 (B2): 1149-1161.

Ballu V, Dubois J, Deplus C, et al. 1998. Crustal structure of Mid-Atlantic Ridge south of the kane Fracture Zone from seafloor and surface gravity data. JGR, 103: 2615-2631.

Banakar V K, Galy A, Sukumaran N P, et al. 2003. Himalayan sedimentary pulses recorded by silicate detritus within a ferromanganese crust from the Central Indian Ocean. Earth and Planetary Science Letters, 205: 337-348.

Banakar V K, Pattan J N, Mudholkar A V. 1997. Paleocesnographic conditions during the formation of a ferro-manganese crust from the Afanasiy-Nikitin seamount, North Central Indian Ocean: Geochemical evidence. Mar. Geol., 136: 299-315.

Barnes M, Ansell A D, Gibson R N. 1992. The biology of hydrothermal vent animals: physiology, biochemistry, and autotrophic symbioses. Oceanogr. Mar. Biol. Annu. Rev, 30: 337-441.

Batuev B N, Krotor A G, Markov V F, et al. 1994. Massive sulfide deposits discovered and sampled at 14° 45′N, Mid-Atlantic Ridge. Bridge Newsletter, 6: 6-10.

Beck A E, Shen P Y. 1989. On a more rigorous approach to geothermic problems. Tectonophysics, 164: 83-92.

Benes V, Bocharova N, Popov E. 1997. Geophysical and morpho-tectonic study of the transition between seafloor spreading and continental rifting, western Woodlark Basin, Papua New Guinea. Marine Geology, 142: 85-98.

Benes V, Scott S D, Binns R A. 1994. Tectonics of rift propagation into a continental margin: Western Woodlark Basin, Papua New Guinea. Journal of Geophysical Research Solid Earth, 99 (B3): 4439-4455.

Bergantz G W, Dawes R. 1994. Aspects of magma generation and ascent in continental lithosphere. International Geophysics, 291-317.

Bergman E A, Solomon S C. 1984. Source mechanisms of earthquakes near mid-ocean ridges from body waveform inversion: Implications for the early evolution of oceanic lithosphere. JGR, 88: 6455-6468.

Bertine K K, Keene J. 1975. Submarine barite-opal rocks of hydrothermal origin. Science, 188: 150-152.

Bevis M, Taylor F W, Schutz B E, et al. 1995. Geodetic observations of very rapid convergence extension at the Tonga Arc. Nature, 374: 249-251.

Binns R A, Scott S D, Bogdanov Y A, et al. 1993. Hydrothermal oxide and gold-rich sulfate deposits of Franklin Seamount, western Woodlark Basin, Papua New Guinea. Economic Geology, 88 (8): 2122-2153.

Binns R A, Scott S D, PACLARK Participants. 1989. Propagation of sea floor spreading into continental crust, western woodlark basin, Papua New Gew Guinea. CCOP/SOPAC Miscellaneous Report, 79: 14-16.

Binns R A, Scott S D. 1993. Actively forming polymetallic sulfide deposits associated with felsic volcanic rocks in the Eastern Manus backarc basin, Papua new Guinea. Economic Geology. 88 (8): 2226-2236.

Binns R A, Whitford D J. 1987. Volcanic rocks from the western Woodlark basin, Papua New Guinea. Proc. Pacific Rim Congress, 87: 525-534.

Birch F. 1966. Compressibility: Elastic constants. Geol. Soc. Am. Mem. , 97: 97-137.

Bischoff J L. 1969. Red Sea geothermal brine deposits: their mineralogy, chemistry, and genesis//Hot brines and recent heavy metal deposits in the Red Sea. Springer Berlin Heidelberg, 368-401.

Bogdanov Y A, Lisitzin A P, Binns R A, et al. 1997. Low-temperature hydrothermal deposits of Franklin Seamount, Woodlark Basin, Papua New Guinea. Marine Geology, 142 (97): 99-117.

Bohrmann G, Chin C, Petersen S, et al. 1999. Hydrothermal activity at Hook Ridge in the Central Bransfi eld Basin, Antarctica. Geo-Marine letters 18, 277-284.

Bonatti E, Joensuu O. 1966. Deep-sea iron deposit from the South pacific. Science, 154 (3749): 643-645.

Bonatti E, Kraemer T, Rydell H. 1972. Classification and genesis of submarine iron-manganese deposits// Horn D R. Ferromanganese Deposits of the Ocean Floor. Arden House, New York: 149-165.

Bornhold B D, Tiffin D L, Curriee R F. 1981. Trace metal geochemistry of sediments, northeast pacific. EOS, 62: 59.

Both R, Crook K, Taylor B, et al. 1986. Hydrothermal chimneys and associated fauna in the Manus Back-Arc Basin, Papua New Guinea. Eos Transactions American Geophysical Union, 67 (21): 489-490.

Bougault H, Charlou J L, Fouquet Y, et al. 1990. Activité hydrothermale et structure axiale des dorsales Est-Pacifique et médio-Atlantique. Oceanologica Acta, 10: 1-10.

Bowers T S, Campbell A C, Measures C I, et al. 1988. Chemical controls on the composition of vent fluids at 13°-11° N and 21° N, East Pacific Rise. Journal of Geophysical Research Solid Earth, 93 (B5): 4522-4536.

Brown M. 1994. The generation, segregation, ascent and emplacement of granite magma: the migmatite-to-crustally-derived granite connection in thickened origens. Earth-Science Reviews, 36 (94): 83-130.

Bruneau L, Jerlov N G, Koczy F F. 1953. Physical and chemical methods. Reports of the Swedish Deep-Sea Expedition, Physics and Chemistry, 3: 29-30.

Bullard E C. 1954. The flow of heat through the floor of the Atlantic Ocean. Proc. R. Soc. London, Ser. A, 222: 408-429.

Burton K W, Lee D C, Christensen J N, et al. 1999. Actual timing of neodymium isotopic variations recorded by Fe-Mn crusts in the western North Atlantic. Earth and Planetary Science Letters 171: 149-156.

Burton K W, Ling H F, O'Nions R K. 1997. Closure of the central American isthmus and its effects on deep-water formation in the North Atlantic. Nature 386: 382-385.

Byerlee J D. Friction of Rocks. Pageoph, 1978, 116: 615-626.

Cannat M. 1996. How thick is the magmatic crust at sow spreading oceanic ridges? JGR, 101: 2847-2857.

Carbotte S M, Macdonald K C. 1994. The axial topographic high at intermediate and fast spreading ridges. EPSL, 128: 85-97.

Carlo E H D, Mcmurthy G M, Kim K H. 1987. Geochemistry of ferromanganese crusts from the Hawaiian Archipelago—I. Northern survey areas. Deep Sea Research Part A Oceanographic Research Papers, 34 (3): 441-467.

Carlo E H D, Mcmurtry G M, Yeh H W. 1983. Geochemistry of hydrothermal deposits from Loihi submarine volcano, Hawaii. Earth & Planetary Science Letters, 66: 438-449.

Carmichael I S E, Nicholls J, Spera F J, et al. 1977. High-Temperature Properties of Silicate Liquids: Applications to the Equilibration and Ascent of Basic Magma. Philosophical Transactions of the Royal Society B Biological Sciences, 286 (1336): 373-431.

Carslaw H S, Jaeger J C. 1959. Conduction of heat in solids. Mathematical Gazette, 1 (11): 74-76.

Cawthorn R G, Davies G. 1983. Experimental data at 3 kbars pressure on parental magma to the Bushveld Complex. Contrib Miner Petrol, 83: 128-135.

Cawthorn R G. 1983. Magma addition and possible decoupling of major- and trace-element behaviour in the Bushveld Complex, South Africa. Chemical Geology, 39 (3): 335-345.

Chabaux F, O'Nions R K, Cohen A S, et al. 1997. 238U-234U-230Th disequilibruim in hydrogeneous oceanic Fe-Mn crusts: Palaeoceanographic record or diagenetic alterations? Geochemica et Cosmochimica Acta, 61: 3619-3632.

Chamley H. 1989. Hydrothermal Environment. Clay Sedimentology: 291-329.

Charlou J L, Rona P, Bougault H. 1987. Methane anomaly over TAG hydrothermal field on Mid-Atlantic Ridge. Journal of Marine Research, 45: 461-472.

Charlou J, Donval J. 1993. Hydrothermal methane venting between 12°N and 26°N along the Mid-Atlantic Ridge. JGR, 98: 9625-9642.

Chiba H, Nakashima K, Gamo T, et al. 1993. Hydrothermal activity at the Minami-Ensei Knoll, Okinawa Trough: chemical characteristics of hydrothermal solutions. Jamstect Deepsea Research, 9: 271-282.

Christensen J N, Halliday A N, Godfrey L V, et al. 1997. Climate and ocean dynamics and the lead isotope records in pacific ferromanganese crusts. Science, 277 (15): 913-918.

Christeson G L, Purdy G M, Rohr K M M. 1993. Structure of the Northern Symmetrical Segment of the Juan de Fuca Ridge. Marine Geophysical Researches, 15 (3): 219-240.

Collier J, Sinha M. 1990. Seismic images of a mama chamber beneath the lau Basin bach-are spreading center. Nature, 346: 646-648.

Converse D R, Holland H D, Edmond J M. 1984. Flow rates in the axial hot springs of the East Pacific Rise (21°N): Implications for the heat budget and the formation of massive sulfide deposits. Earth & Planetary Science Letters, 69: 159-175.

Corliss J B. 1979. Submarine Thermal Springs on the Galápagos Rift. Science, (4385): 1073-1083.

Craig H, Poreda R J. 1987. Studies of Methane and Helium in Hydrothermal Vent Plumes, Spreading-axis Basalts, and Volcanic Island Lavas and Gases in Southwest Pacific Marginal Basins: Papatua Expedition Legs V and VI, 1 February 1986- 15 March 1986. Scripps Institution of Oceanography, University of California, San Diego: 86, 87-101.

Crane K, Aikman F, Embley R, et al. 1985. The distribution of geothermal fields on the Juan de Fuca Ridge. Journal of Geophysical Research, 90 (B1): 727-744.

Crane K, Iii F A, Foucher J P. 1988. The distribution of geothermal fields along the East Pacific Rise from 13°10′ N to 8°20′ N: Implications for deep seated origins. Marine Geophysical Researches, 9 (3): 211-236.

Crane K, Ballard R D. 1980. The Galápagos rift at 86°W, 4, Structure and morphology of hydrothermal fields. JGR, 85: 1443-1454.

Crane K. 1987. Structural evolution of the East Pacific Rise axis from 13°10′N to 10°35′N: interpretations from SeaMARC I data. Tectonophysics, 136 (1): 65-92, 113-124.

Crane K. 1978. Structure and tectonics of the Galapagos rift at 86°10′W. The Journal of Geology, 86: 715-730.

Cronan D S. 1980. Underwater minerals. London: Academic Press.

Davaille A, Jaupart C. 1993. Thermal convection in lava lakes. Geophys. Res. Lett. , 20: 1827-1830.

Delaney J R, Robigou V, Mcduff R E, et al. 1992. Geology of a vigorous hydrothermal system on the Endeavour Segment, Juan de Fuca Ridge. Journal of Geophysical Research Atmospheres, 97 (B13): 19663-19682.

Demets C, Gordon R G, Argus D F, et al. 1990. Current plate motions. Geophys. J. Int. , 101: 425-478.

Demidova T. 1999. The physical environment in nodule provinces of the deep sea. Deep- seabed Polymetallic Nodule Exploration: Development of Environmental Guidelines: 79-116.

Detrick R S, Buhl P, Vera E, et al. 1987. Multichannel seismic imaging of a crustal magma chamber along the East Pacific Rise. Nature, 326 (6108): 35-41.

Detrick R S, Harding A J, Kent G M, et al. 1993. Seismic Structure of the Southern East Pacific Rise. Science, 259: 499-503.

Detrick R S, Mutter J C, Buhl P, et al. 1990. No evidence from multichannel reflection data for a crustal magma chamber in the MARK area on the Mid-Atlantic Ridge. Nature, 347 (6288): 61-64.

Detrick R S, Needham H D, Renard V. 1995. Gravity Anomalies and crustal Thickness variations along the Mid-Atlantic Ridge between 33°N-40°N. Journal of Geophysical Research: Solid Earth, 100: 3767-3781.

Dick G J, Clement B G, Webb S M, et al. 2009. Enzymatic microbial Mn (II) oxidation and Mn biooxide production in the Guaymas Basin deep-sea hydrothermal plume. Geochimica et Cosmochimica Acta, 73 (21): 6517-6530.

Dick H J B. 1989. Abyssal peridotites, very slow spreading ridges and ocean ridge magmatism. Geological Society of London Special Publications, 42: 71-105.

Dutta R K, Sudarshan M, Bhattacharyya S N, et al. 1998. Quantitative PIXE analyses of ferromanganese oxide deposits from different locations of the Indian Ocean and a deposit from the Pacific Ocean. Nuclear Instruments and Methods in Physics Research, 143: 403-413.

Embley R W, Chadwick W W. 1994. Volcanic and hydrothermal processes associated with a recent phase of seafloor spreading at the northern Cleft segment: Juan de Fuca Ridge. Journal of Geophysical Research Solid Earth, 99 (B3): 4741-4760.

Embley R W, Feely R A, Lupton J E. 1994. Introduction to Special Section on Volcanic and Hydrothermal Processes on the Southern Juan de Fuca Ridge. Journal of Geophysical Research Solid Earth, 99 (B3): 4735-4740.

Embley R W, Hammond S, Murphy K, et al. 1988. Submersible observations of the "Megaplume" area: southern Juan de Fuca Ridge. Eos, 69: 1497.

Embley R W, Joanasson I R, Perfit M R, et al. 1998. Submersible investigation of an extinct hydrothermal system on the Galápagos Ridge: Sulfide mounds, stockwork zone, and differentiated lavas. Canadian Mineralogist, 26 (3): 517-539.

Fialko Y A, Rubin A M. 1998. Thermodynamics of lateral dike propagation: Implications for crustal accretion at slow spreading mid-ocean ridges. Journal of Geophysical Research Atmospheres, 103 (B2): 2501-2514.

Fialko Y A, Rubin A M. 1999. Thermal and mechanical aspects of magma emplacement in giant dike swarms. Journal of Geophysical Research Solid Earth, 104 (B10): 23033-23049.

Fouquet Y, Barriga F. 1998. Flores diving cruise with the Nautile near the Azores first dives on the Rainbow Field: hydrothermal seawater/mantle interaction. InterRidge News, 2: 1154-1162.

Fouquet Y, Knott R, Cambon P, et al. 1996. Formation of large sulfide mineral deposits along fast spreading ridges. Example from off-axial deposits at 12°43′N on the East Pacific Rise. Earth and Planetary Science Letters, 144: 147-162.

Fouquet Y, Stackelberg U V, Charlou J L, et al. 1991. Hydrothermal activity and metallogenesis in the Lau back-arc basin. Nature, 349 (6312): 778-781.

Fouquet Y, von Stackellberg U, Charlou J L. 1993. Metallogenesis in back-arc environments: The Lau Basin example. Economic Geology, 88: 2154-2181.

Fowler C M R. 1976. Crustal structure of the Mid- Atlantic ridge crest at 37° N. Geophysical Journal International, 1976, 47 (3): 459-491.

Fowler C M R. 1978. Crustal structure of the Mid-Atlantic Ridge at 37°N. Geophysical Journal of the Royal Astronmical Society, 54: 167-183.

Fox C G, Radford W E, Dziak R P, et al. 1995. Acoustic detection of a seafloor spreading episode on the Juan de Fuca Ridge using military hydrophone arrays. Geophysical Research Letters, 22 (2): 131-134.

Francheteau J, Needham H D, Choukroune P, et al. 1979. Massive deep-sea sulphide ore deposits discovered on the East Pacific Rise. Nature, 277 (5697): 523-528.

Francheteau J, Needham H D, Choukroune P, et al. 1981. First manned submersible dives on the east pacific rise at 21°N (project rita): general results. Marine Geophysical Researches, 4 (4): 345-379.

Frank M, O'Nions R K, Hein J R, et al. 1999a. 60 Myr records of major elements and Pb- Nd isotopes from hydrogenous ferromanganese crusts: Reconstruction of seawater paleochemistry. Geochimica et Cosmochimica Acta, 63 (11/12): 1689-1708.

Frank M, Reynolds B C, Q' Nions R K. 1999b. Nd and Pb isotopes in Atlantic and Pacific water masses before and after closure of the Panama Gateway. Geology, 27: 1147-1150.

Frank M, Whiteley N, van de Flierdt T, et al. 2006. Nd and Pb isotope evolution of deep water masses in the eastern Indian Ocean during the past 33 Myr. Chemical Geology, 226: 264-279.

Frank M. 2002. Radiogenic isotopes: tracers of past ocean circulation and erosional input. Reviews of geophysics, 40 (1): 1-1-1-38.

Fujikura K T Yamazaki K, Hasegawa U, et al. 1997. Biology and earth scientific investigation by the submersible "Shinkai 2000" system of deep- sea hydrothermalism and lithosphere in the Mariana back- arc basin. JAMSTEC Deep Sea Res. , 13, 1-20.

Fujimoto H, Ohta S, Yamaashi T, et al. 1999. Submersible Investigations of the Mid-Ocean Ridges near the Triple Junction in the Indian Ocean. JAMSTEC Journal of Deep Sea Research 2. Geology, Geochemistry, Geophysics and Dive Survey, 15: 1-6.

Fujimoto H, Seama N, Lin J, et al. 1996. Geophysical mapping of the Mid-Atlantic Ridge 23. 5°- 28° N, JAMSTEC Deep Sea Res, 12: 348-354.

Furukawa M, Tokuyama H, Abe S, et al. 1991. Report on DELP 1988 cruise in the Okinawa Trough. Part II: Seismic reflection studies in the southwestern part of the Okinawa Trough. Bulletin of Earthquake Research, Institute of University of Tokyo, 66: 17-36.

Galkin S V. 1997. Megafauna associated with hydrothermal vents in the Manus backarc basin (Bismark sea). Marine Geology, 142: 197-206.

Gallo D G, Kidd W S F, Fox P J, et al. 1984. Tectonics at the intersection of the East Pacific rise with Tamayo transform fault. Marine geophysical researches, 6 (2): 159-185.

Gamo T, Chiba H, Yamanaka T, et al. 2001. Chemical characteristics of newly discovered black-smoker fluids and associated hydrothermal plumes at the Rodriguez Triple Junction, Central Indian ridge. Earth and Planetary Science Letters, 193: 371-379.

Gamo T, Ishibashi J, Sakai H, et al. 1987. Methane anomalies in seawater above the Loihi submarine summit area, Hawaii. Geochim. Cosmochimica Acta, 51: 2857-2864.

Gamo T, Nakayama E, Shitashima K, et al. 1996. Hydrothermal plumes at the Rodriguez triple junction, Indian ridge. Earth and planetary science letters, 142 (1): 261-270.

Gamo T, Sakai H, Ishibashi J, et al. 1993. Hydrothermal plume in the East Manus Basin, Bismarck Sea: CH_4, Mn, Al, and pH anomalies. Deep Sea Research Part 1 Oceanographic Research Papers, 40: 2335-23459.

Gamo T. 1995. Wide variation of chemical characteristics of submarine hydrothermal fluids due to secondary modification processes after high temperature water-rock interaction: a review//Sakai H, Nozaki Y. Biogeochemical processes and ocean flux in the western Pacific. Terra Scientific Publisher, Tokyo: 425-451.

Gass I G. 1989. Magmatic processes at and near constructive plate margins as deduced from the Troodos (Cyprus) and Semail Nappe (N Oman) ophiolites. Geological Society, London, Special Publications, 42 (1): 1-15.

Gebruk A V, Chevaldonné P, Shank T, et al. 2000. Deep-sea hydrothermal vent communities of the Logatchev area (14°45′N, Mid-Atlantic Ridge): diverse biotopes and high biomass. Journal of the Marine Biological Association of the UK, 80: 383-393.

Gente P, Auzende J M, Renard V, et al. 1986. Detailed geological mapping by submersible of the EPR axial graben near 13°N. EPSL, 78: 224-236.

Georgen J E, Lin J, Dick H J B. 2001. Evidence from gravity anomalies for interactions of the Marion and Bouvet hotspots with the Southwest Indian Ridge: effects of transform offsets. Earth and Planetary Science Letters, 187: 283-300.

Georgen J E, Lin J. 2002. Three-dimensional passive flow and temperature structure beneath oceanic ridge-ridge-ridge triple junctions. Earth and Planetary Science Letters, 204 (1): 115-132.

German C R, Baker E T, Mevel C, et al. 1998. Hydrothermal activity along the southwest Indian ridge. Nature, 395: 490-493.

German C R, Baker E T, Mevel C. 1993. Hydrothermal mineralization: new perspectives. Economic Geology, 88: 1935-1976.

German C R, Breem J, Chin C, et al. 1994. Hydrothermal activity on the Reykjanes Ridge: the Steinahóll Vent-Field at 63°06′N. Earth and Planetary Science Letter, 121: 647-654.

German C R, Parson L M, Team H S, et al. 1996. Hydrothermal exploration near the Azores Triple Junction: tectonic control of venting at slow-spreading ridges? Earth and Planetary Science Letters, 138 (95):

93-104.

German C R, Baker E T, Mevel C, et al. 1998. Hydrothermal activity along the southwest Indian ridge. Nature, 395 (6701): 490-493.

German C R, Bowen A, Coleman M L, et al. 2010. Diverse styles of submarine venting on the ultraslow spreading Mid-Cayman Rise. PNAS, 107 (32): 14020-14025.

Gibb F G F, Henderson C M B. 1978. The petrology of the Dippin sill, Isle of Arran. Scottish Journal of Geology, 14 (1): 1-27.

Gill J B, Morris J D, Johnson R W. 1993. Timescale for producing the geochemical signature of island arc magmas: U-Th-Po and Be-B systematics in recent Papua New Guinea lavas. Geochim. Cosmochim. Acta, 57: 4269-4283.

Glasby G P. 1977. Marine Manganese Deposits. A msterdam: Elsevier.

GodfreyL V, Lee D C, Sangrey W F, et al. 1997. The Hf isotopic composition of ferromanganese nodules and crusts and hydrothermal manganese deposits: Implications for seawater Hf. Earth and Planetary Science Letters, 151: 91-105.

Goodfellow W D, Franklin J M. 1993. Geology, Mineralogy, and Chemistry of sediment hosted clastic massive sulfides in shallow core, Middle valley, North Juan de Fuca Ridge. Economic Geology, 88: 2037-2069.

Goosse H, Campin J M, Tartinville B. 2001. The sources of Antarctic bottom water in a global ice-ocean model. Ocean Modelling, 3 (1): 51-65.

Grill E V, Chase R L, Macdonald R D, et al. 1981. A hydrothermal deposit from explorer ridge in the northeast Pacific Ocean. Earth and Planetary Science Letters, 52 (1): 142-150.

Halbach P, Koschinsky A, Seifert R, et al. 1999. Diffuse hydrothermal activity, biological communities, and mineral formation in the North Fiji Basin (SW Pacific): Preliminary results of the R/V SONNE cruise SO-134. InterRidge News, 8 (1): 38-44.

Halbach P, Kriete C, Prause B, et al. 1989b. Mechanisms to explain the platinum concentration in ferromanganese seamount crusts. Chemical Geology, 76 (1): 95-106.

Halbach P, Puteanus D. 1984. The influence of the carbonate dissolution rate on the growth and composition of Co-rich ferromanganese crusts from Central Pacific seamount areas. Earth and Planetary Science Letters, 68: 73-87.

Halbach P, Segl M, Puteanus D. 1983. Co-fluxes and growth rates in ferromanganese deposits from Central Pacific seamount areas. Nature, 304: 716-719.

Halbach P, Manheim F T, Otten P. 1982. Co-rich ferromanganese deposits in the marginal seamount regions of the Central Pacific Basin-results of the Midpac '81. Erzmetall, 351: 447-453.

Halbach P, Nakamura K W, Lange J, et al. 1989a. Probable modern analogue of Kuroko-type massive sulfide deposits in the Okinawa through back-arc basin. Nature, 338: 496-499.

Halbach P, Puteanus D, Manheim F T. 1984. Platinum concentrations in ferromanganese seamount crusts from the Central Pacific. Naturwissenschaften, 71: 571-579.

Halbach P. 1968. Zum Gehalt von Phosphor und anderen Spurenelementen in Brauneisenerzooiden aus dem fränkischen Dogger beta. Contributions to Mineralogy and Petrology, 18 (3): 241-251.

Halbach P. 1986. Processes controlling the heavy metal distribution in Pacific ferromanganese nodules and crusts. Geologische Rundschau, 75 (1): 235- 247.

Hannington M, Herzig P, Stoffers P, et al. 2001. First observations of high- temperature submarine hydrothermal vents and massive anhydrite deposits off the north coast of Iceland. Marine Geology, 177 (3): 199-220.

Hawkins J, Helu S. 1986. Polymetallic sulfide deposit from "black smoker" chimney, Lau Basin. Eos, 67: 378.

Haymon R M, Fornari D J, Edwards M H, et al. 1991. Hydrothermal vent distribution along the East Pacific Rise crest (9°09′-54′N) and its relationship to magmatic and tectonic processes on fast-spreading mid-ocean ridges. Earth and Planetary Science Letters, 104: 513-534.

Haymon R M, Macdonald K C, Baron S, et al. 1997. Distribution of fine-scale hydrothermal, volcanic, and tectonic features along the EPR crest, 17° 15′- 18° 30′S: Results of near- bottom acoustic and optical surveys. Eos, Transactions of the American Geophysical Union, 78: F705.

Hein J R, Koshinsky A, Halbach P, et al. 1997. Iron and Manganese Oxide Mineralization in the Pacific. Geological Society london Special Publications, 119: 123-138.

Hein J R, Schwab W C, Davis A S. 1988. Cobalt- and platinum- rich ferromanganese crusts and associated substrate rocks from the Marshall Islands. Marine Geology, 78 (3): 255-283.

Hein J R, Bohrson W A, Schulz M S, et al. 1992. Variations in the fine-scale composition of a central Pacific ferromanganese crust: paleoceanographic implications. Paleoceanography, 7: 63-77.

Hein J R, Koschinsky A, Bau M, . 2000. Co-rich ferromanganese crusts in the Pacific//Cronan D S (Ed.). Handbook of Marine Mineral Deposits. CRC Marine Science Series. CRC Press, Boca Raton, Florida: 239-279.

Hekinian R, Francheteau J, Renard V, et al. 1983. Intense hydrothermal activity at the axis of the east pacific rise near 13° N: Sumbersible witnesses the growth of sulfide chimney. Marine geophysical researches, 6 (1): 1-14.

Hekinian R, Hoffert M, Larque P, et al. 1993. Hydrothermal Fe and Si oxyhydroxide deposits from South Pacific intraplate volcanoes and East Pacific Rise axial and off- axial regions. Economic Geology, 88 (8): 2099-2121.

Hekinian R, Fevrier M, Bischoff T L, et al. 1980. Sulfide deposits from the East Pacific Rise 21°N. Science, 207: 1433-1444.

Helfrich K R. 1994. Thermals with background rotation and stratification. Journal of Fluid Mechanics, 259: 265-280.

Henstock T J, Woods A W, White R S. 1993. The Accretion of Oceanic Crust by Episodic Sill Intrusion. Journal of Geophysical Research Atmospheres, 98 (B3): 4143-4161.

Hey R N, Massoth G J, Vrijenhoek, et al. 2006. Hydrothermal vent geology and biology at earth's fastest spreading rates. Marine Geophysical Researches, 27: 137-153.

Honnorez J, Vonherzen R P, Barrett T J, et al. 1983. Hydrothermal mounds and young ocean crust of the Galápagos-Preliminary Deep-Sea Drilling results. Initial Reports of the Deep Sea Drilling Project, 70 (APR): 459-481.

Hooft E E E, Detrick R S. 1995. Relationship between axial morphology, crustal thickness, and mantle temperature along the Juan de Fuca and Gorda Ridges. Journal of Geophysical Research Solid Earth, 1002 (B11): 22499-22508.

Hopson C A, Mattinson J M. 1994. Chelan Migmatite Complex, Washington: field evidence for mafic magmatism, crustal anatexis, mixing and protodiapiric emplacement//Geologic Field Trips in the Pacific Northwest: 1994 Geological Society of America Annual Meeting. Seattle, WA: Department of Geological Sciences, University of Washington. 1-21.

Horibe Y, Kim K R, Craig H. 1986. Hydrothermal methane plumes in the Mariana back-arc spreading center. Nature, 324: 131-133.

Hort M, Marsh B D, Spohn T. 1993. Igneous layering through oscillatory nucleation and crystal settling in well-mixed magmas. Contributions to Minerology and Petrology, 114: 425-440.

Humphris S E, Kleinrock M C. 1996. Detailed morpholog of the TAG active hydrothermal mound, insights into its formation and growth. Geophysical Research letters, 23: 3443-3446.

Hunt J M, Hayes E E, Degens E T, et al. 1967. Red Sea detailed survey of hot brine areas. Science, 156: 514-516.

Hussong D M, Sinton J B. 1983. Seismicity associated with back arc crustal spreading in the central Mariana Trough. The Tectonic and Geologic Evolution of Southeast Asian Seas and Islands: Part 2: 217-235.

Hussong D M, Uyeda S. 1982. Tectonic processes and the history of the Mariana arc-a synthesis of the results of deep-sea drilling Project Leg-60. Initial Reports of the Deep Sea Drilling Project, 60 (MAR): 909-929.

Jacobeen F H. 1949. Differentiation of Lambertville diabase. Unpublished Bachelor's thesis, Department of Geology, Princeton University.

Jauhari P. 1990. Relationship between morphology and composition of manganese nodules from the Central Indian Ocean. Marine Geology, 92: 115-125.

Jaupart C, Tait S. 1995. Dynamics of differentiation in magma reservoirs. Journal of Geophysical Research, 100 (B9): 17615-17636.

Jean-Baptiste P, Charlou J L, Stievenard M, et al. 1991. Helium and methane measurements in hydrothermal fluids from the mid-Atlantic ridge: the Snake Pit site at 23°N. Earth and Planetary Science Letters, 106 (1): 17-28.

Jean-Baptiste P, Mantisi F, Pauwells H, et al. 1992. Hydrothermal ^{3}He and manganese plumes at 19° 29′ S on the Central Indian Ridge. Geophysical research letters, 19 (17): 1787-1790.

Jin S, Zhu W. 2002. Present-day spreading motion of the mid-Atlantic ridge. Chinese Science Bulletin, 47 (18): 1551-1555.

Jin Xl, Yu P Z. 1987. The tectonic characteristics and evolution of Okinawa Trough. Sciences in China (B), 17 (2): 196-203.

Jollivet D, Hashimoto J, Auzende J M, et al. 1989. Primary observation of animales in hydrothermal field North Fiji basin. Academic des Sciences [Paris] Comptes Rendus, 309: 301-308.

Juster T C, Grove T L, Perfit M R. 1989. Experimental constraints on the generation of FeTi basalts, andesites, and rhyodacites at the Galapagos Spreading Center, 85°W and 95°W. Journal of Geophysical Research: Solid Earth (1978-2012), 94 (B7): 9251-9274.

Kakegawa T, Utsumi M, Marumo K. 2008. Geochemistry of sulfide chimneys and basement pillow lavas at the southern Mariana Trough (12.55°N-12.58°N). Resource geology, 58 (3): 249-266.

Karig D E. 1989. Temporal relationships between backarc basin formation and arc volcanism with special reference to the philippine sea. The tectonic and geologic evolution of southeast Asian seas and islands part 2, American Geophysical Union Monograph, 27: 318-325.

Karson J A, Brown J R. 1988. Geologic setting of the Snake Pit hydrothermal site: an active vent field on the Mid-Atlantic Ridge. Marine geophysical researches, 10 (1-2): 91-107.

Kelly D, Delaney J R, Juniper S K. 2004. Establishing a new era of submarine volcanic observatories: Cabling Axial Seamont and the Endeavour Segment of the Juan de Fuca Ridge. Marine Geology, 352: 426-450.

Kennet K P. 1982. Marine Geology. New Jersey, Englewood Cliffs: Prentice-Hall, 3: 813.

Kent G M, Harding A J, Orcutt J A. 1990. Evidence for a smaller magma chamber beneath the East Pacific Rise at 9°30′ N. Nature, 344 (6267): 650-653.

Kimura M, Kaneoka I. 1986. Report on DELP1984 Cruises in the Middle Okinawa Trough, Part V: Topography and Geology of the Central Grabens and their Vicinity. Bulletin of the Earthquake Research Institute of Tokyo: 269-310.

Kimura M, Ujeda S, Kato Y, et al. 1988. Active hydrothermal mounds in the Okinawa Trough back arc basin. Tectonophysics, 145: 319-324.

Kinoshita M, Yamano M. 1997. Hydrothermal regime and constraints on reservoir depth of the Jade site in the Mid-Okinawa Trough inferred from heat flow measurements. Journal of Geophysical Research: Solid Earth (1978-2012), 102 (B2): 3183-3194.

Kisimoto K, Nakamura K I, Marumo K. 1991. Preliminary experiment of seismic observation using 3-OBS array at the black smoker site in the Izena caldron, Okinawa Trough. JAMSTECTR Deep-Sea Res, 7: 193-199.

Klemm V, Levasseur S, Frank M, et al. 2005. Osmium isotope stratigraphy of a marine ferromanganese crust. Earth and Planetary Science Letters, 238: 42-48.

Klinkhammer G P, Bender M L. 1980. The distribution of manganese in the Pacific Ocean. Earth and Planetary Science Letters, 46 (3): 361-384.

Klinkhammer G P, Chin C S, Wilson C, et al. 1995, Results of a search for hydrothermal activity in the Bransfield Strait, Antarctica. Eos Transactions, American Geophysical Union, 76: 46.

Klinkhammer G P. 1980. Observations of the distribution of manganese over the East Pacific Rise. Chemical Geology, 29 (1): 211-226.

Klinkhammer G P. 1994. Fiber optic Spectometer for in situ measurinment in the oceans: the ZAP probe. Marine Chem. , 47: 13-20.

Klinkhammer G, Rona P, Greaves M, et al. 1985. Hydrothermal manganese plumes in the Mid-Atlantic Ridge rift vally. Nature, 314: 727-731.

Klinkhammera G P, China C S, Kellera R A, et al. 2001. Discovery of new hydrothermal vent sites in Bransfield Strait, Antarctica. Earth and Planetary Science Letters, 193 (3): 395-407.

Kong L S L, Solomon S C, Purdy G M. 1992. Microearthquake characteristics of a mid-ocean ridge along-axis high. Journal of Geophysical Research: Solid Earth (1978-2012), 97 (B2): 1659-1685.

Koschinsky A, Halbach P. 1995. Sequential leaching of marine ferromanganese precipitates: Genetic implications. Geochimica et Cosmochimica Acta, 59 (24): 5113-5132.

Koschinsky A, Hein J R. 2003. Uptake of elements from seawater by ferromanganese crusts I Solid phase association and seawater speciation. Marine Geo logy, 198: 331-351.

Koski R A, Lonsdale P F, Shanks W C, et al. 1985. Mineralogy and geochemistry of a sediment-hosted hydrothermal sulfide deposit from the Southern Trough of Guaymas Basin, Gulf of California. Journal of Geophysical Research: Solid Earth (1978-2012), 90 (B8): 6695-6707.

Koyaguchi T, Hallworth M A, Huppert H E, et al. 1990. Sedimentation of particles from a convecting fluid. Nature, 343 (6257): 447-450.

Krasnov S, Poroshina I, Cherkashev G, et al. 1997. Morphotectonics, volcanism and hydrothermal activity on the East Pacific Rise between 21°12′S and 22°40′S. Marine Geophysical Researches, 19 (4): 287-317.

Kuhn T, Bau M, Blum N, et al. 1998. Origin of negative Ce anomalies in mixed hydrothermal-hydrogenetic Fe-Mn crusts from the Central Indian Ridge. Earth and Planetary Science Letters, 163: 207-220.

Kushiro I. 1980. Viscosity, density, and structure of silicate melts at high pressures, and their petrological applications. Physics of magmatic processes: 93-120.

Lafoy Y, Auzende J M, Ruellan E, et al. 1990. The 16°40′S triple junction in the North Fiji basin (SW Pacific). Marine Geophysical Research, 12: 285-296.

Lalou C, Reyss J L, Brichet E, et al. 1996. Initial chronology of a recently discovered hydrothermal field at 14°45′N. Mid-Atlantic Ridge. Earth and Planetary Science Letter, 144 (3): 483-490.

Landergren R. 1964. On the geochemistry of deep-sea sediments. Rept. Swedish Deep-Sea Exped, 1947-1948,

10 (2): 57-178.

Lange J A. 1985. Hydrothermal metalliferous sediments at mid-ocean ridges and the Red Sea axial trough: genesis and composition. Pacific Mineral Resources, Physical, Economic and Legal Issues. Honolulu: Proceedings of the Pacific Marine Mineral Resources Training Course: 71-90.

Lee C S, Jr. Shor G G, Bibe L D. 1980. Okinawa Trough: Origin of aback-arc basin. Marine Geology, 35: 219-241.

Lee C S. 2002. Exploration of submarine hydrothermal springs. Ocean and Taiwan in the 21st Century. NCOR (National Center for Ocean Research), Taipei.

Leg O D P. 1986. 106 Scientific Party. Drilling the Snake Pit hydrothermal sulfide deposit on the Mid-Atlantic ridge, lat, 23 (22): 1004-1007.

Lein A Y, Miller Y M, Namsaraev B B. 1994. Biogeochemical Processes of the Sulfur Cycle at Early Diagenetic Stages of Sediments along the Yenisei-Kara Sea Profile. Okeanologiya, 34 (5): 681-692.

Lein A Y, Rusanov I I, Savvichev A S, et al. 1996. Biogeochemical processes of the sulfur and carbon cycles in the Kara Sea. Geochemistry international, 34 (11): 925-941.

Leinen M, Anderson R N. 1981. Hydrothermal sediment from the Marianas Trough. EOS Transactins, American Geophysical Union, 5: 914.

Letouzey J, Kimura M. 1986. The Okinawa Trough: genesis of a back-arc basin developing along a continental margin. Geophysics, 125: 209-230.

Lisitzin A P, Binns R A, Bogdanov Y A, et al. 1991. Active hydrothermal activity at Franklin Seamount, western Woodlark Sea (Papua New Guinea). International Geology Review, 33: 914-929.

Lisitzin A P, Lukashin V N, Gordeev V V, et al. 1997. Hydrological and geochemical anomalies associate with hydrothermal activity in SW Pacific marginal and backarc basins. Marine Geology, 142: 7-15.

Lister J R, Kerr R C. 1991. Fluid-mechanical models of crack propagation and their application to magma transport in dykes. Journal of Geophysical Research: Solid Earth (1978-2012), 96 (B6): 10049-10077.

Liu G. 1989. Geophysical and geological exploration and hydrocarbon prospects of the East China Sea. China Earth Sciences, 1 (1): 43-58.

Lizasa K, Kawasaki K, Maeda K, et al. 1998. Hydrothermal sulfide-bearing Fe-Si oxyhydroxide deposits from the Coriolis Troughs, Vanuatu backarc, southwestern Pacific. Marine Geology, 145 (1): 1-21.

Lonsdale P F, Bischoff J L, Burns V M, et al. 1980. A high-temperature hydrothermal deposit on the seabed at a Gulf of California spreading center. Earth and Planetary Science Letters, 49 (1): 8-20.

Lonsdale P, Batiza R, Simkin T. 1982. Metallogenesis at seamounts on the East Pacific Rise. Marine Technology Society Journal, 16 (3): 54-61.

Lonsdale P, Becker K. 1985. Hydrothermal plumes, hot springs, and conductive heat flow in the Southern Trough of Guaymas Basin. Earth and Planetary Science Letters, 73 (2): 211-225.

Lonsdale P, Spiess F. 1980. Deep-tow observations at the East Pacific Rise, 8° 45′ N, and some interpretations//Rosendahl BR et al. Initial Reports of the Deep Sea Drilling Project. U. S. Government Printing Office, Washington, D. C, 43-62.

Lonsdale P. 1977a. Clustering of suspension-feeding macrobenthos near abyssal hydrothermal vents at oceanic spreading centers. Deep Sea Research, 24 (9): 857-863.

Lonsdale P. 1977b. Deep-tow observations at the mounds abyssal hydrothermal field, Galapagos Rift. Earth and Planetary Science Letters, 36 (1): 92-110.

Lonsdale P. 1977c. Structural geomorphology of a fast-spreading rise crest: the East Pacific Rise near 3°25′ S. Marine Geophysical Researches, 3 (3): 251-293.

Loper D E, Roberts P H. 1987. A Boussinesq model of a slurry//David E, Loper. Structure and Dynamics of Partially Solidified Systems. Springer Netherlands, 291-323.

Loudenr K E, White R S, Potts C G, et al. 1986. Structure and seismotectonics of the Vema fracture zone, Atlantic Ocean. Journal of the Geological Society, 143 (5): 795-805.

Lowell R P, Rona P A, von Herzen R P. 1995. Seafloor hydrothermal systems. Journal of Geophysical Research: Solid Earth (1978-2012), 100 (B1): 327-352.

Lowell R P, Rona P A. 1985. Hydrothermal models for the generation of massive sulfide ore deposits. Journal of Geophysical Research: Solid Earth (1978-2012), 90 (B10): 8769-8783.

Lowell R P. 1991. Modeling continental and submarine hydrothermal systems. Reviews of geophysics, 29 (3): 457-476.

Luan X W, Gao D Z, Yu P Z. 2001. The crust velocity structure of a profile in the area of East China Sea and its vicinity. Progress in Geophysics, 16 (2): 28-34.

Luan X W, Zhao Y Y, Qin Y S, et al. 2002. The heat flux estimate from hydrothermal system to the Ocean. Acta Oceanologiea Sinlca, 24 (6): 59-66.

Lupton J E, Baker E T, Garfield N, et al. 1998. Tracking the evolution of a hydrothermal event plume with a RAFOS neutrally buoyant drifter. Science, 280: 1052.

Lupton J E, Craig H A. 1981. Major Helium-3 Source at 15°S on the East Pacific Rise. Science, 214: 13-18.

Lupton J E, Klinkhammer G P, Normark W R, et al. 1980. Helium-3 and manganese at the 21°N East Pacific Rise hydrothermal site. Earth and Planetary Science Letters, 50 (80): 115-127.

Lyle M. 1982. Estimating growth rates of ferromanganese nodules from chemical compositions: implications for nodule formation processes. Geochimica Et Cosmochimica Acta, 46 (11): 2301-2306.

Macdonald K C, Becker K, Spiess F N, et al. 1980. Hydrothermal heat flux of the black smoker vents on the East Pacific Rise. Earth and Planetary Science Letters, 48: 1-7.

Macdonald K C, Scheirer D S, Carbotte S M. 1991. Mid-ocean ridges: discontinuities, segments and giant cracks. Science, 253 (5023): 986-994.

Madsen J A, Detrick R S, Mutter J C, et al. 1990. A two-and three-dimensional analysis of gravity anomalies associated with the East Pacific Rise at 9°N and 13°N. Journal of Geophysical Research Solid Earth, 95

（B4）: 4967-4987.

Malahoff A, Falloon T. 1990. Preliminary Report of the Akademik Mstislav Keldysh. MIR cruise, 7-21.

Malahoff A, Mcmurtry G M, Wiltshire J C, et al. 1982. Geology and chemistry of hydrothermal deposits from active submarine volcano Loihi, Hawaii. Nature, 298 (5871): 234-239.

Mangan M T, Marsh B D. 1992. Solidification front fractionation in phenocryst- free sheet- like magma bodies. The Journal of Geology, 605-620.

Manheim F T, Lane- Bostwick C M. 1988. Cobalt in ferromanganese crusts as a monitor of hydrothermal discharge on the Pacific sea floor. Nature, 335: 59-62.

Manheim F T. 1986. Marine cobalt resources. Science, 232: 600-608.

Mantyla A W, Reid J L. 1983. Abyssal characteristics of the World Ocean waters. Deep Sea Research Part A. Oceanographic Research Papers, 30 (8): 805-833.

Marchig V, Erzinger J, Rösch H. 1987. Sediments from a hydrothermal field in the central valley of the Galapagos rift spreading center. Marine geology, 76: 243-251.

Marsh B D. 1989. On convective style and vigor in sheet-like magma chambers. Journal of Petrology, 30 (3): 479-530.

Marsh B D. 1991. Reply to comments of Huppert and Sparks. Journal of Petrology, 32: 855-860.

McBirney A R. 1989. The Skaergaard layered series: I. Structure and average compositions. Journal of Petrology, 30 (2): 363-397.

McConachy T F, Ballard R D, Mottl M J, et al. 1986. Geologic form and setting of a hydrothermal vent field at lat 10° 56′ N, East Pacific Rise: A detailed study using Angus and Alvin. Geology, 14 (4): 295-298.

Mensch M, Bayer R, Bullister J L, et al. 1997. The distribution of tritium and CFCs in the Weddell Sea during the mid 1980's. Progress in Oceanography, 38 (4): 377-414.

Meredith P G, Atkinson B K. 1985. Fracture toughness and subcritical crack growth during high- temperature tensile deformation of Westerly granite and Black gabbro. Physics of the earth and planetary interiors, 39 (1): 33-51.

Mero J L. 1965. The Mineral Resources of the Sea. Amsterdem: Amsterdam Press.

Michael P J, Langmuir C H, Dick H J B. 2003. Magmatic and a magmatic seafloor generation at the ultraslow-spreading Gakkel ridge. Arctic Ocean. Nature, 423 (6943): 956-961.

Michard G, Albarede F, Michard A, et al. 1984. Chemistry of solutions from the 13°N East Pacific Rise hydrothermal site. Earth and Planetary Science Letters, 67 (3): 297-307.

Miller A R, Densmore C D, Degens E T, et al. 1966. Hot brines and recent iron deposits in deeps of the Red Sea. Geochimica et Cosmochimica Acta, 30 (3): 341-359.

Moore H J. 1987. Preliminary estimates of the rheological properties of 1984 Mauna Loa lava. US Geol Surv Prof Pap, 1350: 1569-1588.

Murton B J, Klinkhammer G, Becker K, et al. 1994. Direct evidence for the distribution and occurrence of hydrothermal activity between 27°N-30°N on the Mid-Atlantic Ridge. Earth and Planetary Science Letters, 125 (1): 119-128.

Mutter J C, Barth G A, Buhl P, et al. 1988. Magma distribution across ridge-axis discontinuities on the East Pacific Rise from multichannel seismic images. Nature, 336 (6195): 156-158.

Münch U, Halbach P, Fujimoto H. 2000. Sea-floor hydrothermal mineralization from the Mt. Jourdanne, Southwest Indian Ridge. JAMSTEC J. Deep Sea Res, 16: 126.

Münch U, Lalou C, Halbach P, et al. 2001. Relict hydrothermal events along the super-slow Southwest Indian spreading ridge near 63° 56′ E—Mineralogy, chemistry and chronology of sulfide samples. Chemical Geology, 177 (3): 341-349.

Nagumo S, Kinoshita H, Kasahara J, et al. 1986. Report on DELP 1984 Cruise in the Midle Okinawa trough, PartII: Seismic Structural Studies. Bulletin of the Earthquake Research institute University of tokyo, 61: 167-202.

Nakamura K, Toki T, Mochizuki N. 2013. Discovery of a new hydrothermal vent based on an underwater, high-resolution geophysical survey. Deep-Sea Research I, 74 (2013): 1-10.

Nakamura Y, Shibutani T. 1998. Three-dimensional shear wave velocity structure in the upper mantle beneath the Philippine Sea region. Earth Planets Space, 50: 939-952.

Nier A O, Schlutter D J. 1992. Extraction of helium from individual interplanetary dust particles by step-heating. Meteoritics, 27: 166-173.

Nojiri Y, Ishibashi J, Kawai T, et al. 1989. Hydrothermal plumes along the North Fiji Basin spreading axis. Nature, 342: 667-670.

Ondréas H, Fouquet Y, Voisset M, et al. 1997. Detailed Study of Three Contiguous Segments of the Mid-Atlantic Ridge, South of the Azore (37°N to 38°30′N), Using Acoustic Imaging Coupled with Submersible Observations. Marine Geophysical Research, 19 (3): 231-255.

Oosting S E, von Damm K L. 1996. Bromide/chloride fractionation in seafloor hydrothermal fluids from 9-10°N East Pacific Rise. Earth and Planetary Science Letters, 144 (1): 133-145.

Orsi A H, Johnson G C, Bullister J L. 1999. Circulation, mixing, and production of Antarctic Bottom Water. Progress in Oceanography, 43 (1): 55-109.

Pacanovsky K M, Davis D M, Richardson R M, et al. 1999. Intraplate stresses and plate-driving forces in the Philippine Sea Plate. Journal of geophysical research, 104: 1095-1110.

Perram L J, Cormier M H, Macdonald K C. 1993. Magnetic and tectonic studies of the dueling propagating spreading centers at 20°40′ S on the East Pacific Rise: Evidence for crustal rotations. Journal of Geophysical Research: Solid Earth (1978-2012), 98 (B8): 13835-13850.

Philpotts J A, Aruscavage P J, von Damm K L. 1987. Uniformity and diversity in the composition of mineralizing fluids from hydrothermal vents on the southern Juan de Fuca Ridge. Journal of Geophysical Research: Solid Earth (1978-2012), 92 (B11): 11327-11333.

Piper D Z, Blueford J R. 1982. Distribution, mineralogy, and texture of manganese nodules and their relation to sedimentation at DOMES Site A in the equatorial North Pacific. Deep Sea Research Part A. Oceanographic Research Papers, 29 (8): 927-951.

Pitcher W S. 1979. The nature, ascent and emplacement of granitic magmas. Journal of the Geological Society, 136 (6): 627-662.

Pitzer K S, Peiper J C, Busey R H. 1984. Thermodynamic properties of aqueous sodium chloride solutions. Journal of Physical and Chemical Reference Data, 13 (1): 1-102.

Plüger W L, Herzig P M, Becker K P, et al. 1990. Discovery of hydrothermal fields at the Central Indian Ridge. Marine Mining, 9 (1): 73-86.

Pringle M S, Duncan R A. 1995. Radiometric ages of basaltic lavas recovered at Sites 865, 866, and 869: Northwest Pacific atolls and guyots//Proceedings of the Ocean Drilling Program. Scientific results. Ocean Drilling Program, 142: 277-283.

Purdy G M, Detrick R S. 1986. Crustal structure of the Mid-Atlantic Ridge at 23°N from seismic refraction studies. Journal of Geophysical Research: Solid Earth (1978-2012), 91 (B3): 3739-3762.

Purdy G M, Kong L S L, Christeson G L, et al. 1992. Relationship between spreading rate and the seismic structure of mid-ocean ridges. Nature, 355: 815-817.

Quick J E, Sinigoi S, Mayer A. 1994. Emplacement dynamics of a large mafic intrusion in the lower crust, Ivrea-Verbano Zone, northern Italy. Journal of Geophysical Research: Solid Earth (1978-2012), 99 (B11): 21559-21573.

Rajani R P, Banakar V K, Parthiban G, et al. 2005. Compositional variation and genesis of ferromanganese crusts of the Afanasiy—Nikitin Seamount, Equatorial Indian Ocean. Journal of Earth System Science, 114 (1): 51-61.

Reid J L. 1986. On the total geostrophic circulation of the South Pacific Ocean: Flow patterns, tracers and transports. Progress in Oceanography, 16 (1): 1-61.

Renard V, Hekinian R, Francheteau J, et al. 1985. Submersible observations at the axis of the ultra-fast-spreading East Pacific Rise (17°30′ to 21°30′S). Earth and Planetary Science Letters, 75 (4): 339-353.

Rintoul S R, Bullister J L. 1999. A late winter hydrographic section from Tasmania to Antarctica. Deep Sea Research Part I: Oceanographic Research Papers, 46 (8): 1417-1454.

RISE Project Group. 1980. East Pacific Rise: Hot Springs and Geophysical Experiments. Science, 207: 1421-1433.

Roether W, Schlitzer R, Putzka A, et al. 1993. A chlorofluoromethane and hydrographic section across Drake Passage: Deep water ventilation and meridional property transport. Journal of Geophysical Research: Oceans (1978-2012), 98 (C8): 14423-14435.

Rohr K M M, Milkereit B, Yorath C J. 1988. Asymmetric deep crustal structure across the Juan de Fuca Ridge. Geology, 16 (6): 533-537.

Rona P A, Bougault H, Charlou J L, et al. 1992a. Hydrothermal circulation, serpentinization, and degassing at a rift valley-fracture zone intersection: Mid-Atlantic Ridge near 15°N, 45°W. Geology, 20 (9): 783-786.

Rona P A, Klinkhammer G, Nelson T A, et al. 1986. Black smokers, massive sulphides and vent biota at the Mid-Atlantic Ridge. Nature, 321: 33-37.

Rona P A, McGregor B A, Betzer P R, et al. 1975. Anomalous water temperatures over Mid-Atlantic Ridge crest at 26°North latitude. Deep Sea Research and Oceanographic Abstracts. Elsevier, 22 (9): 611-618.

Rona P A, Meis P J, Beaverson C A, et al. 1992b. Geologic setting of hydrothermal activity at the northern Gorda Ridge. Marine geology, 106 (3): 189-201.

Rona P A, Scott R B. 1974. Axial processes of the Mid-Atlantic Ridge (symposium convenors) EOS Trans. Am. Geophys. Union, 55 : 292-295.

Rona P A, Scott S D. 1993. A special issue on sea-floor hydrothermal mineralization: new perspectives: preface. Economic Geology, 88 (8): 1935-1976.

Rona P A, Speer K G. 1989. An Atlantic hydrothermal plume: Trans-Atlantic geotraverse (TAG) area, Mid-Atlantic Ridge crest near 26° N. Journal of Geophysical Research: Solid Earth (1978-2012), 94 (B10): 13879-13893.

Rona P A, Trivett D A. 1992. Discrete and diffuse heat transfer at ashes vent field, Axial Volcano, Juan de Fuca Ridge. Earth and Planetary Science Letters, 109 (1): 57-71.

Rona P A, von Herzen R P. 1996. Introduction to Special Section on measurements and monitoring at the TAG hydrothermal field, MAR 26°N, 45°W. Geophysical Research letters, 23: 3427-3430.

Rona P A. 1973. New evidence for seabed resources from global tectonics. Ocean Management, 1: 145-159.

Rona P A. 1984. Hydrothermal mineralization at seafloor spreading centers. Earth-Science Reviews, 20 (1): 1-104.

Rona P A. 1985. Black smokers and massive sulfides at the TAG hydrothermal field, Mid-Atlantic Ridge 26°N. EOS Trans. ,Am. geophys. Un. , 66: 936.

Rona P A. 1988. Hydrothermal mineralization at oceanic ridges. Canadian Mineralogist, 26 (3): 431-465.

Rubin A M. 1993. On the thermal viability of dikes leaving magma chambers. Geophysical Research Letters, 20 (4): 257-260.

Rubin A M. 1995. Propagation of magma-filled cracks. Annual Review of Earth and Planetary Sciences, 23: 287-336.

Ryan M P, Blevins J Y. 1987. The viscosity of synthetic and natural silicate melts and glasses at high temperatures and 1 bar (105 Pascals) pressure and at higher pressures. USGPO, 1764.

Sawyer E W. 1994. Melt segregation in the continental crust. Geology, 22 (11): 1019-1022.

Scheirer D S, Baker E T, Johnson K. 1998. Detection of hydrothermal plumes along the Southeast Indian Ridge near the Amsterdam-St. Paul Plateau. Geophysical Research Letters, 25 (1): 97-100.

Schlosser P, Bullister J L, Bayer R. 1991. Studies of deep water formation and circulation in the Weddell Sea using natural and anthropogenic tracers. Marine Chemistry, 35 (1): 97-122.

Schmidt K, Koschinsky A, Garbe-Schönberg D, et al. 2007. Geochemistry of hydrothermal fluids from the ultramafic-hosted Logatchev hydrothermal field, 15°N on the Mid-Atlantic Ridge: temporal and spatial investigation. Chemical geology, 242 (1): 1-21.

Schmidt R A, Huddle C W. 1977. Effect of confining pressure on fracture toughness of Indiana limestone. International Journal of Rock Mechanics and Mining Sciences and Geomechanics Abstracts. Pergamon, 14 (5): 289-293.

Schmitz W, Singer A, Bäcker H, et al. 1982. Hydrothermal serpentine in a Hess Deep sediment core. Marine Geology, 46 (1): M17-M26.

Sclater J G, Jaupart C, Galson D. 1980. The heat flow through oceanic and continental crust and the heat loss of the Earth. Reviews of Geophysics, 18 (1): 269-311.

Scott M R, Scott R B, Rona P A, et al. 1974b. Rapidly accumulating manganese deposit from the Median Valley of the Mid-Atlantic Ridge. Geophysical Research Letters, 1 (8): 355-358.

Scott R B, Rona P A, Mc Gregor B A, et al. 1974a. The TAG Hydrothermal Field. Nature: 251-302.

Scott SD, Chase RL, Allan J F et al. 1988. Hydrothermal deposits and recent volcanism at the southern and west valley, JDF ridge. EOS, 69: 1497.

Segl M, Mangini A, Bonani G, et al. 1984. 10Be- dating of a manganese crust from central pacific and implications fro ocean palaeocirculation. Nature, 309: 540-543.

Sempéré J C, Lin J, Brown H S, et al. 1993. Segmentation and morphotectonic variations along a slow-spreading center: The Mid-Atlantic Ridge (24°00′ N-30°40′ N). Marine Geophysical Researches, 15 (3): 153-200.

Shanks W C, Seyfried W E. 1987. Stable isotope studies of vent fluids and chimney minerals, southern Juan de Fuca Ridge: sodium metasomatism and seawater sulfate reduction. Journal of Geophysical Research: Solid Earth (1978-2012), 92 (B11): 11387-11399.

Shirley D N. 1987. Differentiation and compaction in the Palisades sill, New Jersey. Journal of Petrology, 28 (5): 835-865.

Sibuet J C, Deffontaines B, Hsu S K, et al. 1998. Okinawa Trough backarc basin: early tectonic and magmatic evolution. Journal of Geophysical Research. 103: 30245-30267.

Sibuet J C, Letouzey J, Barbier F, et al. 1987. Back arc extension in the Okinawa Trough. Journal of Geophysical Research, 92: 14041-14063.

Sigmarsson O, Condomines M, Morris J D, et al. 1990. Uranium and 10Be enrichments by fluids in Andean arc magmas. Nature, 346: 163-165.

Sinton J M, Detrick R S. 1992. Mid-ocean ridge magma chambers. Journal of Geophysical Research: Solid Earth (1978-2012), 97 (B1): 197-216.

Sinton J, Bergamis E, Batiza R, et al. 1999. Volcanological investigations at superfast spreading: Results from R/V Atlantis Cruise 3-31. Ridge Events, 10 (1): 17-23.

Skornyakova I S. 1965. Dispersed iron and manganese in Pacific Ocean sediments. International geology review, 7 (12): 2161-2174.

Snyder D, Carmichael I S E, Wiebe R A. 1993. Experimental study of liquid evolution in an Fe-rich, layered mafic intrusion: constraints of Fe-Ti oxide precipitation on the T- fO2 and T-p paths of tholeiitic magmas. Contributions to Mineralogy and Petrology, 113 (1): 73-86.

Southward A J, Newman W A, Tunnicliffe V, et al. 1997. Biological indicators confirm hydrothermal venting on the Southeast Indian Ridge. Bridge Newsletter, 12: 35-39.

Speer K G. 1997. Thermocline penetration by buoyant plumes. Philosophical Transactions of the Royal Society of London A: Mathematical. Physical and Engineering Sciences, 355 (1723): 443-458.

Speer K G. 1989. The Stommel and Arons model and geothermal heating in the South Pacific. Earth and planetary science letters, 95 (3): 359-366.

Spence D A, Turcotte D L. 1985. Magma-driven propagation of cracks. Journal of Geophysical Research: Solid Earth (1978-2012), 90 (B1): 575-580.

Stein C A, Stein S. 1994. Constraints on hydrothermal heat flux through the oceanic lithosphere from global heat flow. Journal of Geophysical Research: Solid Earth (1978-2012), 99 (B2): 3081-3095.

Stommel H. 1982. Is the South Pacific helium-3 plume dynamically active? Earth and Planetary Science Letters, 61 (1): 63-67.

Suess E. 1987. Hydrothermalism in the Bransfield Strait, Antarctica: An overview. EOS Transaction, American Geophysical Union 68: 1768.

Swallow J C, Crease J. 1965. Hot salty water at the bottom of the Red Sea. Nature, 205: 165-166.

Tao C, Wu G, Deng X, et al. 2013. New discovery of seafloor hydrothermal activity on the Indian Ocean Carlsberg Ridge and Southern North Atlantic Ridge—progress during the 26th Chinese COMRA cruise. Acta Oceanologica Sinica, 32 (8): 85-88.

Tao C, Wu G, Ni J, et al. 2009. New hydrothermal fields found along the SWIR during the Legs 5-7 of the Chinese DY115-20 expedition. AGU Fall Meeting Abstracts, 1: 1150.

Taylor B J, Crook K A W, Sinton J L, et al. 1991. Manus Basin, Papua New Guinea. Hawaii Institute of Geophysics, Pacific Sea Floor Atlas, Sheets, 1-7.

Taylor B, Goodliffe A, Martinez F, et al. 1995. Continental rifting and initial sea- floor spreading in the Woodlark Basin. Nature, 374 (6522): 534-537.

Thomson R E, Davis E E, Burd B J. 1995. Hydrothermal venting and geothermal heating in Cascadia Basin. Journal of Geophysical Research: Solid Earth (1978-2012), 100 (B4): 6121-6141.

Tivey M A, Johnson H P. 2002. Crustal magnetization reveals subsurface structure of Juan de Fuca Ridge hydrothermal vent fields. Geology, 30 (11): 979-982.

Tivey M K, Delaney J R. 1986. Growth of large sulfide structures on the Endeavour Segment of the Juan de Fuca Ridge. Earth and Planetary Science Letters, 77 (3): 303-317.

Tivey M K. 1991. Hydrothermal vent systems. Oceanus, 34 (4): 68-74.

Toomey D R, Solomon S C, Purdy G M. 1988. Microearthquakes beneath Median Valley of Mid-Atlantic Ridge near 23° N: Tomography and tectonics. Journal of Geophysical Research: Solid Earth (1978-2012), 93 (B8): 9093-9112.

Trocine R P, Trefry J H. 1988. Distribution and chemistry of suspended particles from an active hydrothermal vent site on the Mid-Atlantic Ridge at 26°N. Earth and Planetary Science Letters, 88 (1): 1-15.

Tsuburaya H, Sato T. 1985. Petroleum exploration well Miyakojima- Oki. J. Jpn. Assoc. Petrology Technol, 50 (1): 25-53.

Tufar W. 1990. Modern hydrothermal activity, formation of complex massive sulfide deposits and associated vent communities in the Manus back- arc basin (Bismarck Sea, Papua New Guinea). Mitteilung der Osterreichen Geologischen Gesellshaft, 82: 183-210.

Tunnicliffe V, Botros M, De Burgh M E, et al. 1986. Hydrothermal vents of Explorer ridge, northeast Pacific. Deep Sea Research Part A. Oceanographic Research Papers, 33 (3): 401-412.

Turner J S, Campbell I H. 1987. Temperature, density and buoyancy fluxes in "black smoker" plumes, and the criterion for buoyancy reversal. Earth and Planetary Science Letters, 86 (1): 85-92.

U S Geological Survey, Juan de Fuca Study Group. 1986. Submarine fissure eruptions and hydrothermal vents on the southern Juan de Fuca Ridge: Preliminary observations from the submersible Alvin. Geology, 14: 823-827.

University of Washington. 2008. Scientists Break Record By Finding Northernmost Hydrothermal Vent Field. Science Daily, 24-Jul.

Urabe T, Baker E T, Ishbashi J, et al. 1995. The effect of magmatic activity on hydrothermal venting along the superfast-spreading East Pacific Rise. Science, 269 (5227): 1092.

Utsumi M, Nakamura K, Kakegawa T, et al. 2004. First discovery of hydrothermal vent with black smoker (Pika site) at the Southern Mariana region and its properties. Japan Earth and Planetary Science joint meeting B002-016, Chiba.

Valsangkar A B, Khadge N H, Desa J A E. 1992. Geochemistry of polymetallic nodules from the Central Indian Ocean Basin. Marine geology, 103 (1): 361-371.

Varnavas S P. 1988. Hydrothermal metallogenesis at the Wilkes fracture zone—East Pacific rise intersection. Marine geology, 79 (1): 77-103.

von Damm K L, Buttermore L G, Oosting S E, et al. 1997. Direct observation of the evolution of a seafloor 'black smoker' from vapor to brine. Earth and Planetary Science Letters, 149 (1): 101-111.

Walker F. 1940. Differentiation of the palisade diabase, New Jersey. Geological Society of America Bulletin, 51 (7): 1059-1104.

Wen X, de Carlo E H, Li Y H. 1997. Interelement relationships in ferromanganese crusts from the central Pacific ocean: Their implications for crust genesis. Marine Geology, 136 (3): 277-297.

Wiedicke M, Kudrass H R. 1990. Morphology And Tectonic Development Of The Valu-Fa-Ridge, Lau Basin (Southwest- Pacific) - Results From A Deep- Towed Side- Scan Sonar Survey. Marine Mining, 9 (2): 145-156.

Wiens D A, Stein S. 1983. Age dependence of oceanic intraplate seismicity and implications for lithospheric evolution. Journal of Geophysical Research, 88 (6455): 468.

Wilcock W S D. 1998. Cellular convection models of mid- ocean ridge hydrothermal circulation and the temperatures of black smoker fluids. Journal of Geophysical Research: Solid Earth (1978- 2012), 103 (B2): 2585-2596.

Williams D L, Von Herzen R P, Sclater J G, et al. 1974. The Galápagos spreading centre: lithospheric cooling and hydrothermal circulation. Geophysical Journal International, 38 (3): 587-608.

Wilson C, Charlou J L, Ludford E, et al. 1996. Hydrothermal anomalies in the Lucky Strike segment on the Mid- Atlantic Ridge (37°17′ N). Earth and Planetary Science Letters, 142 (3): 467-477.

Woodruff L G, Shanks W C. 1988. Sulfur isotope study of chimney minerals and vent fluids from 21°N, East Pacific Rise: hydrothermal sulfur sources and disequilibrium sulfate reduction. Journal of Geophysical Research: Solid Earth (1978-2012), 93 (B5): 4562-4572.

Worster M G, Huppert H E, Sparks R S J. 1990. Convection and crystallization in magma cooled from above. Earth and Planetary Science Letters, 101 (1): 78-89.

Worster M G. 1992. Instabilities of the liquid and mushy regions during solidification of alloys. Journal of Fluid Mechanics, 237: 649-669.

Worster M G. 1991. Natural convection in a mushy layer. Journal of fluid mechanics, 224: 335-359.

Wright D J, Haymon R M, Fornari D J. 1995. Crustal fissuring and its relationship to magmatic and hydrothermal processes on the East Pacific Rise crest (9°12′ to 54′N). Journal of Geophysical Research: Solid Earth (1978-2012), 100 (B4): 6097-6120.

Wright T L, Okamura R T. 1977. Cooling and crystallization of tholeiitic basalt, 1965 Makaopuhi lava lake, Hawaii. Center for Integrated. Dete. Analytics Wisconsin Science Center, 1004: 78.

Yoshikawa S, Okino K, Asada M. 2012. Geomorphological variations at hydrothermal sites in the southern Mariana Trough: relationship between hydrothermal activity and topographic characteristics. Marine Geol, 303-306: 172-182.

Yu G K, Chang W Y. 1991. Lateral Variations in upper mantle structure of Philippine Sea Basin. Tao, 2 (4): 281-296.

Zierenberg R A, Koski R A, Morton J L, et al. 1993. Genesis of massive sulfide deposits on a sediment-covered spreading center, Escanaba Trough, southern Gorda Ridge. Economic Geology, 88 (8): 2069-2098.

附录 现代海底热液活动的观测方法

（1）海底热流测量

人们所观察到的几乎所有的地质地球物理现象都和地球的内热状态密切相关。地球内热是驱动岩石层形变、位移、破裂及板块间相互作用的主要动力源。地球内热状态的研究，无论在地热学研究，还是在地球动力学研究中都具有非常重要的意义。但是，直接可测的地球温度仅限于地表和最大的钻孔深度，更深的温度分布，则只能通过间接方法进行推测。地表热流是唯一和地球的深部温度直接相关的可测物理量，因此通过地表热流的测量我们可以很好地了解地球的内热平衡和内热驱动的构造演化过程。多年来，地表热流测量已作为一种重要的地球物理手段受到世界各国学者的重视（叶正仁等，2001；胡圣标等，2001；栾锡武等，2001）。

地壳热流量就是测量从地球内部流出到达地表的热量。设地壳热流量为 Q，岩石或沉积物的热导率为 K，T 为地壳温度，在各向同性条件下，地壳热流为 $Q \frac{\partial T}{\partial H}$，$H$ 为测量的垂直深度。由此可知，只要把一定距离的两个热敏组件插入地壳中，测出其温度梯度和热导率，便可求出该地的地壳热流量数值。

海底地壳热流测量方法主要有两种。第一种从钻井资料可以获得地壳热流数据。温度录井可以给出可信的温度梯度，对钻井所获得的相应的岩芯样品进行热导率测量后就可得到该钻井的地壳热流值。实际上，我们通过大洋钻探和陆架区的油气钻井录井已获得了很多高精度的海底热流资料。第二种，将热流探针插入海底沉积物中测量沉积物的温度梯度，再测量在探针位置所取沉积物样品的热导率以获得探针位置的海底地壳热流数据。由于世界海底钻井数量有限，目前绝大多数的海底地壳热流数据是通过第二种方法测量获得的。

用于测量海底沉积物温度梯度的热流探针可分为 3 种类型，分别为尤因型（EW）、琴弓型（PC）和布拉德型（BL）。尤因型探针由拉蒙特-道尔蒂地质研究所研制成功，主要由配重、取样管和热敏组件 3 部分组成。配重可根据实际情况而定，一般重 450kg，取样管长 4.5~9m，多个热敏组件附着在取样管的外表。取样管的强度很大，可用于一次投放，多次插底。琴弓型探针重 450kg，8 个热敏电阻间隔 45cm 按装在一根琴弦上，而后附着在 4m 长的采样器上，这样测量和采样可同时进行。布拉德型探针也称斯克瑞普斯型热流探针，是由美国斯克瑞普斯海洋研究所研制成功。其用于下插的主体是一根钢管，有两对热敏电阻分别间距 1.0m、1.5m 安装在钢管上，测量时分别测量每一对热敏电阻的温度差。

热敏电阻所感应的温度以数字方式每 30s 一次以串行的形式记录下来，并以 12（35）kHz 的声脉冲输出到船上。船上普通的回声探测仪就可以接收到海底热流探针发出的声脉冲。这样回声探测仪既可以记录探针的测量数据又可以确定探针在海底的位置。

热流探针插入海底沉积物的过程中，每一个热敏电阻由于摩擦而生热，这样在测量时要让探针在沉积物中停留足够长的时间以使热敏电阻达到平衡温度。但探针在沉积物中要停留多长时间才能进行测量往往很难掌握好。实际上，探针插进沉积物后热敏电阻的温度变化用布拉德函数来描述（Bullard et al.，1954），并用最小二乘法将温度深度剖面成直线以确定温度梯度，就是说平衡温度并不是测量得到的，而是通过计算求取的。

目前，热导率的测量主要是将柱状沉积物样品取到船上后，用简易的热导率仪在实验室中进行的，然后将测量得到的热导率值反推到现场的温度压力条件下。现场温度压力条件下的热导率值是根据 Ratclife 提供的现场温压环境改正得到的。

（2）岩石采样

岩石采样是海洋地质调查最常用的调查手段，也是现代海底热液活动有力的调查方法之一，对已知的热液区进行岩石样品的采集可以对热液区的地球化学特性进行研究。对未知的热液区进行采样，如果采到热液区特有的岩石样品，则有希望在该区域找到热液活动区。热液岩石采样所采用的采样器一般为强力抓岩机、重力岩芯取样器、斗链式挖掘器。采样器上一般还配有摄像装置（Lalou et al.，1996），用于对采样目标实行监测。

随着人们对现代海底热液活动认识的深化，以及深海钻探和大洋钻探计划对热液活动的调查研究工作的促进发展。传统的深海调查技术已经远远不能满足海底热液活动研究的需要。因此，近年来，多种采样新技术包括电视抓斗取样技术、海底电视监控取芯钻机等相继出现，并很快发展成熟起来。20 世纪 70 年代由德国"Preussag"公司设计开发的电视抓斗取样已经成为海底热液硫化物观察取样中不可或缺的有效技术手段。我国于 2001 年开始自主研发电视抓斗取样技术，并在 2003 年首航西太平洋取样成功，一次抓取样品最大量超过 500kg。目前，电视抓斗的取样技术被广泛应用对水深近 4000m 的海底热液硫化物矿区的勘查和取样。而海底电视监控取芯钻机是目前在大洋海底矿区进行三维地质取样的重要工具。20 世纪 80 年代初，加拿大贝德福特海洋研究所制造的遥控钻机在胡安·德富卡热液矿床区成功获得了 9 个玄武岩岩芯（但总的岩心长度仅 0.7m）和一个长度为几英尺[①]的硫化物岩芯，该钻机主要适用于 3500m 水深的海底热液硫化物取样推（翟世奎等，2007）。

（3）热液柱的海上观测方法

从热液喷口喷出的流体和周围海水混合上升至中性浮力面后，形成较为稳定形态的热液柱，和正常的海水相比，其中富含化学元素和悬浮颗粒，通过水体的物理或化学测量、分析可以确定热液柱的存在。但在某些海域，如弧后扩张地区，一些浊度异常、Mn 和 CH_4 分布异常与热液过程无关，所以必须用包括物理化学和生物化学的多种独立的方法来鉴定水体异常，保证热液活动识别的可靠性。

1988 年 Thomson 等（1995）用装有压力和水温传感器的热探针在 Cascadia 盆地进行了水体温度的测量，传感器可以每 10s 记录一次温度数值，分辨率为 0.001℃，精度为 0.01℃，因为热探针达到热平衡需要一定时间，这就限制了用热探针进行剖面测量时热探针上升或下降的速度，一般为 0.5m/s，根据记录到的压力再把记录到的温度值转化为位温。1993 年 Thomson 等（1995）又用 CTD 在该盆地进行了三个全剖面的温度、盐度测量，不确定性分别为 0.01℃ 和 0.01psu。其中使用了两种剖面包：一种是将一个数字 CTD 和一个透光度仪（T）和一个 9 瓶取样器组合在一起；另一种是将一个改造的 CTD 和一个透光度仪和一个声多普勒流速剖面仪（ADCP）组合在一起。两组装置都进行剖面上行和下行的测量，记录数据直接传输到船上，CTDT 以 25kHz 的频率取样，温度和盐度的精度分别为 0.001℃ 和 0.01psu，系统下降和上升的速度为 0.5 ～ 1.0m/s，水样品进行了溶解氧和溶解硅的分析。

开始主要是通过采集不同深度的水样来分析其中溶解的 ^{3}He、Mn、CH_4 浓度（Lupton and Craig, 1981；Klinkhammer et al., 1985；Charlou et al., 1987），该方法的不便之处是它必须把采得的水样在实验室中经过分析以后才能知道结果，而且数据量很小。最近则是采用光传感器的方法利用透光度仪来测量光的衰减，用浊度计来测量光的散射。透光度计捆绑在深拖系统上距海底 150 ～ 500m，船以 1.5kn 的速度航行。后续的是 CTD-浊度计的垂直剖面测量，可以得到某站位的盐度、温度、浊度的剖面曲线（German et al., 1996）。

Scheirer 等（1998）将一个新型的热液柱剖面仪 MAPR 绑在岩芯缆绳和岩石拖网缆绳上，从而在取样的同时进行水体的透光度测量，在东南印度洋脊 1600km 的洋中脊上进行了 91 次测量，结果在 6 个站位发现了热液柱异常。

---

① 1 英尺 = 0.3048m。

CTDT-RMS 系统有一个声脉冲发射器和应答器来进行声导航。该系统有两种用法：剖面测量法和东洋测量法。

1993 年 Gamo 等（1996）在印度洋三叉脊（25°32′S，70°02′E）附近用 CTDT-RMS 系统进行了 hydrocast 和东洋式测量。分析了水体的透光异常和 Mn、Al、Fe 及 CH_4 浓度异常。结果在三叉脊以北 12 mile[①] 的中印度洋脊 6 号站位（25°19.85′S，69°58.10′E）发现了明显的热液柱异常。但热液柱出现深度为 2100～2400m，而该站位的水深为 4218m，一般情况下稳态热液柱的高度为 200～500m（Lupton et al.，1980；Klinkhammer et al.，1985；Gamo et al.，1987；Gamo et al.，1993），而巨型热液柱出现的高度也只有 500～1000m，因而推测热液喷口的位置不在正下方。

German 等分析了 1988 年 Geodyn 航次和 1983 年 MD34 航次的 CTD 和水样资料，在中印度洋脊 19°29′S 发现 ^3He 异常，推测为热液活动区（Jean-Baptiste et al.，1992）。使用 CTD 加用取样瓶采水样的方法，Mn 浓度的测量是用 leuco-malachite green colorimetric 方法直接在船上进行的，该方法的不确定性较 FAAS 方法（von Damm et al.，1997）较高。为避免水样污染，所采水样不经过任何处理直接倒入 50ml 的曲颈瓶中。δ^3He 则是在实验室中测定的。

1993 年，Lisitzin 等（1997）在 Woodlark 海盆、Lau 海盆和 Manus 海盆，以及与西南太平洋的岛弧有关的所有活动扩张区进行了水文和地球化学异常调查。所有地区的海水柱状样都清楚地表明有热液活动的迹象。物质在海床上部一点的溶解 Mn 含量是背景值的 2～4 倍，温度稍高于背景值；同样是在热液柱底部附近的热液中 Mn 含量高于背景值，而浊度不变。我们在 Lau 海盆的东部发现了高浊度、富含溶解 Mn（达 2000ng/L，大约是背景值的 50 倍）的热液柱，又在 Manus 海盆东部的高温热喷口和中部的灰烟囱喷口看到了喷出的强热液柱，具有明显不同的浊度、溶解 Mn 浓度和悬浮微量元素浓度。所有的热液柱都显示出正的温盐异常。

水体是用 Rosette 来研究的，它是 CTD、浊度计、声脉冲发射器和取样瓶的组合，可以检测水体的浊度、温度及其中溶解的 Mn、CH^4 异常。热液柱探测是通过沿着漂浮或以 0.5～1.5kn 移动的测线扫描水柱（Lisitzin et al.，1997）。

Rosette 不断地上下移动（"拖鱼"技术），根据异常层的厚度，先是降到海底以上 20～30m，然后升到海底以上 300～600m，一旦探测到异常就会于向上的过程中在特征高度上采水样，每一拖鱼可以采 24 个海水样供船上快速分析。Rosette 的位置（X，Y，Z 坐标）可以通过 GPS 测出的船位置、释放电缆长度、电缆与船航线和海面的夹角以

---

① 1 mile≈1.609 km。

及 Rosette 深度和等深线图计算出来。

热液流体中富含还原形式的 S、N、C、Mn、Fe 等元素，一经与富含氧的底层水混合这些元素就被氧化，化学自养细菌和甲烷菌在这一过程中非常重要，它们的数量比周围地区多 2~4 倍，因此，微生物的化合作用强度和数量分布都被用作热液活动的附加指示剂（Lein et al.，1994；Lein et al.，1996）。

在船上有两种测定方法溶解 Mn 的浓度：①AAS 分析；②FIA 分析。

在拖鱼扫描时，用 1.7L 采样瓶采集样品，这些样品只用来分析 Mn。一旦发现热液柱异常，就用 30L 采样瓶采样，用于精确测定悬浮物质和指示元素的含量。大部分分析是在船上进行，也有一些分析要在岸上进行。

（4）海底照相、旁扫声呐、多波束测深

热液活动区在地形上往往都有一些特有的标志，如烟囱、硫化物丘、海底裂隙、热液生物群落等。旁扫声呐系统、海底照相系统、多波仪的研制与应用，可以对海底热液系统进行直接的观测，对海底热液活动的研究有较为重要的贡献。较早使用的 Augus 摄像系统可以拍摄 35mm 的彩色图片，工作时将它沉放到距离海底以上 4m 的距离，拍摄半径为 6m，考察船以 0.5~1kn 的速度行进，它可以每 8~16s 拍摄一次，每投放一次 Augus 可以拍摄 3000 幅彩色照片，当光源增强时，Augus 系统可以提升到距海底 10~15m 处，从而增大拍摄半径。其位置由工作状态和船的位置决定，拍摄的照片直接传到船上处理。Augus 系统在 Galápagos 热液活动区一条长 150m 的剖面上获得了 57 000 张彩色海底照片，为热液活动区的研究提供了详细的海底地形、地貌资料（Ballard et al.，1982）。SeaMarcII 是一种深拖旁扫声呐和多波束测深系统，附带的照相系统用以对比声呐图像，有 1.5km、3km、6km 等多个扫描宽度选择挡。该系统曾多次进行热液系统的海底测量（Crane，1987）。

（5）现代海底热液活动区的 OBS 观测

热液活动区一般都处在构造活动的部位，深部的岩浆活动、断裂活动、下渗海水的高温汽化都会产生大小不等的地震活动，这是现代海底热液活动区的又一重要特征。这已经为现代海底热液活动区的 OBS 观测所证实，并且 OBS 观测也已成为现代海底热液活动观测的一项重要手段。

Hussong 等在马里亚纳海沟热液活动区附近的扩张脊—转换断裂带—扩张脊的交汇处，安放了 6 台 OBS，测得每天发生 15 次局部地震，共计录到 300 多次。震源集中在一处大约宽 5km，深 75km 的地震带上。Kisimoto 等（1991）用小阵列 OBS 排列来观测伊是名海洼中黑烟囱口处热液活动区的地震颤动。投放的 3 个 OBS 呈三角形排列，间距为 500m，投放 4 天，共记录了 40h 的地震记录。从背景擅动分辨出 3 种事件：自然

地震 50 次，持续时间短；能量小的间断地震事件共 30 次；持续时间一般在 10 ~ 12min 的小地震事件多次。

（6）深潜调查

深潜器技术在现代海底热液活动的调查研究中起到了非常重要的作用，它是在海底探险和工程打捞的基础上发展起来的，借助于水下深潜器，可以直接下潜到热液活动区，观测热液烟囱的形态、测量喷口的温度、采集烟囱及块状硫化物标本、采集热液生物标本、拍摄热液活动的照片等。自 1960 年美国第一个载人潜器"Trieste"号成功下潜以来，美国、法国和日本等相继研制了多个载人潜器，如美国的"Alvin"号载人潜器、法国的"Nautile"号载人潜器在东太平洋海隆及大西洋中脊热液活动区的调查研究中做出了巨大贡献；苏联的"Mir"号深潜器和日本的"深海 2000"号、"深海 6500"号载人潜器在西太平洋边缘、印度洋海隆热液区的调查研究中也做出了巨大贡献。尤其是美国的"Alvin"号载人潜器，其利用率最高，截至 2002 年，"Alvin"号潜入海底达 3859 次，取得了许多重要的科学发现（翟世奎等，2007）。